Probleme und Resultate der Wissenschaftstheorie
und Analytischen Philosophie, Band III
W. Stegmüller/M. Varga von Kibéd:
Strukturtypen der Logik
Springer-Verlag Berlin Heidelberg New York Tokyo

Berichtigungen

S. 18, Z. 7 v.u.: Vor dem letzten Absatz ist folgender Absatz einzufügen: Die beiden folgenden Kapitel, *Kap.* 14 und *Kap.* 15, folgen der Darstellung von H. D. EBBINGHAUS, J. FLUM und W. THOMAS in ihrer 'Einführung in die Mathematische Logik' (EBBINGHAUS et al. [1]).

	Zu ersetzender Ausdruck	*Neuer Ausdruck*
S. 34, Z. 11 v.u.:	.)	(für alle $M, N \subseteqq K$).)
S. 36, Z. 1:	$\langle a_1, \ldots, a_n \rangle$	'$\langle a_1, \ldots, a_n \rangle$'
S. 58, Z. 14/15:	eine Formel	ein Satz
S. 58, Z. 2 v.u.:	Die Negation einer β-Formel ist aber eine α-Formel!	Die Negation eines Satzes vom Typ β ist aber ein Satz vom Typ α!
S. 59, Z. 3/4:	eine Formel	ein Satz
S. 78, Z. 8 der Anmerkung:	Prädikat'	'Prädikat'
S. 79, Z. 9, sowie drei Zeilen oberhalb (2), sowie Z. 9 v.u.:	$\mathfrak{N}(*_1, \ldots, *_n)$	$\mathfrak{N}[*_1, \ldots, *_n]$
S. 79, zwei Zeilen unterhalb (1):	eine Formel	ein Satz
S. 121, Z. 3 v.u.:	Satz 23	Th. 4.2.1
S. 125, Z. 2:	$\Vdash_{\mathbf{B}}$	$\vdash_{\mathbf{B}}$
S. 138, Z. 10 v.u.:	$(A\overline{_1})$	$(\bar{A}_1)$
S. 139, dritter Abs. von 4.3.4, letzte Zeile:	fasch	falsch
S. 140, Z. 8 unterhalb der Tabelle:	Dem Leser	Im Leser
S. 215, Z. 3/4:	Der Beginn von Z. 4 gehört noch zur Behauptung (b), so daß diese also mit 'von $\varphi(u)$.' schließt. Die Begründung in Z. 4 beginnt mit: 'Denn nach Def.'	
S. 233, Z. 7:	$\bar{\mathfrak{b}}(\mathrm{A}^*)$	$\bar{\mathfrak{b}}(A^*)$
S. 233, Z. 10:	$\mathfrak{b}(\neg \mathrm{B})$	$\mathfrak{b}(\neg B)$
S. 244, Z. 1 v.u. (in (1')):	v_i	v
S. 245, Z. 7:	v_i	v_j
S. 301, Z. 10:	Hier und gelegentlich im weiteren Text von Kap. 9–11 wird 'Formel' verwendet, obwohl 'Satz' präziser wäre; so z. B. auf S. 316, Z. 2 v.u., S. 319, Z. 1 von (1) und (2), S. 320, Z. 19 v.u. und S. 321, Z. 7	

S. 308, Z. 7 v.u.:	**Th. 9**	**Th. 9.1**
S. 315:	Zu Beginn der ersten Zeile des dritten Absatzes ist folgender Satz einzufügen: *Reine Formeln* bzw. *reine Sätze* sind solche ohne Objektparameter.	
S. 318, Z. 10:	von Sätzen	von reinen Sätzen
S. 320, Z. 5:	δ-Formeln	δ-Sätzen
S. 320, Z. 18 v.u.:	δ-Formeln	Sätze vom Typ D
S. 336, Z. 8:	Der Ausdruck 'von B_6' ist zu streichen!	
S. 357, Z. 7 v.u.:	$\vee$	$\bigvee$
S. 368, Z. 2:	$\mathbf{A_x[a]}$	$\ulcorner\mathbf{A_x[a]}\urcorner$
S. 368, Z. 1 v.u.:	$\{n \vdash_{\mathbf{T}} \mathbf{A}_{\mathbf{z}_{\hat{0}}}[\mathbf{k}_n^*]\}$	$\{n \mid \vdash_{\mathbf{T}} \mathbf{A}_{z_{\hat{0}}}[\mathbf{k}_n^*]\}$
S. 381, R 2., Z. 2:	NE_1	$\ulcorner NE_1 \urcorner$
S. 383, Z. 1:	Th. 13.1	Th. 13.2
S. 384, Z. 24:	nach Def. von 'erfüllt'	nach I.V.
S. 386, Z. 20:	$\ulcorner\neg \mathrm{H}\urcorner$ definiert $\bar{M}$.)	E erfüllt $\ulcorner\neg H\urcorner$; also gilt: $\ulcorner\neg H\urcorner$ definiert $\bar{M}$.)
S. 386, Z. 7 v.u.:	$\notin \mathbf{W}$	$\notin P$
S. 392, Z. 10 v.u.:	t_1 und t_2	t_1 noch t_2
S. 393, Z. 15:	Variablen	freien Variablen
S. 394, Z. 5 oberhalb Hilfssatz 2:	$(=g(Eg(E))!)$	$(=g(E\bar{g}(E))!)$
S. 394, Z. 12 v.u.:	$g(Eg(E))$	$g(E\bar{g}(E))$
S. 396, Z. 11:	*der*	*jeder*
S. 396, Z. 11 v.u.:	$\ulcorner(\alpha)(\overline{10})\uparrow(\alpha))\urcorner$	$\ulcorner(\alpha)((\overline{10})\uparrow(\alpha))\urcorner$
S. 396, Z. 3 im Bew. von Hilfssatz 4:	$F(g(E\mathring{E}))$	$F(\bar{g}(E\mathring{E}))$
S. 408, Z. 11 v.u.:	wobei S	wobei S^0
S. 459, Z. 9 v.u.:	Funktion L	Funktion L
S. 489, Z. 12:	und *Schritt 1*	und *Teil 1*
S. 505, einfügen:	Dummett, N., *Elements of Intuitionism*, Oxford 1977.	

Auf Seite 343 ist ein sachlicher Fehler zu korrigieren, auf den uns dankenswerterweise Karl Popper aufmerksam gemacht hat. Die folgenden vier Anweisungen beziehen sich alle auf diese Seite.

Auf Zeile 18 und Zeile 19 von oben ist der Satz zu streichen: 'Gödel ist bei der Beweisskizze ... von Bernays entdeckt wurde.'

Auf Zeile 14 bis Zeile 12 von unten ist der Satz zu streichen: '(Der fragliche Beweis ... Gödels Arbeit.)'

Auf Zeile 20 und 21 von oben ist der Satz: '... der Ableitbarkeit einer bestimmten Formel ...' zu ersetzen durch: '... der Ableitbarkeit bestimmter Formeln ...'.

Auf Zeile 22 von oben ist '§ 5.2' zu ersetzen durch: '§ 5.1c'.

S 372, Z. 10 v.u.
S. 372, Z. 1 v.u. } zu ergänzen: sofern $n = \ulcorner\mathbf{A}\urcorner$

Wolfgang Stegmüller
Matthias Varga von Kibéd

Probleme und Resultate der Wissenschaftstheorie und Analytischen Philosophie, Band III
Strukturtypen der Logik

Studienausgabe, Teil B

Normalformen. Identität und Kennzeichnung. Theorien und definitorische Theorie-Erweiterungen. Kompaktheit. Magische Mengen. Fundamentaltheorem. Analytische und synthetische Konsistenz. Unvollständigkeit und Unentscheidbarkeit

Springer-Verlag
Berlin Heidelberg New York Tokyo
1984

Professor Dr. Dr. Wolfgang Stegmüller
Dr. Matthias Varga von Kibéd
Seminar für Philosophie, Logik und Wissenschaftstheorie
Universität München
Ludwigstraße 31, D-8000 München 22

Dieser Band enthält die Kapitel 6 bis 12 der unter dem Titel „Probleme und Resultate der Wissenschaftstheorie und Analytischen Philosophie, Band III, Strukturtypen der Logik" erschienenen gebundenen Gesamtausgabe

CIP-Kurztitelaufnahme der Deutschen Bibliothek
Stegmüller, Wolfgang: Probleme und Resultate der Wissenschaftstheorie und analytischen Philosophie/Wolfgang Stegmüller; Matthias Varga von Kibéd. – Studienausg. – Berlin; Heidelberg; New York: Springer
Teilw. verf. von Wolfgang Stegmüller
NE: Varga von Kibéd, Matthias:
Bd. 3 → Stegmüller, Wolfgang: Strukturtypen der Logik

Stegmüller, Wolfgang: Strukturtypen der Logik/Wolfgang Stegmüller; Matthias Varga von Kibéd. – Studienausg. – Berlin; Heidelberg; New York: Springer
(Probleme und Resultate der Wissenschaftstheorie und analytischen Philosophie / Wolfgang Stegmüller; Matthias Varga von Kibéd; Bd. 3)
NE: Varga von Kibéd, Matthias:
Teil B (1984).
ISBN-13: 978-3-540-12212-8 e-ISBN-13: 978-3-642-61725-6
DOI: 10.1007/978-3-642-61725-6

Softcover reprint of the hardcover 1st Edition 1984
Herstellung: Brühlsche Universitätsdruckerei, Gießen
2142/3140-543210

Inhaltsverzeichnis

Von der gebundenen Ausgabe des Bandes „Probleme und Resultate der Wissenschaftstheorie und Analytischen Philosophie, Band III, Strukturtypen der Logik“ sind folgende weitere Teilbände erschienen:

Studienausgabe Teil A: Junktoren und Quantoren. Baumverfahren. Sequenzenlogik. Dialogspiele. Axiomatik. Natürliches Schließen. Kalkül der Positiv- und Negativteile. Spielarten der Semantik

Studienausgabe Teil C: Selbstreferenz. Tarski-Sätze und die Undefinierbarkeit der arithmetischen Wahrheit. Abstrakte Semantik und algebraische Behandlung der Logik. Die beiden Sätze von Lindström

Kapitel 6
Normalformen

Bei der Untersuchung bestimmter Fragestellungen, wie z. B. des Informationsgehaltes oder der Gültigkeit von Sätzen A der formalen Sprache **Q**, erweist es sich als zweckmäßig, Formeln in eine dem untersuchten Aspekt besonders angemessene *normierte* Gestalt zu transformieren. Das Transformat A' eines Satzes A wird als eine *Normalform von* A bezeichnet werden. Die wichtigsten und bekanntesten Normalformbildungen stellen wir hier kurz zusammen. Wir beschränken uns dabei auf die Bildung von Normalformen *geschlossener* Formeln, also von Sätzen. Das Transformat A' wird dabei jeweils, unabhängig von der Art der betrachteten Normalformbildung, mit A logisch äquivalent sein. Wie die angegebenen Beweise zeigen, sind die Transformationen in allen angegebenen Fällen *effektiv*: Zu jedem A läßt sich das Transformat A' *mechanisch* erzeugen (vgl. auch Kap. 12).

6.1 Dualform

Wir beginnen die Auflistung jedoch mit einer anderen Art von Transformatbildung: den sogenannten *Dualformen*. Im Gegensatz zu den anderen später aufgeführten Formen von Normalformbildung gilt für diese Transformate:

(1) Die Dualform A eines Satzes A ist i. a. nicht mit A logisch äquivalent; vielmehr ist A' genau dann l-gültig, wenn A l-kontradiktorisch ist (vgl. Th. 6.1).

(2) Der Begriff ‚Dualform' ist wesentlich zweistellig. Während bei den folgenden Normalformbegriffen von einer Formel sinnvoll gesagt werden kann, sie befinde sich (bzw. befinde sich nicht) in Normalform, ohne nach der oder den Formeln, deren Transformat sie ist, zu fragen, gilt für Dualformen: Jeder Satz von **Q** (ohne Vorkommnisse von $\rightarrow$ und $\leftrightarrow$) ist Dualform genau eines Satzes von **Q**. (Der Dualformbegriff wird aber nur für solche Sätze von **Q** definiert, in denen $\rightarrow$ und $\leftrightarrow$ *nicht* vorkommen. Daher ist der Begriff ‚Dualform' einstellig gebraucht uninteressant.)

Wir kommen nun zur Definition dieser Art von Transformaten. $\wedge$ und $\vee$ heißen *duale* Junktoren; $\bigwedge$ und $\bigvee$ heißen *duale* Quantoren.

Definition der Dualform: Ist A ein Satz von **Q**, in dem $\rightarrow$ und $\leftrightarrow$ nicht auftreten, so heißt der Satz A^*, der aus A durch Ersetzung aller Junktoren $\wedge$ und $\vee$ und aller Quantoren $\bigwedge$ und $\bigvee$ durch die zu ihnen dualen (Junktoren bzw. Quantoren) entsteht, die *Dualform von A*.

Man beachte, daß zu jedem Satz von **Q** ein logisch äquivalenter Satz von **Q** ohne $\rightarrow$ und $\leftrightarrow$ effektiv gewonnen werden kann, indem man z. B.

(a) $\Vdash_l (A \rightarrow B) \leftrightarrow (\neg A \vee B)$

und

(b) $\Vdash_l (A \leftrightarrow B) \leftrightarrow ((A \wedge B) \vee (\neg A \wedge \neg B))$

für eine rekursive Definition benützt. Bezeichnet man dann die Dualform eines so gewonnenen Satzes als Dualform des ursprünglichen Satzes, so können mehrere Sätze dieselbe Dualform haben:

So ist z. B. $\bigwedge x(\neg Px \wedge Qx)$ in diesem Sinne sowohl Dualform von $\bigvee x(\neg Px \vee Qx)$ wie von $\bigvee x(Px \rightarrow Qx)$. Faßt man (a) als Definition von $\rightarrow$ vermöge $\neg$ und $\vee$ auf, verschwindet diese Mehrdeutigkeit wieder.

Beispiel für eine Dualformbildung:

$$\bigwedge x \bigvee y((\neg Py \vee Qf(y)) \wedge \neg Rxy) \vee \bigvee x(Px \wedge \neg Qf(x)) \vee \bigvee xRxx$$

hat die Dualform

$$\bigvee x \bigwedge y((\neg Py \wedge Qf(y)) \vee \neg Rxy) \wedge \bigwedge x(Px \vee \neg Qf(x)) \wedge \bigwedge xRxx.$$

Während der erste Satz l-gültig ist, ist seine Dualform l-kontradiktorisch; und dies ist kein Zufall, denn es gilt ganz allgemein:

Th. 6.1 *Für alle Sätze A, B von* **Q**, *in denen $\rightarrow$ und $\leftrightarrow$ nicht vorkommen, gilt:*

(*a*) *Ein Satz ist genau dann l-gültig, wenn dies auch die Negation seiner Dualform ist, d. h.*

$$\Vdash_l A \Leftrightarrow \Vdash_l \neg A^*,$$

(*b*) *Antecedens und Konsequens l-gültiger Konditionale dürfen bei Dualformbildung vertauscht werden, d. h.*

$$\Vdash_l A \rightarrow B \Leftrightarrow \Vdash_l B^* \rightarrow A^*,$$

(*c*) *Dualformbildung erhält l-Äquivalenz, d. h.*

$$\Vdash_l A \leftrightarrow B \Leftrightarrow \Vdash_l A^* \leftrightarrow B^*.$$

Beweis: Zu jeder l-Bewertung $\mathfrak{b}$ von $\mathbf{Q}_E$ existiert auch die folgende *komplementäre* l-Bewertung $\bar{\mathfrak{b}}$ von $\mathbf{Q}_E$:

(i) Für jeden elementaren Satz A von $\mathbf{Q}_E$ sei $\bar{\mathfrak{b}}(A)=\mathbf{w} \Leftrightarrow \mathfrak{b}(A)=\mathbf{f}$;
(ii) für jeden komplexen Satz A von $\mathbf{Q}_E$ sei $\bar{\mathfrak{b}}(A)$ gemäß (**R**j) und (**R**q) definiert.

Dann gilt für alle Sätze A von $\mathbf{Q}_E$, in denen $\rightarrow$ und $\leftrightarrow$ nicht vorkommt:

(1) $\mathfrak{b}(A) \neq \bar{\mathfrak{b}}(A^*)$.

Beweis durch Induktion nach dem Grad n von A. Für n=0 ist n. Def. $\mathfrak{b}(A) \neq \bar{\mathfrak{b}}(A) = \bar{\mathfrak{b}}(A^*)$, da dann A mit A^* identisch ist. Für n>0 liegt einer der Fälle vor:

1. $A = \neg B$. Dann ist $A^* = \neg B^*$, und es gilt
$\mathfrak{b}(\neg B)=\mathbf{w} \Leftrightarrow \mathfrak{b}(B)=\mathbf{f}$ $\quad$ ($\mathbf{R}\neg$)
$\Leftrightarrow \bar{\mathfrak{b}}(B^*)=\mathbf{w}$ $\quad$ I.V.
$\Leftrightarrow \bar{\mathfrak{b}}(\neg B^*)=\mathbf{f}$ $\quad$ ($\mathbf{R}\neg$).

2. $A = B \wedge C$. Dann ist $A^* = B^* \vee C^*$, und es gilt
$\mathfrak{b}(B \wedge C)=\mathbf{w} \Leftrightarrow \mathfrak{b}(B)=\mathfrak{b}(C)=\mathbf{w}$ $\quad$ ($\mathbf{R}\wedge$)
$\Leftrightarrow \bar{\mathfrak{b}}(B^*)=\bar{\mathfrak{b}}(C^*)=\mathbf{f}$ $\quad$ I.V.
$\Leftrightarrow \bar{\mathfrak{b}}(B^* \vee C^*)=\mathbf{f}$ $\quad$ ($\mathbf{R}\vee$).

3. $A = B \vee C$. Dann ist $A^* = B^* \wedge C^*$, und es gilt analog zu 2.
$\mathfrak{b}(B \vee C)=\mathbf{w} \Leftrightarrow \bar{\mathfrak{b}}(B^* \wedge C^*)=\mathbf{f}$ $\quad$ ($\mathbf{R}\vee$), I.V., ($\mathbf{R}\wedge$).

4. $A = \bigwedge x B[x]$. Dann ist $A^* = \bigvee x B^*[x]$, und es gilt[1]
$\mathfrak{b}(\bigwedge x B[x])=\mathbf{w} \Leftrightarrow \mathfrak{b}(B[u])=\mathbf{w}$, für alle u von $\mathbf{Q}_E$ $\quad$ ($\mathbf{R}\bigwedge$)
$\Leftrightarrow \bar{\mathfrak{b}}(B^*[u])=\mathbf{f}$, für alle u von $\mathbf{Q}_E$ $\quad$ I.V.
$\Leftrightarrow \bar{\mathfrak{b}}(\bigvee x B^*[x])=\mathbf{f}$ $\quad$ ($\mathbf{R}\bigvee$).

5. $A = \bigvee x B[x]$. Dann ist $A^* = \bigwedge x B^*[x]$, und es gilt[1] analog zu 4.
$\mathfrak{b}(\bigvee x B[x])=\mathbf{w} \Leftrightarrow \bar{\mathfrak{b}}(\bigwedge x B^*[x])=\mathbf{f}$ $\quad$ ($\mathbf{R}\bigvee$), I.V., ($\mathbf{R}\bigwedge$).

Damit ist (1) bewiesen. Wie man sich leicht klarmacht, gilt:

(2) Die Menge aller l-Bewertungen $\mathfrak{b}$ ist identisch mit der Menge ihrer komplementären l-Bewertungen $\bar{\mathfrak{b}}$.

Dann folgt:

(a) $\Vdash_l A \Leftrightarrow \bigwedge\!\!\!\!\bigwedge \mathfrak{b}\, \mathfrak{b}(A)=\mathbf{w} \Leftrightarrow \bigwedge\!\!\!\!\bigwedge \bar{\mathfrak{b}}\, \bar{\mathfrak{b}}(A^*)=\mathbf{f}$ (nach (1))
$\Leftrightarrow \bigwedge\!\!\!\!\bigwedge \mathfrak{b}\, \mathfrak{b}(A^*)=\mathbf{f}$ (nach (2)) $\Leftrightarrow \Vdash_l \neg A^*$.

(b) $\Vdash_l A \rightarrow B \Leftrightarrow \Vdash_l \neg A \vee B \Leftrightarrow \Vdash_l \neg(\neg A \vee B)^*$ (nach (a))
$\Leftrightarrow \Vdash_l \neg(\neg A^* \wedge B^*) \Leftrightarrow \Vdash_l B^* \rightarrow A^*$.

(c) $\Vdash_l A \leftrightarrow B \Leftrightarrow \Vdash_l A \rightarrow B \wedge\!\!\!\wedge \Vdash_l B \rightarrow A$
$\Leftrightarrow \Vdash_l B^* \rightarrow A^* \wedge\!\!\!\wedge \Vdash_l A^* \rightarrow B^*$ (nach (b))
$\Leftrightarrow \Vdash_l A^* \leftrightarrow B^*$. □

1 Streng genommen ist $B^*[x]$ nicht definiert, da B eine Nennform ist. Hier, wie weiter im Text, ist damit die Dualform $(B[x])^*$ von $B[x]$ gemeint. (Für offenes $B[x]$ sei $B[x]^*$ ganz analog wie für Sätze definiert.)

6.2 Adjunktive und konjunktive Normalform

Diese Normalformen beziehen sich nur auf die *junktorenlogische* Struktur von A; seine *j-Teilsätze* (d. h. elementare und maximale[2] *q*-komplexe Teilsätze) bleiben *völlig unanalysiert*. Wenn in diesem Abschnitt von den *Junktoren von A* die Rede ist, so sind nur jene gemeint, die nicht im Bereich eines Quantors stehen. Zur Vermeidung von Mißverständnissen nennen wir sie in diesem Kapitel ‚*Oberflächenjunktoren*'.

Eine *adjunktive Normalform*, abgek.: ANF, ist eine Adjunktionskette $B_1 \vee \ldots \vee B_m$, wobei jedes B_h $(1 \leqq h \leqq m)$ eine Konjunktionskette $\pm C_1 \wedge \ldots \wedge \pm C_{n_h}$ ist, und jedes $\pm C_i$ $(1 \leqq i \leqq n)$ ein negierter oder unnegierter *j*-elementaren Satz ist.[3]

Eine *konjunktive Normalform*, abgek.: KNF, entsteht aus einer ANF durch Ersetzung sämtlicher Oberflächenjunktoren durch duale. Sie ist also eine Konjunktionskette $B_1 \wedge \ldots \wedge B_m$, wobei jedes B_h $(1 \leqq h \leqq m)$ eine Adjunktionskette $\pm C_1 \vee \ldots \vee \pm C_{n_h}$ ist, und jedes $\pm C_i$ $(1 \leqq i \leqq n_h)$ ein negierter oder unnegierter *j*-elementarer Satz ist.

Anmerkung. (*a*) Selbstverständlich könnte man analog eine ANF durch Dualisierung der Oberflächenjunktoren einer KNF gewinnen.

(*b*) ANF und KNF können als junktorenlogische Dualformen voneinander (bezüglich ihrer *j*-Teilsätze als atomarer Sätze) aufgefaßt werden.

Demnach ist eine ANF ein Satz, der (außerhalb seiner *j*-Teilsätze)

1. nur die Oberflächenjunktoren $\neg$, $\wedge$, $\vee$ enthält,
2. keinen Oberflächenjunktor im Bereich einer Oberflächennegation (also Negationen nur unmittelbar *vor j*-Teilsätzen oder *innerhalb q*-komplexer *j*-Teilsätze) enthält,
3. keine Oberflächenadjunktion im Bereich einer Oberflächenkonjunktion enthält.

Und eine KNF ist ein Satz, der 1 und 2 erfüllt und umgekehrt keine Oberflächenkonjunktion im Bereich einer Oberflächenadjunktion enthält.

Th. 6.2 *Zu jedem Satz A gibt es*
(a) eine j-äquivalente ANF
und
(b) eine j-äquivalente KNF.

---

2 Das heißt *q*-komplexe *q*-Teilsätze, die in keinem größeren *q*-komplexen *q*-Teilsatz enthalten sind.

3 Die Schreibweise ‚$\pm C_i$' ist als unzerlegbares Mitteilungszeichen aufzufassen, so daß z. B. der negierte *j*-elementare Satz ‚$\neg \bigwedge x P^1 x$' durch ‚$\pm C_i$' mitgeteilt werden könnte, keinesfalls aber durch ‚$-C_i$'.

Beweis: Wir transformieren A in drei Schritten.

1. Alle j-Teilsätze $B \rightarrow C$, $B \leftrightarrow C$ ersetzen wir durch j-äquivalente Sätze $\neg B \vee C$, $B \wedge C \vee \neg B \wedge \neg C$ und erhalten schließlich einen Satz A_1, der nur die Junktoren $\neg$, $\wedge$, $\vee$ enthält.

2. Falls A_1 Junktoren im Bereich von Negationen enthält, so hat A_1 j-Teilsätze der Gestalt $\neg\neg B$, $\neg(B \wedge C)$, $\neg(B \vee C)$. Wir ersetzen sie durch j-äquivalente Sätze B, $\neg B \vee \neg C$, $\neg B \wedge \neg C$, und erhalten schließlich einen Satz A_2, der keinen Junktor im Bereich einer Negation enthält.

3a. Falls A_2 Adjunktionen im Bereich von Konjunktionen enthält, so hat A_2 Teilsätze der Gestalt $(B \vee B') \wedge C$, $C \wedge (B \vee B')$. Wir ersetzen sie durch j-äquivalente Sätze $B \wedge C \vee B' \wedge C$, und erhalten schließlich einen Satz A_3, der keine Adjunktion im Bereich einer Konjunktion enthält, also eine j-äquivalente ANF.

3b. Umgekehrt erhält man aus A_2 durch Ersetzung von $B \wedge B' \vee C$, $C \vee B \wedge B'$ durch $(B \vee C) \wedge (B' \vee C)$ eine j-äquivalente KNF. □

Ist ‚$\pm C_i$' ein negierter Satz, so teilen wir durch ‚C_i' denjenigen Satz mit, der sich daraus durch Streichung des Oberflächennegationszeichens ergibt. Andernfalls bezeichne ‚C_i' denselben Satz wie ‚$\pm C_i$'. Einer ANF kann man unmittelbar ablesen, ob sie j-erfüllbar ist, denn es gilt:

Th. 6.3 *Eine ANF ist j-erfüllbar* $\Leftrightarrow$
Wenigstens ein Adjunktionsglied enthält nicht gleichzeitig einen Satz und seine Negation als Konjunktionsglieder.

Denn eine ANF $B_1 \vee \ldots \vee B_m$ ist offensichtlich j-erfüllbar genau dann, wenn wenigstens ein B_h $(1 \leqq h \leqq m)$ der Gestalt $\pm C_1 \wedge \ldots \wedge \pm C_{n_h}$ j-erfüllbar ist. Und wenn B_h j-erfüllbar ist, so kann sich unter den $\pm C_i$ $(1 \leqq i \leqq n_h)$ kein Satz und seine Negation befinden.

Umgekehrt ist diese Bedingung auch hinreichend für die j-Erfüllbarkeit von B_h; denn dann ist B_h wahr bei jeder j-Wahrheitsannahme, welche die unnegierten C_i mit **w**, und die negierten mit **f** bewertet. □

Ganz entsprechend kann man einer KNF unmittelbar ablesen, ob sie j-gültig ist.

Th. 6.3' *Eine KNF ist j-gültig* $\Leftrightarrow$
Jedes Konjunktionsglied enthält einen Satz und seine Negation als Adjunktionsglieder.

Der Beweis ist offensichtlich analog.

Zu jedem Satz A gibt es unendlich viele j-äquivalente ANFen und KNFen. Gelegentlich ist es aber zweckmäßig, A in Abhängigkeit von seinen verschiedenen j-elementaren Teilsätzen $C_1, \ldots, C_n$ eine sog. „vollständige" ANF und KNF eindeutig zuzuordnen. Dazu die folgende Notation:

$\bigwedge_i \pm C_i$ sei eine Konjunktionskette, in der alle C_i $(1 \leqq i \leqq n)$ in einer beliebig festgelegten alphabetischen Reihenfolge genau einmal entweder negiert oder unnegiert vorkommen (es gibt also 2^n verschiedene $\bigwedge_i \pm C_i$), und $\bigvee_i \pm C_i$ sei eine entsprechende Adjunktionskette.

Anmerkung. Das Mitteilungszeichen ‚$\bigwedge_i \pm C_i$' wird von uns zwar verwendet, da es allgemein üblich ist; es weist jedoch einen ernsthaften Mangel auf: Der Satz A, dessen sämtliche j-elementaren Teilsätze $C_1, \ldots, C_n$ negiert oder unnegiert, also als $\pm C_i$, zu Konjunktionsketten zusammengefaßt werden, wird nicht angegeben. Eine korrektere Mitteilungsschreibweise wäre daher

$$\bigwedge_A \pm C_i,$$

zu lesen etwa als: ‚eine Konjunktionskette, in der sämtliche j-elementaren Teilsätze C_i von A in alphabetischer Reihenfolge, negiert oder unnegiert, genau einmal vorkommen'. Analog für ‚$\bigvee_i \pm C_i$': $\bigvee_A \pm C_i$.

Bei Bedarf werden wir uns dieser Schreibweise bedienen.

Wir ordnen die Konjunktionsketten alphabetisch, indem wir von zwei verschiedenen jene als früher betrachten, die an der ersten abweichenden Stelle ein C_k enthält (während die andere dort $\neg C_k$ enthält), und entsprechendes gilt für die Adjunktionsketten. Dann ist eine *vollständige* ANF *für A* eine j-äquivalente ANF mit alphabetisch geordneten Adjunktionsgliedern der Gestalt $\bigwedge_i \pm C_i$, und eine *vollständige* KNF *für A* ist eine j-äquivalente KNF mit alphabetisch geordneten Konjunktionsgliedern der Gestalt $\bigvee_i \pm C_i$.

N. Def. hat A *höchstens* eine vollständige ANF und KNF, und darüber hinaus gilt

Th. 6.4 *Jeder j-erfüllbare Satz A hat genau eine vollständige ANF.*

Beweis: Betrachten wir die Wahrheitstafel eines Satzes A mit j-elementaren Teilsätzen $C_1, \ldots, C_n$.

$$\begin{array}{c|c} C_1 \ldots C_n & A \\ \hline \end{array}$$

$$2^n \text{ Zeilen} \left\{ \begin{array}{c|c} \mathbf{w} \ldots \mathbf{w} & \mathbf{v}_1 \\ \vdots & \vdots \\ \mathbf{f} \ldots \mathbf{f} & \mathbf{v}_{2^n} \end{array} \right\} \mathbf{v}_k = \mathbf{w} \text{ oder } \mathbf{f}$$

Für A gibt es genau 2^k j-Wahrheitsannahmen $\mathfrak{a}_k$ $(1 \leqq k \leqq 2^n)$, und bei jedem $\mathfrak{a}_k$ ist genau diejenige Konjunktionskette $B_k = \bigwedge_i \pm C_i$ wahr, bei der $\pm C_i = C_i$ bzw. $= \neg C_i$, je nachdem, ob $\mathfrak{a}_k(C_i) = \mathbf{w}$ oder $\mathbf{f}$ ist. Wir ermitteln die j-Wahrheitsannahmen $\mathfrak{a}_1, \ldots, \mathfrak{a}_m$, bei denen A wahr ist (n.V. gibt es mindestens eine). Dann ist die Adjunktionskette $B_1 \vee \ldots \vee B_m$, in alphabetische Reihenfolge gebracht, die vollständige ANF von A; denn sie hat die geforderte Gestalt und ist j-äquivalent mit A, da beide Sätze bei denselben j-Wahrheitsannahmen wahr sind. □

Im folgenden verwenden wir die Schreibweise ‚$\mp C_i$'. Diese ist bezüglich der Mitteilungszeichen ‚$\pm C_i$' definiert durch: $\mp C_i = \neg C_i$ gdw $\pm C_i = C_i$ und $\mp C_i = C_i$ sonst.

Analog zum vorigen Theorem gilt:

Th. 6.4′ *Jeder j-widerlegbare Satz A hat genau eine vollständige KNF.*

Beweis: N.V. ist $\neg A$ j-erfüllbar und hat nach Th. 6.4 genau eine vollständige ANF $B_1 \vee \ldots \vee B_m$. Sei $1 \leqq h \leqq m$ und $B_h = \bigwedge_i \pm C_i$, so sei $\overline{B_h} := \bigvee_i \mp C_i$. Dann ist A j-äquivalent mit $\neg(B_1 \vee \ldots \vee B_m)$, also auch mit $\bar{B}_1 \wedge \ldots \wedge \bar{B}_m$, wobei also $\bar{B}_h$ ($1 \leqq h \leqq m$) dadurch entsteht, daß in B_h alle nicht negierten Konjunktionsglieder durch negierte ersetzt werden, und umgekehrt, sowie alle Konjunktionszeichen durch Adjunktionszeichen. Dann ist $\bar{B}_1 \wedge \ldots \wedge \bar{B}_m$, in alphabetische Reihenfolge gebracht, die vollständige KNF von A. □

Die semantisch interessantere Normalform ist die vollständige ANF. Bei einer gegebenen Interpretation werden ihre Adjunktionsglieder $\bigwedge_i \pm C_i$ *Zustandsbeschreibungen*, und zwar die schärfstmöglichen, die sich durch j-Verknüpfung der C_i bilden lassen. (Zustandsbeschreibungen sind derartige $\bigwedge_i \pm C_i$ insofern, als sie für jedes C_i die Information, ob C_i zutrifft oder nicht, enthalten, also in bezug auf alle durch C_i oder $\neg C_i$ beantwortbaren Fragen über den besagten Zustand Auskunft geben.) Diese Zustandsbeschreibungen sind paarweise unverträglich und erschöpfen zusammen den „logischen Raum" aller möglichen Zustände. Daher ist die Anzahl der Adjunktionsglieder der vollständigen ANF eine Art Gradmesser für den *Informationsgehalt* eines Satzes: Je weniger Adjunktionsglieder, um so weniger Zustände läßt er zu, um so höher also sein Informationsgehalt. Ein Satz mit n j-elementaren Teilsätzen und einer vollständigen ANF mit allen kombinatorisch möglichen 2^n Adjunktionsgliedern ist tautologisch; er schließt keinen Zustand aus und besagt gar nichts.

Im folgenden kommt es auf die Eindeutigkeit der vollständigen ANF nicht an, und wir können die alphabetische Ordnung vernachlässigen. Um auch j-unerfüllbaren Sätzen A eine ANF zuzuordnen, nehmen wir ein kontradiktorisches Adjunktionsglied B_0, etwa $p_0 \wedge \neg p_0$, für den ersten Satzparameter p_0 („der unmögliche Zustand") hinzu. Darüber hinaus nehmen wir in bestimmten Fällen auch solche C_i in die Zustandsbeschreibungen mit auf, die in A selbst nicht vorkommen; wir sprechen dann, für eine vorgegebene Menge von j-elementaren Sätzen C_i ($\mathrm{i}=1, \ldots, \mathrm{n}$), von einer ANF *mit den Elementen* C_i. Dies ist eine Adjunktionskette $B_0 \vee \ldots \vee B_m$ ($\mathrm{m} \geqq 0$), wobei $B_0 = p_0 \wedge \neg p_0$, und die übrigen B_h, falls vorhanden, Konjunktionsketten $\bigwedge_i \pm C_i$ sind.

Th. 6.4″ *$C_1, \ldots, C_n$ seien j-elementar, und A sei eine j-Verknüpfung einiger oder aller C_i. Dann gibt es zu A eine j-äquivalente ANF mit den Elementen C_i.*

Der *Beweis* entspricht dem zu Th. 6.4: Ist A j-unerfüllbar, so ist das oben definierte B_0 die gewünschte ANF. Andernfalls wird A bei gewissen Wahrheitsannahmen $\mathfrak{a}_1, \ldots, \mathfrak{a}_m$ für die C_i wahr. Für jedes $\mathfrak{a}_h$ ($1 \leqq \mathrm{h} \leqq \mathrm{m}$) sei B_h diejenige Konjunktionskette $\bigwedge_i \pm C_i$, die bei $\mathfrak{a}_h$ wahr ist. Dann ist $B_0 \vee B_1 \vee \ldots \vee B_m$ eine zu A j-äquivalente ANF mit den Elementen C_i. □

6.3 Pränexe Normalform

Die im vorangehenden Abschnitt behandelten Arten von Normalformen stellten Normierungen *junktorenlogischer Oberflächenstrukturen* quantorenlogischer Sätze dar. Eine pränexe Normalform, abgek. PNF, stellt dagegen eine Normierung der *quantorenlogischen Struktur* eines Satzes dar. Eine PNF ist ein Satz der Gestalt $\mathrm{q}_1 x_1 \ldots \mathrm{q}_n x_n F$ ($\mathrm{n} \geqq 0$), wobei die $\mathrm{q}_i x_i$, falls vorhanden, All- oder Existenzquantoren mit verschiedenen Variablen, und F eine höchstens in $x_1, \ldots, x_n$ offene Formel ist. Anders ausgedrückt: Eine PNF ist ein Satz, in dem kein Quantor im Bereich eines Junktors steht. $\mathrm{q}_1 x_1 \ldots \mathrm{q}_n x_n$ heißt *Präfix* und F heißt *Matrix* der PNF. Als *pränexe Normalform von A* bezeichnen wir jeden mit A l-äquivalenten Satz, der eine PNF ist. (Pränexe Normalformen wurden bereits in Abschn. 4.2.5 verwendet; siehe auch dort.)

Th. 6.5 *Zu jedem Satz A gibt es eine PNF von A.*

Wir skizzieren (nochmals) die Beweisidee und transformieren A in drei Schritten:

1. Alle Teilformeln $G \rightarrow H$, $G \leftrightarrow H$ ersetzen wir durch Formeln $\neg G \vee H$, $G \wedge H \vee \neg G \wedge \neg H$ und erhalten einen mit A l-äquivalenten Satz A_1, der nur die Junktoren $\neg$, $\wedge$, $\vee$ enthält. (Dieser Schritt ist nicht unbedingt erforderlich, aber vereinfacht den dritten Schritt und den Beweis zu Th. 6.6.)

2. Durch alphabetische Umbenennung gebundener Variablen transformieren wir A_1 in einen *l*-äquivalenten Satz A_2, der keinen Quantor über einer Variablen enthält, die außerhalb seines Bereichs noch einmal vorkommt.

3. Falls A_2 Quantoren im Bereich von Junktoren enthält, so hat A_2 Teilformen der Gestalt $\neg \bigwedge xG[x]$, $\neg \bigvee xG[x]$, $\mathrm{q}xG[x]\,\mathrm{j}\,H$, $H\,\mathrm{j}\,\mathrm{q}xG[x]$, wobei $\mathrm{q} = \bigwedge$ oder $\bigvee$, $\mathrm{j} = \wedge$ oder $\vee$, und x in H nicht vorkommt. Wir ersetzen sie durch Formeln $\bigvee x \neg G[x]$, $\bigwedge x \neg G[x]$, $\mathrm{q}x(G[x]\mathrm{j}H)$, und erhalten einen mit A *l*-äquivalenten Satz A_3, in dem kein Quantor im Bereich eines Junktors steht, also eine *l*-äquivalente PNF. □

Im nächsten Abschnitt betrachten wir eine wichtige spezielle Art von pränexen Normalformen.

6.4 Skolem-Normalform

Eine PNF, in der alle Existenzquantoren allen Allquantoren vorangehen, also ein Satz der Gestalt $\bigvee x_1 \ldots \bigvee x_m \bigwedge y_1 \ldots \bigwedge y_n F$ $(\mathrm{m}, \mathrm{n} \geqq 0)$ mit quantorenfreiem F, heißt *Skolem-Normalform*, abgek.: SNF. Anders als im Fall der vorangehenden Normalformen ist *nicht* jeder Satz in eine *l-äquivalente* SNF mechanisch-effektiv transformierbar, sondern nur in eine solche, die mit ihm bezüglich der *l-Gültigkeit* übereinstimmt.

Anmerkung. Der Leser könnte versucht sein, die Aussage des folgenden Theorems, nämlich die Existenz einer SNF für jeden Satz, für trivial zu halten: Ist das Problem nicht schon gelöst, indem wir jedem gültigen Satz den Satz ‚$\bigwedge x(Px \vee \neg Px)$' als SNF zuordnen und jedem nichtgültigen einen beliebigen anderen? Das Problem liegt in der Bedingung der *mechanisch-effektiven Transformierbarkeit*, die in diesem Fall nach dem Theorem von Church nicht gegeben sein kann. Denn danach gibt es kein mechanisches Verfahren zur Feststellung der Gültigkeit beliebiger quantorenlogischer Sätze.

Th. 6.6 *Jeder Satz A läßt sich in eine SNF A' mechanisch-effektiv transformieren, wobei*

$$\Vdash_l A \Leftrightarrow \Vdash_l A'.$$

Beweis: Zunächst transformieren wir A in eine *l*-äquivalente PNF A_1, wobei wir nach dem vorangehenden Beweis voraussetzen können, daß A_1 nur die Junktoren $\neg$, $\wedge$, $\vee$ enthält. Im Präfix von A_1 stehen $\mathrm{n} \geqq 0$ Allquantoren, auf die noch Existenzquantoren folgen. Für $\mathrm{n}=0$ ist A_1 bereits eine SNF, und die Behauptung folgt aus Th. 6.5. Für $\mathrm{n}>0$ hat A_1 die Gestalt $\bigvee x_1 \ldots \bigvee x_m \bigwedge y B[x_1, \ldots, x_m, y]$, $(\mathrm{m} \geqq 0)$, wobei $B[x_1, \ldots, x_m, y]$ eine Formel $\mathrm{q}_1 z_1 \ldots \mathrm{q}_r z_r F$ mit quantorenfreiem F und mindestens einem Existenzquantor $\mathrm{q}_i z_i$ ist. Wir wählen einen neuen $\mathrm{m}+1$-stelligen Prädikatparameter P und bilden den Satz

$$A_2 = \bigvee x_1 \ldots \bigvee x_m (\bigvee y(B[x_1, \ldots, x_m, y] \wedge \neg Px_1 \ldots x_m y) \vee \bigwedge y Px_1 \ldots x_m y).$$

Hilfssatz $\Vdash_l A_1 \Leftrightarrow \Vdash_l A_2$.

Beweis des Hilfssatzes: Angenommen, $\Vdash_l A_1$. $\mathfrak{b}$ sei eine beliebige l-Bewertung. Dann erfüllt $\mathfrak{b}$ auch A_1 und nach (**R** $\bigvee$) für gewisse $u_1, \ldots, u_m$ auch $\bigwedge y B[u_1, \ldots, u_m, y]$. Falls nun $\mathfrak{b}$ auch $\bigvee y \neg P u_1 \ldots u_m y$ erfüllt, dann ebenso

$$(1)\quad \bigvee y(B[u_1, \ldots, u_m, y] \wedge \neg P u_1 \ldots u_m y).$$

Andernfalls erfüllt $\mathfrak{b}$

$$(2)\quad \bigwedge y P u_1 \ldots u_m y.$$

In jedem Fall erfüllt $\mathfrak{b}$ die Adjunktion von (1) und (2), und daher nach (**R** $\bigvee$) auch A_2.

Angenommen, $\Vdash_l A_2$. Dann folgt nach dem Substitutionstheorem für Prädikatparameter, Th. 3.10, bei Ersetzung von P durch $B[*_1, \ldots, *_{m+1}]$

$$\Vdash_l \bigvee x_1 \ldots \bigvee x_m(\bigvee y(B[x_1, \ldots, x_m, y] \wedge \neg B[x_1, \ldots, x_m, y]) \vee \bigwedge y B[x_1, \ldots, x_m, y]),$$

und wegen der l-Unerfüllbarkeit jeder Spezialisierung von

$$\bigvee y(B[x_1, \ldots, x_m, y] \wedge \neg B[x_1, \ldots, x_m, y])$$

folgt $\Vdash_l \bigvee x_1 \ldots \bigvee x_m \bigwedge y B[x_1, \ldots, x_m, y]$, d. h. $\Vdash_l A_1$. (Dabei wird die l-Unerfüllbarkeit einer offenen Formel mit der ihres Allabschlusses identifiziert.) Damit ist der Hilfssatz bewiesen.

A_2 ist nach Voraussetzung der Satz

$$\bigvee x_1 \ldots \bigvee x_m(\bigvee y(\mathrm{q}_1 z_1 \ldots \mathrm{q}_r z_r F \wedge \neg P x_1 \ldots x_m y) \vee \bigwedge y P x_1 \ldots x_m y).$$

Wenn wir am Satzende das allquantifizierte y umbenennen in ein $z \neq x_1, \ldots, x_m, y, z_1, \ldots, z_r$, so können wir wie im Beweis zu Th. 6.5, Schritt 3, alle Quantoren nach links herausziehen und erhalten den mit A_2 l-äquivalenten Satz A_3, der die folgende Gestalt hat:

$$\bigvee x_1 \ldots \bigvee x_m \bigvee y\, \mathrm{q}_1 z_1 \ldots \mathrm{q}_r z_r \bigwedge z(F \wedge \neg P x_1 \ldots x_m y \vee P x_1 \ldots x_m z).$$

Dieser Satz enthält nur n – 1 Allquantoren, auf die noch Existenzquantoren folgen, und die Behauptung gilt nach Induktionsvoraussetzung. □

Unter einer *dualen* SNF verstehen wir eine PNF mit einem zur SNF dualen Präfix, also einen Satz der Gestalt $\bigwedge x_1 \ldots \bigwedge x_m \bigvee y_1 \ldots \bigvee y_n F$ ($\mathrm{m}, \mathrm{n} \geqq 0$), mit quantorenfreiem F. Eine duale SNF wird auch SNF *bezüglich der Erfüllbarkeit* genannt; denn es gilt

Th. 6.6′ *Jeder Satz A läßt sich in eine duale SNF B* mechanisch-effektiv transformieren, wobei gilt: A ist l-erfüllbar ⇔ B* ist l-erfüllbar.*

Beweis: Nach dem Beweis des vorangehenden Satzes läßt sich $\neg A$ in eine SNF B ohne $\rightarrow$ und $\leftrightarrow$ transformieren, die mit $\neg A$ bzgl. der l-Gültigkeit übereinstimmt. Dann ist die Dualform B^* von B eine duale SNF, und es gilt A ist l-erfüllbar $\Leftrightarrow \neg\!\!\!\shortmid \Vdash_l \neg A \Leftrightarrow \neg\!\!\!\shortmid \Vdash_l B$ (nach Th. 6.6) $\Leftrightarrow \neg\!\!\!\shortmid \Vdash_l \neg B^*$ (nach Th. 6.1) $\Leftrightarrow B^*$ ist l-erfüllbar. Auch diese Transformation ist offensichtlich mechanisch durchführbar. □

6.5 Distributive Normalform („Hintikka-Normalform")

Die von J. Hintikka 1953 in seiner Dissertation erstmals beschriebenen *distributiven Normalformen* stellen eine wichtige Verallgemeinerung der vollständigen adjunktiven Normalformen dar. Das Verfahren zur Umwandlung einer Formel in eine distributive Normalform ist in gewissem Sinne eine Umkehrung der Idee zur Gewinnung einer pränexen Normalform: Während bei pränexen Normalformen die Quantoren möglichst weit „nach außen" gebracht werden (und dies gelingt, wie wir sahen, vollständig, so daß sämtliche Quantoren im Präfix der PNF zusammengefaßt sind), werden die Quantoren bei der distributiven Normalform möglichst weit „nach innen" geschoben. Diese Bemerkungen über die distributiven Normalformen weisen schon darauf hin, daß es sich hier um eine kombinierte Normierung der aussagenlogischen und der quantorenlogischen Formelstruktur handelt. Verglichen mit den vorangehenden Normalformen ist eine distributive Normalform im allgemeinen so umfangreich, daß sie praktisch kaum herstellbar ist. Trotzdem hat sie sich metatheoretisch als von besonders hohem Interesse erwiesen und gewinnt indirekt auch eine große praktische Bedeutung; wir werden uns in dieser Hinsicht auf einige Hinweise und Literaturangaben am Schluß dieses Abschnitts beschränken müssen.

Wir kommen nun zur formalen Präzisierung des Begriffs der *distributiven Normalform*, den wir von jetzt ab mit ‚*DNF*' mitteilen wollen. Dabei werden wir zwei äußerlich zunächst sehr verschiedenartige Darstellungsformen wählen und miteinander vergleichen: die von Hintikka selbst entwickelte Aufbauweise und die weitgehend sprachunabhängige Verallgemeinerung der strukturellen Prinzipien, die der DNF zugrunde liegen, in der Darstellung von D. Scott in den ‚Essays in Honour of Jaakko Hintikka' 1979 ([1], S. 75–90). Anschließend werden wir noch einige kurze Überlegungen ausführen, die dem Leser helfen sollen, diese beiden Darstellungsformen als prinzipiell gleichwertig zu erkennen.

(A) Hintikkas Darstellung der DNF

Wie jede ANF ist die distributive Normalform eines Satzes A eine Adjunktionskette von Konjunktionsketten, die als die *Konstituenten* der

DNF bezeichnet werden. Wir werden uns bei der Darstellung der Konstituentenstruktur auf die Quantorenlogik der ersten Stufe *ohne* Identität beziehen, da eine Einbeziehung der Identität wesentliche Komplikationen hervorruft (deren Behandlung eine abweichende Interpretation der Quantoren nahelegt, die HINTIKKA als ‚exklusive Interpretation‘ bezeichnet und mit deren Hilfe er die DNF auch für die Quantorenlogik mit Identität (z. B. in [2], S. 253ff.) einführt). Wir definieren zunächst den Begriff einer Konstituente in Abhängigkeit von bestimmten syntaktischen Merkmalen der Sätze, deren distributive Normalformen wir dann mittels dieser Konstituenten aufbauen.

Als *Merkmale* einer Formel A (der Quantorenlogik erster Stufe ohne Identität) bezeichnen wir die folgendermaßen charakterisierten Glieder des Dreitupels $m^A := \langle m_1^A, m_2^A, m_3^A \rangle$, das wir auch als ‚*Merkmalstripel*‘ von A bezeichnen:

m_1^A: Die Menge der in A auftretenden Prädikat-, Funktions- und Objektparameter;

m_2^A: Die maximale Verschachtelungstiefe der Quantoren in A;

m_3^A: Die maximale Termlänge in A.

Dabei kann das häufig als *Tiefe* von A bezeichnete Merkmal m_2^A auch den Wert 0 annehmen, nämlich genau für die quantorenfreien Formeln; für Formeln A, in denen Quantoren auftreten, ist m_2^A die größte natürliche Zahl n, für die es eine Folge $(\mathrm{q}_1 x_1, \ldots, \mathrm{q}_n x_n)$ mit Individuenvariablen $x_1, \ldots, x_n$ und Quantoren $\mathrm{q}_i \in \{\bigwedge, \bigvee\}$ $(i \in \{1, \ldots, n\})$ gibt, so daß $\mathrm{q}_i x_i$ jeweils im Bereich von $\mathrm{q}_{i+1} x_{i+1}$ in A auftritt. Das Merkmal m_3^A ist einfach die Anzahl der Symbole (also aller Prädikat-, Funktions- und Objektparameter, Variablen und Klammern) des längsten Terms von A.

Anmerkung. HINTIKKA behandelt in [2] die DNF für die Quantorenlogik ohne Funktionsparameter. Daher spielen bei ihm dort nur die Merkmale m_1^A und m_2^A eine Rolle, wobei er m_1^A aufspaltet in die Menge der Prädikate von A und die Menge der freien Individuensymbole von A. Unser m_3^A wäre in diesem Fall natürlich stets 1. HINTIKKA nennt die Merkmale *Parameter der Konstituenten;* diesen Sprachgebrauch vermeiden wir, um Konfusionen mit dem bisherigen Parameterbegriff zu verhindern.

Wir bringen nun ein Beispiel für den Merkmalsbegriff, indem wir das *Merkmalstripel* für folgenden Satz A angeben:

$$A := \bigwedge y_2(P^2 y_2 a \vee \bigvee y_1(P^3 y_2 b y_1 \rightarrow \bigwedge y_3 P^2 f^2(c y_3) y_1)).$$

Dann gilt:

$m_1^A = \{P^2, P^3, f^2, a, b, c\}$,

$m_2^A = 3$, da $(\mathrm{q}_1 x_1, \mathrm{q}_2 x_2, \mathrm{q}_3 x_3) = (\bigwedge y_3, \bigvee y_1, \bigwedge y_2)$ die längste in A auftretende Folge (von Quantoren) der gesuchten Art ist, und

$m_3^A = 5$, da $f^2(c y_3)$ als längster Term in A gerade aus fünf Symbolen besteht.

A hat also das Merkmalstripel $m^A = \langle \{P^2, P^3, f^2, a, b, c\}, 3, 5 \rangle$.

Wenn die Bezugnahme auf einen bestimmten Satz A klar oder nicht erforderlich ist, werden wir die Merkmalstripel auch in der Form ‚$m=\langle m_1, m_2, m_3\rangle$‘ schreiben. Wenn wir es nicht ausdrücklich durch den Zusatz ‚minimal‘ anders betonen, fassen wir im folgenden Merkmal und Merkmalstripel stets „kumulativ“ auf; d.h. daß ein Satz A mit dem Merkmalstripel $m^A=\langle m_1, m_2, m_3\rangle$ auch als Satz mit einem beliebigem „größeren“ Merkmalstripel $\langle m'_1, m'_2, m'_3\rangle$ angesehen wird.

Anmerkung. Dabei sei „größer“ für Merkmalstripel im Sinne der wie folgt definierten Anordnung ‚$\leqq$‘ aufgefaßt:

$$\langle m_1, m_2, m_3\rangle \leqq \langle m'_1, m'_2, m'_3\rangle \;:\Leftrightarrow\; m_1 \subseteq m'_1 \wedge m_2 \leqq m'_2 \wedge m_3 \leqq m'_3 .$$

Unser bisheriges Merkmalstripel ist dann das (im Sinne von $\leqq$) minimale unter den Merkmalstripeln im kumulativen Sinne und soll daher auch *minimales Merkmalstripel* von A heißen. Ferner bezeichnen wir das jeweils (im Sinne von $\subseteq$ bzw. $\leqq$) kleinste kumulative Merkmal m_1 bzw. m_2 bzw. m_3 als *minimales Merkmal* m_i.

Für die Beschreibung des Begriffs einer *Konstituente mit dem (kumulativen) Merkmalstripel* $m=\langle m_1, m_2, m_3\rangle$ ist es nützlich, zunächst eine Reihe weiterer Begriffe (und Schreibweisen) einzuführen, mittels deren wir die innere Struktur der Konstituenten veranschaulichen können. Eine Konstituente K mit dem (minimalen oder kumulativen) Merkmalstripel $m=\langle m_1, m_2, m_3\rangle$ sei künftig mit ‚K^m‘ oder ‚K^{m_1, m_2, m_3}‘ mitgeteilt; sind z.B. m_2 und m_3 im jeweiligen Kontext irrelevant, so schreiben wir auch ‚K^{m_1}‘ statt ‚K^{m_1, m_2, m_3}‘. Eine Konstituente K^{m_1, m_2, m_3} enthält dann, informell beschrieben,

(a) eine *Zustandsbeschreibung*, in der sämtliche elementaren (atomaren) Sätze mit dem kumulativen Merkmalstripel $\langle m_1, 0, m_3\rangle$ entweder negiert oder unnegiert (aber nicht beides) vorkommen (der Sinn des Worts ‚Zustandsbeschreibung‘ weicht hier etwas von dem in 6.2 erwähnten Begriff ab, ist aber in gewissem Sinne eine quantorenlogische Verfeinerung davon), und

(b) eine vollständige separate Aufzählung jeweils aller existierenden bzw. nichtexistierenden *Sorten von Objekten.* Diese Sorten werden dabei beschrieben durch die schärfstmöglichen paarweise unverträglichen Formeln $B[x]$ mit dem kumulativen Merkmalstripel $\langle m_1, m_2, m_3\rangle$; und für jedes $B[x]$ enthält K^{m_1, m_2, m_3} eine (eventuell negierte) Existenzbehauptung, die wir ähnlich wie in 6.2. mit ‚$\pm \bigvee x B[x]$‘ mitteilen wollen und die angibt, ob Objekte dieser Sorte existieren oder nicht und die daher als *Existenzbehauptung* bezeichnet wird.

Bevor wir nun die für den Konstituentenbegriff benötigten präzisen Definitionen der Begriffe ‚*Zustandsbeschreibung*‘, ‚*Sortenbeschreibung*‘ und ‚*Existenzbehauptung*‘ angeben, führen wir noch eine Reihe von neuen Mitteilungszeichen ein.

Mit ‚$E_i[m]$‘ (für $i \in \omega$) teilen wir sämtliche verschiedenen elementaren Sätze zu dem Merkmalstripel $m=\langle m_1, m_2, m_3\rangle$ (in irgendeiner festgelegten wiederholungsfreien Aufzählung) mit; da es sich um elementare *Sätze* handelt, kann m_2 als minimales Merkmal gleich 0 gesetzt werden, und da m_3 im folgenden in der Regel ohne Einfluß auf die Überlegungen ist, brauchen wir statt auf $\langle m_1, 0, m_3\rangle$ nur auf m_1 Bezug zu nehmen und können (statt ‚$E_i[m]$') ‚$E_i[m_1]$' schreiben. Eine einfache Überprüfung der Definition von m_1 und $E_i[m_1]$ zeigt, daß es nur endlich viele verschiedene $E_i[m_1]$ gibt für endliches m_1 und einen endlichen Formelbegriff, den wir vorausgesetzt haben. Sei $r_{E_i[m]}$ die Anzahl der $E_i[m]$; bei Bedarf schreiben wir dafür auch nur ‚r'. Mit ‚$E_i[m_1, x]$' (für $i \in \omega$) teilen wir in ähnlicher Weise alle verschiedenen elementaren, nur in x offenen Formeln mit, die das Merkmalstripel $\langle m_1, 0, m_3\rangle$ haben. Auch die Anzahl der $E_i[m_1, x]$ ist offensichtlich endlich; wir teilen sie mit ‚$r_{E_i[m,x]}$' oder kurz mit ‚r'' mit.

Anmerkung. Jedes $E_i[m_1, x]$ ergibt bei Ersetzung von x durch einen Objektparameter $a \in m_1$ ein $E_j[m_1]$; werden andererseits bestimmte Vorkommnisse eines Objektparameters $a \in m_1$ in einem $E_j[m_1]$ „markiert" (also durch ‚$*_1$' ersetzt, so daß $E_i[m_1]$ zur Nennform $\mathfrak{N}[*_1]$ wird, die sich von $E_i[m_1]$ genau durch die Ersetzung der markierten Vorkommnisse von ‚a' durch ‚$*_1$' unterscheidet, d. h. insbesondere $E_i[m_1] \doteq \mathfrak{N}[a]$), so erhalten wir (für jede derartige Markierung) bei Ersetzung von a durch x ein $E_i[m_1, x]$ (und jedes $E_i[m_1, x]$ ist als $\mathfrak{N}[x]$ für ein $\mathfrak{N}$ mit $E_i[m_1] \doteq \mathfrak{N}[a]$ zu gewinnen). Dabei ist offenbar $(E_i[m_1, x])_x^a \doteq (\mathfrak{N}[x])_x^a \doteq \mathfrak{N}[a] \doteq E_j[m_1]$ für irgendein $j \in \{1, \ldots, r_{E_i[m]}\}$. Umgekehrt ist die Ersetzung der markierten Parameter in $E_j[m_1]$ durch x gerade in dem Übergang von $E_j[m_1] \doteq \mathfrak{N}[a]$ zu $\mathfrak{N}[x] \doteq E_i[m_1, x]$ gegeben. Wir haben damit eine Bijektion der $E_i[m_1, x]$ auf die Teilmenge derjenigen $E_j[m_1]$, für die solche Ersetzungen möglich sind. Dies ist der Fall, wenn ein Objektparameter a aus m_1 in $E_j[m_1]$ vorkommt, da genau dann $E_j[m_1]$ als $\mathfrak{N}[a]$ geschrieben werden kann. (Insbesondere muß $m_1 \neq \emptyset$ gelten.) Offensichtlich ist jedenfalls i. a. $r_{E_i[m,x]} < r_{E_i[m]}$.

Wird $E_i[m_1, x]$ mittels einer einstelligen Nennform $\mathfrak{N}$ als $\mathfrak{N}[x]$ dargestellt, und tritt x in $\mathfrak{N}$ nicht auf, so ist $E_i[m_1, a] :\doteq (E_i[m_1, x])_x^a \doteq \mathfrak{N}[a]$. Man beachte, daß dabei $a \in m_1$ nicht gelten muß. Die Anzahl r'' dieser aus den $E_i[m_1, x]$ (bei Ersetzung aller x durch a) hervorgehenden Sätze ist offenbar ebenfalls endlich und i. a. gilt $r'' < r' < r$. Da r'' von a abhängt, wäre für r'' genauer ‚$r_{E_i[m,a]}$' zu schreiben.

Wir können nun den Begriff einer *Zustandsbeschreibung mit dem Merkmalstripel* $\langle m_1, 0, m_3\rangle$ als eine Konjunktionskette definieren, die folgende Form hat:

$$(1) \quad \bigwedge_i \pm E_i[m_1]$$

was wir (wie ähnliche Schreibweisen in 6.2) auffassen wollen als Mitteilungszeichen für eine Konjunktionskette (mit $r_{E_i[m]}$ Gliedern), in der jedes $E_i[m_1]$ genau einmal negiert oder unnegiert vorkommt. Eine korrektere ausführliche Schreibweise wäre daher

$$(1') \quad \bigwedge_{i=0}^{r} v_i(E_i[m_1])$$

mit einer Abbildung v, die jedes $E_i[m_1]$ auf sich selbst oder auf $\neg E_i[m_1]$ abbildet. Die Anzahl verschiedener Zustandsbeschreibungen dieser Art ist nach der Form von (1′) durch die Anzahl solcher v gegeben, und davon gibt es offenbar gerade 2^r viele. Bei Bedarf schreiben wir für die j-te der 2^r Zustandsbeschreibungen auch ‚$\bigwedge_{i\,j} \pm E_i[m_1]$' oder ausführlicher ‚$\bigwedge_{i\,j}^{r} \pm E_i[m_1]$' oder ‚$\bigwedge_{i=0}^{r} v_j(E_i[m_1])$', wobei $v_1, \ldots, v_{2^r}$ eine beliebige fest gewählte Reihenfolge der Negationsverteilungsabbildungen v_i sei. (Analoge Vereinbarungen sind für die im folgenden erläuterten ähnlichen Mitteilungszeichen zu ergänzen!)

Eine *Sortenbeschreibung mit dem Merkmalstripel* $\langle m_1, 0, m_3 \rangle$ sei nach Definition eine Konjunktionskette der Form

(2) $\bigwedge_i \pm E_i[m_1, x]$,

in der jedes der r' verschiedenen $E_i[m_1, x]$ genau einmal negiert oder unnegiert vorkommt. Dabei ist x eine beliebige Variable und r' offensichtlich unabhängig von der Wahl von x. (Offenbar gibt es analog zu (1′) genau $2^{r'}$ derartige Sortenbeschreibungen.)

Eine *Existenzbehauptung mit dem Merkmalstripel* $\langle m_1, 1, m_3 \rangle$ sei nach Definition ein Satz der Form

(3) $\vee x \bigwedge_i \pm E_i[m_1, x]$,

also die Existenzquantifikation einer Sortenbeschreibung mit dem Merkmalstripel $\langle m_1, 0, m_3 \rangle$. Wir teilen solche Existenzbehauptungen auch durch ‚$\exists_j[m_1, 1]$' mit, wobei j als laufender Index aufzufassen ist. (Da es offenbar genausoviel Existenzbehauptungen wie Sortenbeschreibungen dieser Art gibt, gilt $j \in \{1, \ldots, 2^{r'}\}$. Wir nennen $2^{r'}$ bei Bedarf auch ‚$r_{\exists_j[m_1, 1]}$'.)

Ist $a \notin m_1$, so läßt sich die Zustandsbeschreibung

(4) $\bigwedge_i \pm E_i[m_1 \cup \{a\}]$

offenbar aufspalten in die Konjunktion derjenigen $E_i[m_1 \cup \{a\}]$, in denen a auftritt und die übrigen, in denen a nicht auftritt. Jedes $E_i[m_1 \cup \{a\}]$, in dem a nicht vorkommt, ist offenbar ein $E_j[m_1]$ und umgekehrt; ebenso läßt sich jedes $E_i[m_1 \cup \{a\}]$, in dem a wirklich auftritt, als ein $E_k[m_1, a]$ auffassen und umgekehrt. ($E_k[m_1, a]$ tritt wegen $a \notin m_1$ nicht unter den $E_j[m_1]$ auf; wir benötigten zuvor auch, daß es nach Definition in m_1 einen Objektparameter $b \neq a$ gibt.) Wir schreiben dann

(5) $\bigwedge_{i\,j}^{r_1} \pm E_i[m_1 \cup \{a\}] = \bigwedge_{i\,k}^{r} \pm E_i[m_1] \wedge \bigwedge_{i\,l}^{r''} \pm E_i[m_1, a]$

oder ausführlicher (und da aus $a \notin m_1$ folgt $r_{E_i[m_1,a]} = r'' = r' = r_{E_i[m_1,x]}$):

$$(6) \quad \bigwedge_{i=0}^{r_{E_i[m_1 \cup \{a\}]}} v_j(E_i[m_1 \cup \{a\}])$$

$$= \bigwedge_{i=0}^{r_{E_i[m_1]}} v_k(E_i[m_1]) \wedge \bigwedge_{i=0}^{r_{E_i[m_1,x]}} v_l(E_i[m_1,a])$$

für zu j passend gewähltes k, l.

Anmerkung. Zur Erleichterung des Vergleichs mit der Originalliteratur sei angefügt: Den Ausdruck (6) findet der Leser bei Hintikka ([2], S. 247, Gleichung (4)) in der Form

$$\prod_{i=1}^{r} A_i(a_1, \ldots, a_{k-1}, a_k) = \prod_{i=1}^{s} A_i(a_1, \ldots, a_k) \& \prod_{i=1}^{t} B_i(a_1, \ldots, a_{k-1}, a_k).$$

Dabei sind ‚$A_i(a_1, \ldots, a_k)$' wie ‚$\pm E_i[m_1]$' für $\{a_1, \ldots, a_k\}$ als Menge der in m_1 enthaltenen Objektparameter aufzufassen, ‚$B_i(a_1, \ldots, a_{k-1}, a_k)$' als ‚$\pm E_i[m_1, a_k]$' und $\langle r, s, t\rangle$ entsprechend $\langle j, k, l\rangle$ in (5) bei uns.

Natürlich können $r = r_{E_i[m_1]}$ und $r'' = r_{E_i[m_1,a]} = r_{E_i[m_1,x]} = r'$ (da $a \notin m_1$) als Funktionen von $r_{E_i[m_1 \cup \{a\}]}$ bestimmt werden, und dasselbe gilt für k und l als Funktionen von j.

Wir definieren nun simultan rekursiv Sortenbeschreibungen und Existenzbehauptungen mit größerem minimalen m_2, d.h. mit größerer (Quantorenverschachtelungs-) Tiefe. Ist $a \notin m_1$ und $\exists_j[m_1 \cup \{a\}, m_2]$ eine Existenzbehauptung mit dem Merkmalstripel $\langle m_1 \cup \{a\}, m_2, m_3\rangle$, so entsteht daraus durch Ersetzung sämtlicher auftretender a durch eine *neue* Variable x eine *Sortenbeschreibung mit dem Merkmalstripel* $\langle m_1, m_2, m_3\rangle$, die wir durch ‚$\exists_j[m_1, m_2, x]$' mitteilen (j läuft in ω von 1 bis $(r_{\exists_j[m_1 \cup \{a\}, m_2]} \cdot \pi_{m_1})$ wobei π_{m_1} die Anzahl der Objektparameter von m_1 bezeichne. Das größte solche j heiße bei Bedarf auch $r_{\exists_j[m_1, m_2, x]}$).

Ist z.B. $\exists_j[m_1, 1]$ eine Existenzbehauptung zum Merkmalstripel $\langle m_1, 1, m_3\rangle$, so ist für $m_1 = m_1' \cup \{a\}$ und $a \notin m_1'$ nun $(\exists_j[m_1, 1])_a^x$ ein $\exists_k[m_1', 1, x]$, das durch Ersetzung aller a in $\exists_j[m_1, 1]$ durch x entsteht.

Ist $\bigwedge_{j} {}_l \pm \exists_j[m_1, m_2, x]$ eine Konjunktionskette, in der (für ein bestimmtes x) jedes $\exists_j[m_1, m_2, x]$ genau einmal negiert oder unnegiert als Konjunktionsglied auftritt, so sei per definitionem

$$(7) \quad \bigvee x \left(\bigwedge_{i} {}_k \pm E_i[m_1, x] \wedge \bigwedge_{j} {}_l \pm \exists_j[m_1, m_2, x] \right)$$

eine *Existenzbehauptung mit dem Merkmalstripel* $\langle m_1, m_2 + 1, m_3\rangle$; sie werde durch ‚$\exists_j[m_1, m_2 + 1]$' mitgeteilt.

In theoretischen Zusammenhängen sind darüber hinaus die sogenannten *attributiven* oder **a**-*Konstituenten* häufig von Bedeutung; obwohl wir sie an sich bei der DNF-Definition nicht benötigen, definieren wir daher kurz induktiv:

Ist ${}_{\mathbf{a}}K_j^m$ mit $m=\langle m_1, m_2-1, m_3\rangle$ eine attributive Konstituente mit dem Merkmalstripel m_1, so ist für $a\notin m_1$

$$(+)\quad \bigwedge_i{}_k \pm E_i[m_1, a] \wedge \bigwedge_j{}_l \pm \vee x(({}_{\mathbf{a}}K^{m_1\cup\{a\}})_a^x)$$

ein attributiver Konstituent mit $\langle m_1\cup\{a\}, m_2, m_3\rangle$ als Merkmal. Die Induktionsbasis bilden dabei für $m'=\langle m_1, 0, m_3\rangle$ die $\bigwedge_i{}_k \pm E_i[m_1, a]$ als ${}_{\mathbf{a}}K^{m'}$.

(Wir könnten in naheliegender Weise die Schreibweise ${}_{\mathbf{a}}C[m_1\cup\{a\}, m_2]$ $= \bigwedge_i{}_k \pm E_i[m_1, a] \wedge \bigwedge_j{}_l \pm \vee x_{\mathbf{a}}C[m_1, m_2-1, x]$ einführen, gehen darauf hier aber nicht weiter ein.) ${}_{\mathbf{a}}K^{m_1\cup\{a\}, m_2, m_3}$ wird auch als *„Attribut für a"* aufgefaßt.

Anmerkung 1. Wiederum zur Erleichterung der Lektüre der Originalliteratur vermerken wir, daß unser (+) in [2], S. 247 bei HINTIKKA der dortigen Gleichung (5) entspricht:

$$Ct_r^d(a_1, \ldots, a_k) = \prod_{i=1}^{s} B_i(a_1, \ldots, a_k) \& \prod_{i=1}^{t} (Ex)Ct_i^{d-1}(a_1, \ldots, a_{k-1}, a_k, x).$$

Dabei steht d für die Tiefe m_2, $\langle r, s, t\rangle$ entsprechen $\langle j, k, l\rangle$ in (7), $\{a_1, \ldots, a_k\}$ muß die Menge der Objektparameter von m_1 bilden, ‚$Ct_r^d(a_1, \ldots, a_k)$' entspricht dann ${}_{\mathbf{a}}K_j^{\langle m_1\cup\{a\}, m_2, m_3\rangle}$ und ‚$Ct_i^{d-1}(a_1, \ldots, a_{k-1}, a_k, x)$' entspricht $({}_{\mathbf{a}}K^{m_1\cup\{a\}})_a^x$.

Anmerkung 2. Dabei ist in (7) offensichtlich j eine Funktion von k und l; nach HINTIKKA ([2], p. 247, Fußnote 4) kann diese Funktion z. B. durch

$$j=(k-1)+2^n\cdot(l-1)+1$$

mit $n=r_{E_i[m_1, x]}$ festgelegt werden.

Wir kommen nach diesen etwas mühseligen Vorbereitungen, die wir so ausführlich gehalten haben, um die sehr knappen Formulierungen der Originalliteratur durchsichtiger und eindeutiger zu machen, nun zur Definition des Konstituentenbegriffs.

Eine Konstituente $K_s^{m_1, m_2, m_3}$ (dafür auch ‚K_s^m'etc.) mit dem Merkmalstripel $m=\langle m_1, m_2, m_3\rangle$ ist ein Satz der Form

$$(8)\quad \bigwedge_i{}_k \pm E_i[m_1] \wedge \bigwedge_j{}_l \pm \exists_j[m_1, m_2],$$

also eine Konjunktion, die erstens die k-te Zustandsbeschreibung mit dem Merkmalstripel $\langle m_1, 0, m_3\rangle$ (für irgendein $k\in\{1, \ldots, 2^{r_{E_i[m_1]}}\}$) und zweitens die l-te Konjunktionskette enthält, in der alle Existenzbehauptungen mit dem Merkmalstripel $\langle m_1, m_2, m_3\rangle$ genau einmal negiert oder unnegiert auftreten. Dabei ist s der laufende Index zur Unterscheidung verschiedener K^m.

Anmerkung 1. Bei HINTIKKA [2] S. 247, Gleichung (6) ist eine Konstituente als Konjunktion einer Zustandsbeschreibung mit einer attributiven Konstituente definiert; deshalb ist dort $\prod_{i=1} A_i(a_1, \ldots, a_{k-1})$ statt $\prod_{i=1} A_i(a_1, \ldots, a_k)$ als Zustandsbeschreibung gewählt. Auf die von HINTIKKA in [2], loc. cit. ebenfalls eingeführten Konstituenten *der zweiten Art* gehen wir hier nicht ein.

Anmerkung 2. Wie zuvor können in (8) k und l als frei wählbare Argumente einer Funktion angesehen werden, die den Wert des Index s von K_s^m festlegt. Ist $m_2=0$, hat der Konstituent keine Existenzbehauptungen.

Anmerkung 3. Die in Anmerkung 1 angedeutete Darstellung ist mit unserer Darstellung gleichwertig, da durch die in (5) angedeutete Aufspaltung auch bei uns eine Zustandsbeschreibung mit einer **a**-Konstituente konjunktiv zusammengefaßt auftritt.

Bemerkungen zur intuitiven Bedeutung der bisherigen Begriffe werden wir später anbringen; wir liefern hier zuerst die fällige *präzise Definition der DNF*:

Eine *distributive Normalform mit dem Merkmalstripel* $m=\langle m_1, m_2, m_3\rangle$ ist eine Adjunktion

$$\bot \vee K_{j_1}^m \vee \ldots \vee K_{j_w}^m$$

von Konstituenten $K_{j_i}^m$ (für i$\in\{1, \ldots, w\}$ und w$\in\omega$) mit Merkmalstripel m. Falls w$=0$, entfallen die $K_{j_i}^m$; ‚$\bot$' bezeichnet den nullstelligen Junktor, der stets falsch ist, und kann bei Bedarf als durch ‚$p_0 \wedge \neg p_0$' oder durch ‚$P_0^1 a_0 \wedge \neg P_0^1 a_0$' definiert aufgefaßt werden.

Eine distributive Normalform, die zu einer Formel A mit dem gleichen Merkmalstripel logisch äquivalent ist, heißt auch eine *DNF von A*; wie bei der ANF, KNF, PNF kann der DNF-Begriff also als ein- oder als zweistelliges Formelprädikat verwendet werden.

Man mache sich an der DNF-Definition klar, daß jede DNF mit dem Merkmalstripel $m=\langle m_1, m_2, m_3\rangle$ eine ANF mit den Elementen $E_i[m_1]$ und $\exists_j[m_1, m_2]$ (für alle zulässigen i, j$\in\omega$) ist, also eine ANF mit sämtlichen elementaren Sätzen und Existenzbehauptungen (beide mit m als Merkmalstripel) als Elementen. Daß es sich bei der Bildung der DNF einer Formel um ein universell durchführbares Normierungsverfahren handelt, zeigt das folgende Theorem.

Theorem über die Existenz distributiver Normalformen *Zu jedem Satz A mit dem (kumulativen) Merkmalstripel $m=\langle m_1, m_2, m_3\rangle$ gibt es eine logisch äquivalente DNF mit dem Merkmalstripel m.*

Beweis: Wir führen den Beweis durch Induktion nach m_2.

I.A.: Ist $m_2=0$, so ist A eine *j*-Verknüpfung gewisser $E_i[m_1]$ und es gibt, wie wir in 6.2 (Th. 6.2) für die ANF bewiesen haben, eine zu A j-äquivalente ANF mit den Elementen $E_i[m_1]$, also eine DNF mit den Merkmalen $\langle m_1, 0, m_3\rangle$.

I.S.: Ist $m_2=n+1$, so ist, nachdem wir alle ‚$\bigwedge x$' (für alle Variablen x) in A durch ‚$\neg \bigvee x \neg$' ersetzt haben, A eine *j*-Verknüpfung von Sätzen der Gestalt

(*i*) $E_i[m_1]$ und

(*ii*) $\bigvee x B[x]$ (mit irgendwelchen Formeln $B[x]$).

Sei nun a ein Parameter, der nicht in B vorkommt (um für alle k stets dasselbe a wählen zu können, komme a sogar in A nicht vor). Nach I.V. ist $B[a]$ (ein Satz mit $m_2^{B[a]}=n<m_2$) l-äquivalent mit einer DNF

$$(iii)\quad \bot \vee K_{j_1}^{m_1\cup\{a\},n,m_3} \vee \ldots \vee K_{j_v}^{m\cup\{a\},n,m_3}$$

aus bestimmten paarweise verschiedenen Konstituenten $K_{j_i}^{m'}$ ($j_i \in \omega$ für $1 \leqq i \leqq v$) mit Merkmalstripel $m'=\langle m_1\cup\{a\},n,m_3\rangle$ und irgendeiner Länge $v\in\omega$. Aus diesen Konstituenten, die die Form

$$(iv)\quad \bigwedge_i \pm E_i[m_1\cup\{a\}] \wedge \bigwedge_j \pm\exists_j[m_1\cup\{a\},n]$$

haben, entstehen durch Vertauschung der Konjunktionsglieder Sätze $C_1[a],\ldots,C_v[a]$ der Form

$$(v)\quad \bigwedge_{i\;k} \pm E_i[m_1] \wedge \bigwedge_{i\;l} \pm E_i[m_1,a] \wedge \bigwedge_j \pm\exists_j[m_1\cup\{a\},n]$$

wie wir uns in (5) klar machten. Aus diesen $C_h[a]$ ($1\leqq h\leqq v$) können wir daher eine Adjunktionskette bilden, so daß gilt:

$$(vi)\quad \Vdash_l B[a]\leftrightarrow\bot\vee C_1[a]\vee\ldots\vee C_v[a].$$

Mittels der Existenzquantoreneinführung und des Modus Ponens sehen wir:

$$(vii)\quad \Vdash_l \bigvee x(B[x]\leftrightarrow\bot\vee C_1[x]\vee\ldots\vee C_v[x]).$$

Daraus erhalten wir mit der Distribution der Quantoren über die Junktoren (über das Schema
$\Vdash_l \bigvee x(A[x]\leftrightarrow B[x])\rightarrow(\bigvee xA[x]\rightarrow\bigvee xB[x]))$
und den Modus Ponens

$$(viii)\quad \Vdash_l \bigvee xB[x]\leftrightarrow\bigvee x(\bot\vee C_1[x]\vee\ldots\vee C_v[x]).$$

Daraus folgt quantorenlogisch, wieder mit dem Schema zur Distribution der Quantoren (hier in der Form
$\Vdash_l \bigvee x(A[x]\vee B[x]\leftrightarrow\bigvee xA[x]\vee\bigvee xB[x])$
und dem Modus Ponens

$$(ix)\quad \bigvee xB[x]\leftrightarrow\bot\vee\bigvee xC_1[x]\vee\ldots\vee\bigvee xC_v[x].$$

Dabei ist $\bigvee xC_h[x]$ für jedes $h\in\{1,\ldots,v\}$ ein Satz der Form

$$(x)\quad \bigvee x\left(\bigwedge_{i\;k} \pm E_i[m_1]\wedge\bigwedge_{i\;l}\pm E_i[m_1,x]\wedge\bigwedge_j\pm E_j[m_1,n,x]\right).$$

Also ist $\bigvee xC_h[x]$ l-äquivalent mit (da x in $E_i[m_1]$ nicht auftritt)

$$(xi)\quad \bigwedge_{i\;k}\pm E_i[m_1]\wedge\bigvee x\left(\bigwedge_{i\;l}\pm E_i[m_1,x]\wedge\bigwedge_j\pm\exists_j[m_1,n,x]\right).$$

Das zweite Konjunktionsglied ist eine Existenzbehauptung mit Merkmalstripel $\langle m_1, n+1, m_3\rangle$; also gibt es ein $q \in \omega$ mit

$$(xii) \quad \Vdash_l \bigvee x C_h[x] \leftrightarrow \bigwedge_i \pm E_i[m_1] \wedge \exists_q[m_1, n+1].$$

Mit (*i*), (*ii*), (*ix*), (*xii*) ist A damit l-äquivalent zu einer j-Verknüpfung bestimmter $E_i[m_1]$ und $\exists_q[m_1, n+1]$. Wieder gibt es nach 6.2 eine ANF zu A mit diesen Elementen. Diese ANF ist dann eine DNF mit dem Merkmalstripel $\langle m_1, n+1, m_3\rangle$. Damit ist der I.S. beendet. □

Anmerkung zum DNF-Existenztheorem:

(*a*) Der Leser überzeuge sich durch genaues Durchgehen der Schritte (*i*)–(*xii*), daß die DNF-Gewinnung in dieser Form ein mechanisches (effektives) Verfahren darstellt und es daher angebracht ist, von einer Normalformbildung zu sprechen.

(*b*) Der Übergang von (*viii*) zu (*ix*) im Beweis liefert eines der Hauptmotive für die Bezeichnung ‚*distributive* Normalform', da hier durch *Distribution* (über die Adjunktionen) die Quantoren „nach innen" geschoben werden.

Der Leser, der dem Text bis hier gefolgt ist, mag sich gefragt haben, wozu das Merkmal m_3 eigentlich überhaupt eingeführt wurde. Diese Frage wird dadurch zusätzlich unterstrichen, daß m_3 in allen bisherigen Definitionen und Überlegungen, sowie auch im Beweis des Existenztheorems, nicht verändert wird und daher nicht wesentlich aufzutreten scheint. Des Rätsels Lösung besteht in der benötigten Endlichkeit der Mengen der elementaren Sätze $E_i[m]$, da schon für $m_1 := \{P^1, f^1, a\}$ bei unbegrenzter Termlänge, also ohne m_3, die Menge der $E_i[m_1]$ die unendliche Menge der Formeln $\{P^1(f^1)^n a \mid n \in \omega\}$ wäre, also $P^1 a$, $P^1 f^1 a$, $P^1 f^1 f^1 a$, $P^1 f^1 f^1 f^1 a, \ldots$, und nun $\bigwedge_i \pm E_i[m_1]$ nicht mehr als endliche Konjunktion gebildet werden könnte, usw. Dieses Problem trat bei HINTIKKA [2] nicht auf, da dort keine Funktionsparameter berücksichtigt werden.

Schließlich wollen wir noch einige Bemerkungen zur intuitiven Deutung der DNF anfügen. Im Rahmen einer Interpretation der Syntax kann man Konstituenten als eine Auflistung all derjenigen „möglichen Welten" ansehen, die im Rahmen der Merkmale der Konstituente beschrieben werden können (natürlich unter Hinzufügung der logischen Operatoren). Das Existenztheorem (für DNF) besagt dann, daß wir für jeden Satz feststellen können, welche „möglichen Welten" oder „Zustände" er zuläßt und welche er ausschließt. Die Konstituenten können (nach HINTIKKA [2], S. 162) viel besser dazu dienen, die Aufgaben zu erfüllen, die den Zustandsbeschreibungen CARNAPS zugedacht waren, als diese selber das vermögen. Als Hauptgrund dafür kann der Umstand angesehen werden, daß es sich hier um „Zustandsbeschreibungen" handelt, die vom verwendeten Individuenbereich (Universum) unabhängig sind. HINTIKKA hat in einer Reihe von Veröffentlichungen ([2], [3], [4]) auf die Möglichkeit eines adäquateren Aufbaus der induktiven Wahrscheinlichkeit mittels der Zustandsbeschreibungen der DNF-Konstituenten in Analogie zum ursprünglichen Vorgehen von CARNAP hingewiesen.

Die von uns wirklich als Zustandsbeschreibungen bezeichnete Konjunktionskette elementarer Aussagen enthalten sozusagen den Hauptteil der „Zustandsbeschreibung im weiteren Sinne“, da hier für alle Namen und Eigenschaften die Beziehungen zueinander festgelegt sind. Attributive Konstituenten beschreiben gewissermaßen „mögliche Individuen“. Aufgefaßt als Attribute für ein Objekt a geben sie alle möglichen Individuen an, die mittels der „Referenzpunkt“-Individuen (die den übrigen Objektparametern von m_1 entsprechen) im Rahmen von m spezifizierbar sind. In ähnlichem Sinne könnte man die Festlegung einer *möglichen* Welt durch eine Konstituente K^m auch folgendermaßen schildern: Zunächst werden die „Individuen-Species“ festgelegt, indem man alle im Rahmen von m zulässigen Beschreibungen durchgeht und festlegt, ob solche Individuen existieren oder nicht. Danach werden alle Individuen mittels der Relationen und Funktionen zu m_1 auf ihre Beziehungen zueinander untersucht und diese Beziehungen als elementare Sätze festgelegt.

In den Konstituenten treten keine Adjunktionen und keine Allquantoren auf; darüber hinaus stehen alle Negationszeichen vor atomaren oder existenzquantifizierten Formeln: In diesem Umstand können wir die eingangs angedeutete Umkehrung der PNF-Idee wiederfinden.

Einige für beweis- und entscheidungstheoretische Zwecke wichtige Eigenschaften von Konstituenten sind die folgenden, die wir ohne Beweis anführen:

(α) *Wenn eine Teilformel* S_1 *einer* **a**-*Konstituente* $_{\mathbf{a}}K$ *eine andere Formel* S_2 *l-impliziert, so impliziert* $_{\mathbf{a}}K$ *auch logisch das Ersetzungsergebnis* $({}_{\mathbf{a}}K)^{S_2}_{S_1}$.

Daraus gewinnt man

(β) *Eine* **a**-*Konstituente impliziert logisch das Ergebnis der Weglassung beliebig vieler negierter und unnegierter elementarer Teilformen und beliebiger quantifizierter Teilformen. (Weglassungslemma)*

(Das gilt streng genommen nur für die DNF der *zweiten Art* in HINTIKKA, [2].)

(γ) *Konstituenten, die inkonsistente* **a**-*Konstituenten enthalten, sind inkonsistent. (Inkonsistenzlemma)*

(δ) *Verschiedene Konstituenten oder* **a**-*Konstituenten mit gleichen Merkmalen sind inkompatibel*, d. h. höchstens eine von ihnen kann wahr sein. (*Inkompatibilitätslemma*)

Zum Abschluß von (A) wollen wir noch darauf hinweisen, daß HINTIKKA mittels der DNF-Konstituenten einen Informationsbegriff definiert, mit dessen Hilfe der Informationsgewinn beim deduktiven Schließen exakt beschrieben werden kann. Die Information wird dabei über „Gewichte", die ähnlich wie Wahrscheinlichkeiten Sätze einer interpretierten quantorenlogischen Sprache bewerten, eingeführt. Mit p als der Funktion, die diese „Gewichte" zuordnet, wird die Information eines Satzes F durch

$$inf(F) = -\log p(F)$$

wie üblich festgelegt. p wird dabei durch Gewichtsverteilung über die Konstituenten charakterisiert, in dem das Gewicht einer Konstituente auf alle in ihr enthaltenen Konstituenten „angemessen" zu verteilen ist. (Näheres dazu siehe HINTIKKA [2], [3] und [5].)

Wir kommen nun zu D. SCOTTS Darstellung der DNF.

(B) Die Darstellung der DNF durch Scott

Der entscheidende Unterschied und Vorzug der Darstellung der DNF durch DANA SCOTT (in [1]) gegenüber der von HINTIKKA besteht in der Sprachunabhängigkeit des Scottschen Aufbaus. SCOTT arbeitet eine rein mengentheoretische Charakterisierung des Konstituentenbegriffs heraus. Dadurch werden die Anwendungsmöglichkeiten der DNF natürlich stark erweitert. Die folgende Darstellung hält sich nahe an SCOTT [1].

Wir benötigen einige mengentheoretische und notationelle Zusatzvereinbarungen, die wir, zum Teil zur Wiederholung, auflisten.

(*a*) Ist R eine n-stellige Relation auf A, so heißt $(A,R) =: \mathfrak{A}$ eine relationale Struktur (vom Ähnlichkeitstypus (n); analog $(A, R_1, \ldots, R_m)$ für den Ähnlichkeitstypus $(\mathrm{n}_1, \ldots, \mathrm{n}_m)$) mit n_1-, ..., n_m-stelligen Relationen $R_1, \ldots, R_m$ über A (also ist R_i Teilmenge der n_i-fachen kartesischen Potenz von A). Für zweistelliges $R \subseteq A \times A$ und $a_i, a_j \in A$ stehe $a_i R a_j$ wie üblich für $\langle a_i, a_j \rangle \in R$.

(*b*) Mit ‚$\langle a, b \rangle$' bezeichnen wir wie bisher das Wiener-Kuratowski-Paar, mit ‚$(a_0, \ldots, a_{n-1})$' eine n-elementige Folge als Abbildung, d. h. die Menge $\{\langle 0, a_0 \rangle, \ldots, \langle \mathrm{n}-1, a_{n-1} \rangle\}$.

(*c*) $Pot^*(A) := Pot(A) \setminus \{\emptyset\}$.

(*d*) Wir fassen natürliche Zahlen $\mathrm{m} \in \omega$ als Mengen $\{0, \ldots, \mathrm{m}-1\}$ auf; insbesondere gilt $0 := \emptyset$, $1 := \{0\}$, $2 := \{0, 1\}$.

(*e*) $B^A := \{F \subseteq A \times B \mid F \text{ Funktion von } A \text{ nach } B\}$.
(Dabei sind A^2 und $A \times A$ verschieden:
$A \times A := \{\langle a, b \rangle \mid a, b \in A\}$ und
$A^2 \quad := \{F \subseteq \{0, 1\} \times A \mid F \text{ Funktion von 2 nach } A.\}$)
Für $F \in B^A$ schreiben wir auch $F: A \to B$.

(*f*) Generell gilt $\langle a,b\rangle = \{\{a\},\{a,b\}\} \neq (a,b) = \{\langle 0,a\rangle,\langle 1,b\rangle\}$.

(*g*) Ist $a\in A^m$, dann für $\mathrm{i}\in \mathrm{m}$ $a_i := a(\mathrm{i})$, sowie $|a| := \mathrm{m}$ (die Länge der Folge a).

(*h*) Sind $a\in A^m$, $b\in A^n$, m, $\mathrm{n}\in\omega$, dann ist die Konkatenation
$a^\frown b := (a_0,\ldots,a_{m-1},b_0,\ldots,b_{n-1})$ und
$|a^\frown b| = |a| + |b|$.
$a * x := a^\frown(x)$ für beliebiges $x\in A$.

(*i*) *Mengen von endlichem Rang* sind genau diejenigen Mengen, die wir durch endlich häufige Potenzmengenbildung aus der leeren Menge bilden können. Insbesondere gilt induktiv:
$V_0 := \emptyset$ ist die Menge der Mengen *vom Rang* <0.
$V_{n+1} := Pot(\mathrm{V}_n)$ ist die Menge der Mengen *vom Rang* $<\mathrm{n}+1$.
$V_\omega := \bigcup\{V_n \mid \mathrm{n}\in\omega\}$ ist die *Menge der Mengen vom endlichem Rang.*

(*j*) V_ω ist abgeschlossen gegen (Wiener-Kuratowski-)Paarbildung, Bildung endlicher Folgen, Elementschaft, Teilmengenbildung usw. (Also z. B. $V_\omega \times V_\omega \subseteqq V_\omega$.)

(*k*) $Pot_{fin}(A) := \{B \subseteqq A \mid B \text{ endlich}\}$.

(*l*) $Pot_{fin}(V_\omega) = V_\omega$, und V_ω ist (unter bestimmten Bedingungen, wie z. B. dem Regularitätsaxiom) die einzige Lösung der Gleichung $Pot_{fin}(x) = x$.

Es folgt eine Folge von Definitionen und Bemerkungen, die uns zur Konstituentendefinition führen.

[I] [Def. 1] Für $R \subseteqq A\times A$, $a\in A^m$ ist die *induzierte Relation* auf den Indices der Folgenglieder von a definiert als:

(9) $R[a] := \{\langle \mathrm{i},\mathrm{j}\rangle \in \mathrm{m}\times\mathrm{m} \mid a_i R a_j\}$.

[II] *Anmerkungen.* (i) Für jede Menge A ist $\mathrm{R}[a]\in V_\omega$. (ii) $\mathrm{m} = |a|$ ist i. a. durch $R[a]$ nicht festgelegt. Deshalb benötigen wir die folgende Definition.

[III] [Def. 2] Ist $(R,A) = \mathfrak{A}$ eine relationale Struktur, dann sei

(10) $\mathfrak{A}[a] := (\mathrm{m}, R[a])$
die *induzierte relationale Struktur zu* $a\in A^m$.

[IV] *Anmerkung.* (i) Für $\mathfrak{A} = (A, R_0, R_1, \ldots)$ mit $R_i \subseteqq A^{k_i}$ wäre jeweils $R_i[a] \subseteqq |a|^{k_i}$ und $\mathfrak{A}[a] := (|a|, R_0[a], R_1[a], \ldots)$ zu setzen. (ii) Für endlich viele R_i bleibt $\mathfrak{A}$ stets eine Menge von endlichem Rang.

[V] Als nächstes werden wir den ersten Schritt zur Gewinnung sprachunabhängiger Korrelate (semantischer und syntaktischer) logischer Begriffe tun, indem wir uns überlegen, unter welchen Bedingungen induzierte relationale Strukturen identisch sind. Für zwei gleiche Strukturen $\mathfrak{A}[a]$ und $\mathfrak{B}[b]$ folgt aus (10) $|a| = |b|$ und aus (9) (mit $\mathfrak{A} = (A,R)$, $\mathfrak{B} = (B,S)$)

(11) $\bigwedge \langle \mathrm{i},\mathrm{j}\rangle \in |a|\times|a| : (a_i R a_j \Leftrightarrow b_i S b_j)$.

Wenn wir $\mathfrak{A}$ und $\mathfrak{B}$ als Modelle einer Struktur mit Symbolmenge $\{P^2, c_0, \ldots, c_{|a|-1}\}$ auffassen (genaueres siehe Kap. 14!), so besagt (11) gerade, daß $\mathfrak{A}$ und $\mathfrak{B}$ dieselben atomaren Formeln erfüllen, wobei die Interpretationsfunktionen $\mathfrak{a}$ bzw. $\mathfrak{b}$ zu $\mathfrak{A}$ bzw. $\mathfrak{B}$ durch $\mathfrak{a}(P^2) := R$, $\mathfrak{b}(P^2) := S$, $\mathfrak{a}(c_i) := a_i$, $\mathfrak{b}(c_i) := b_i$ gegeben sind. (Der mit der Sprache der abstrakten Semantik und der Modellbeziehung noch nicht vertraute Leser kann sich einfach klar machen, daß bei den durch $\mathfrak{a}$ und $\mathfrak{b}$ zu $\mathfrak{A}$ und $\mathfrak{B}$ gegebenen „natürlichen Deutungen“ der Symbole $\{P^2, c_0, \ldots, c_{|a|-1}\}$ jede atomare Formel durch $\mathfrak{a}$ und $\mathfrak{b}$ gleichbewertet wird; so ist z. B.

$$\mathfrak{a}(P^2c_2c_0) = 1 \Leftrightarrow (\mathfrak{a}(c_2), \mathfrak{a}(c_0)) \in \mathfrak{a}(P^2) \Leftrightarrow (a_2, a_0) \in R \Leftrightarrow a_2Ra_0 \Leftrightarrow b_2Sb_0 \Leftrightarrow (b_2, b_0) \in S \Leftrightarrow (\mathfrak{b}(c_2), \mathfrak{b}(c_0)) \in \mathfrak{b}(P^2) \Leftrightarrow \mathfrak{b}(P^2c_2c_0) = 1 .$$

In ähnlicher Weise ist allgemein ‚$\mathfrak{A}$ erfüllt F für atomare F‘ zu verstehen.)

[VI] Wir betrachten nun zu $\mathfrak{A} = \langle A, R \rangle$ und $a \in A^m$ sämtliche Erweiterungen $a^\frown a'$ von a mit beliebigen endlichen Folgen a' über A. Dazu definieren wir induktiv den *Typ* $\tau_n^{\mathfrak{A}}$ *n-ter Stufe zu* $\mathfrak{A}$, a, auch *n-Typ der Folge a innerhalb der Struktur* $\mathfrak{A}$ genannt. (Die letzte Bezeichnung deutet an, daß $\tau_n^{\mathfrak{A}}$ Aufschluß über die „Lage“ von a in A (bzgl. $\mathfrak{A}$) gibt; im Gegensatz dazu gab $\mathfrak{A}[a]$ Auskunft über die innere Struktur von a (bzgl. $\mathfrak{A}$).) Es gelte:

[Def. 3] (12) $\tau_0^{\mathfrak{A}}[a] := \mathfrak{A}[a]$

(13) $\tau_{n+1}^{\mathfrak{A}}[a] := \{\tau_n^{\mathfrak{A}}[a * x] \mid x \in A\}$.

[VII] *Anmerkung.* Wenn r-fache Erweiterungen der Folge a mit einem $a' \in A^r$ zu untersuchen sind, betrachten wir einfach die Folge der Beziehungen

$$(14) \quad \begin{aligned} &\tau_0^{\mathfrak{A}}[a * a'_0] \in \tau_1^{\mathfrak{A}}[a] \\ &\tau_0^{\mathfrak{A}}[a * a'_0 * a'_1] \in \tau_1^{\mathfrak{A}}[a * a'_0] \in \tau_2^{\mathfrak{A}}[a] \\ &\vdots \\ &\tau_0^{\mathfrak{A}}[a^\frown a'] \in \tau_1^{\mathfrak{A}}[a^\frown(a'_0 * \ldots * a'_{r-2})] \in \ldots \in \tau_r^{\mathfrak{A}}[a] . \end{aligned}$$

Also ist $a^\frown a'$ für $a' \in A^r$ in $\tau_r^{\mathfrak{A}}[a]$ zu untersuchen.

[VIII] Wir kommen nun zur *Konstituentendefinition von Dana Scott;* wir verfahren dabei induktiv

[Def. 4] (15) $\mathfrak{C}_0^m := \{(\mathrm{m}, r) \mid r \subseteq \mathrm{m} \times \mathrm{m}\}$

(16) $\mathfrak{C}_{n+1}^m := Pot^*(\mathfrak{C}_n^{m+1})$.

[IX] Diese Definition kann in der folgenden Explizitfassung

$$\langle \text{mit: } (Pot^*)^n(z) = \underbrace{Pot^*(Pot^*(\ldots(Pot^*(z)\ldots)))}_{n\text{-mal}} \rangle$$

aufgefaßt werden als

[Def. 4′] (17) $\mathfrak{C}_n^m := (Pot^*)^n(\mathfrak{C}_0^{m+n})$

[X] [Def. 4″] Wir nennen $\mathfrak{C}_n^m$ *(Scott-)Konstituente der Tiefe n.* (*n* entspricht also der Quantorenverschachtelungstiefe m_2 der *Hintikka-Konstituenten* K^{m_1, m_2, m_3}).

[XI] *Anmerkungen.* (i) Da wir uns hier auf relationale Strukturen beschränkt haben, spielen die Funktionsparameter und damit m_3 keine Rolle, da dann stets $m_3 = 1$ gilt; wir schreiben daher nur K^{m_1, m_2}. (ii) Das m in $\mathfrak{C}_n^m$ erweist sich später als die Anzahl der in m_1 enthaltenen Objektparameter (von K^{m_1, m_2}). (iii) Alle $\mathfrak{C}_n^m$ erfüllen

(18) $\mathfrak{C}_n^m \in V_\omega$,

sind also von endlichem Rang. (iv) Der Rang von $\mathfrak{C}_n^m$ in V_ω kann als rekursive Funktion mit den Argumenten m und n dargestellt werden. (v) Aus $A \neq \emptyset$ folgt induktiv, daß für *a* und beliebige m, n $\in \omega$ stets $\tau_n^{\mathfrak{A}}[a]$ endlich ist, da

(19) $\tau_n^{\mathfrak{A}}[a] \in \mathfrak{C}_n^m$

und $\mathfrak{C}_n^m$ trivialerweise, unabhängig von der Mächtigkeit von *A*, endlich ist (vgl. (15), (16)!).

[XII] [*Theorem A*] *Die Klassen* $\mathfrak{C}_n^m$ *sind paarweise disjunkt.*
Beweisskizze: (a) $C \in \mathfrak{C}_n^m \Rightarrow \emptyset \neq C$, $\{\emptyset, \{\emptyset\}\} \cap C = \emptyset$.
(b) Sei $C \in \mathfrak{C}_n^m \cap \mathfrak{C}_q^p$. (Wir benötigen für n = 0, q > 0: $\langle a, b\rangle \neq (a, b)$ für alle *a, b*.) Für $n > 0$ folgt mit I.V. für n − 1 und $\emptyset \neq C$ nach Definition der $\mathfrak{C}_n^m$: $C \subseteqq \mathfrak{C}_{n-1}^{m+1}$ und $C \subseteqq \mathfrak{C}_{q-1}^{p+1}$, so daß also $\mathfrak{C}_{n-1}^{m+1} \cap \mathfrak{C}_{q-1}^{p+1} \neq 0$. Mit I.V. folgt $\langle m+1, n-1\rangle = \langle p+1, q-1\rangle \Rightarrow \langle m, n\rangle = \langle p, q\rangle$. □

[XIII] [*Theorem B*] *Für alle relationalen Strukturen* $\mathfrak{A}$, $\mathfrak{B}$ *und alle endlichen Folgen a, b (über den Trägermengen A, B von* $\mathfrak{A}$, $\mathfrak{B}$*), sowie alle* n, q $\in \omega$ gilt:

(20) $\tau_n^{\mathfrak{A}}[a] = \tau_q^{\mathfrak{B}}[b] \Rightarrow |a| = |b| \wedge n = q$

Beweis: Wegen (19) gilt $\tau_n^{\mathfrak{A}}[a] \in \mathfrak{C}_n^{|a|}$ und $\tau_q^{\mathfrak{B}}[b] \in \mathfrak{C}_q^{|b|}$; da $\mathfrak{C}_n^{|a|} \cap \mathfrak{C}_q^{|b|} \neq \emptyset$ nach [Theorem A] schon die Gleichheit dieser Konstituenten besagt, folgt aus $\tau_n^{\mathfrak{A}}[a] = \tau_q^{\mathfrak{B}}[b]$ sofort $|a| = |b|$ und n = q. □

[XIV] [*Theorem C*] *Für alle relationalen Strukturen* $\mathfrak{A}$, $\mathfrak{B}$ *und alle* $a\in A^k$, $b\in B^k$ *mit* $\mathrm{k}\in\omega$ *und* A, B *als den jeweiligen Trägermengen von* $\mathfrak{A}$, $\mathfrak{B}$ *und alle Abbildungen* $\varphi:\mathrm{m}\to\mathrm{k}$ *(für irgendein* $\mathrm{m}\in\omega$*) gilt* (für alle $n\in\omega$):

$$(21)\quad \tau_n^{\mathfrak{A}}[a]=\tau_n^{\mathfrak{B}}[b] \Rightarrow \tau_n^{\mathfrak{A}}[a\circ\varphi]=\tau_n^{\mathfrak{B}}[b\circ\varphi].$$

Beweisskizze: (*a*) *I.A.* (n=0): $\tau_n^{\mathfrak{A}}[a]$ hat dann die Form (k,r), $\tau_{\mathrm{n}}^{\mathfrak{A}}[a\circ\varphi]$ die Form (m,r'), wobei r' sich nur durch die Bedingung $a_{\varphi(\mathrm{i})}Ra_{\varphi(j)}$ von r mit a_iRa_j unterscheidet; also ist $r'=\{(\mathrm{i},\mathrm{j})\in\mathrm{m}\times\mathrm{m}\,|\,\langle\varphi(\mathrm{i}),\varphi(\mathrm{j})\rangle\in r\}$ und analog verläuft der Übergang von $\tau_n^{\mathfrak{B}}[b]$ zu $\tau_n^{\mathfrak{B}}[b\circ\varphi]$ durch dieselbe Abbildung (nämlich die Bildung des Urbilds des kartesischen Quadrats $\bigtimes_{i=1}^{2}\varphi$ von φ); also ist auch $\tau_n^{\mathfrak{A}}[a\circ\varphi]=\tau_n^{\mathfrak{B}}[b\circ\varphi]$.

(*b*) *I.S.* Sei der Satz für alle a, b, φ und ein festes n als bewiesen vorausgesetzt. Sei $\varphi:\mathrm{m}\to\mathrm{k}$ und $\tau_{n+1}^{\mathfrak{A}}[a]=\tau_{n+1}^{\mathfrak{A}}[b]$. Dann ist mit $C\in\tau_{n+1}^{\mathfrak{A}}[a\circ\varphi]$ für ein $x\in A$ nach Definition der Typen $C=\tau_n^{\mathfrak{A}}[(a\circ\varphi)*x]$. Wir wählen als neue Folge φ^* die Abbildung von $\mathrm{m}+1$ nach $\mathrm{k}+1$, die für $\mathrm{i}\in\mathrm{m}$ mit φ übereinstimmt und $\varphi^*(\mathrm{m})=\mathrm{k}$ setzt. Dann ist $(a\circ\varphi)*x=(a*x)\circ\varphi^*$. Da $\tau_n^{\mathfrak{A}}[a*x]$ Element von $\tau_n^{\mathfrak{A}}[a]$ ist, ist es auch Element von $\tau_n^{\mathfrak{A}}[b]$ (wegen der vorausgesetzten Gleichheit). Also gibt es ein $y\in B$, für das nach Konstruktion von φ^* gilt: $\tau_n^{\mathfrak{A}}[(a*x)\circ\varphi^*]=\tau_n^{\mathfrak{B}}[(b*y)\circ\varphi^*]=\tau_n^{\mathfrak{B}}[(b\circ\varphi)*y]\in\tau_{n+1}^{\mathfrak{B}}[b\circ\varphi]$. Jedes Element von $\tau_{n+1}^{\mathfrak{B}}[b\circ\varphi]$ hat die Form $\tau_n^{\mathfrak{B}}[(b\circ\varphi)*y]$, und jedes Element von $\tau_{n+1}^{\mathfrak{A}}[a\circ\varphi]$ ist ein $\tau_n^{\mathfrak{A}}[(a\circ\varphi)*x]=\tau_n^{\mathfrak{A}}[(a*x)\circ\varphi^*]$ und damit ein derartiges Element von $\tau_{n+1}^{\mathfrak{B}}[b\circ\varphi]$. Also $\tau_{n+1}^{\mathfrak{A}}[a\circ\varphi]\subseteqq\tau_{n+1}^{\mathfrak{B}}[b\circ\varphi]$. Ganz analog zeigt man die umgekehrte Inklusion und damit den I.S. □

[XV] [*Theorem D*] $\mathrm{n}\leqq\mathrm{q} \Rightarrow (\tau_q^{\mathfrak{A}}[a]=\tau_q^{\mathfrak{B}}[a] \Rightarrow \tau_n^{\mathfrak{A}}[a]=\tau_n^{\mathfrak{B}}[a])$.

Beweisskizze: (*a*) Für $\mathrm{q}=\mathrm{n}+1$: Sei $C\in\tau_{n+1}^{\mathfrak{A}}[a]$. Nach der Typendefinition muß es ein $x\in A$ geben, für das $C=\tau_n^{\mathfrak{A}}[a*x]$ ist und analog gibt es auch ein $y\in B$ mit $C=\tau_n^{\mathfrak{B}}[b*y]$. Mit geeignetem φ aus [Theorem C] kann die letzte Stelle dieser Folgen getilgt werden, so daß $\tau_n^{\mathfrak{A}}[a]=\tau_n^{\mathfrak{B}}[b]$ gilt. (*b*) Für $\mathrm{q}=\mathrm{n}$ und $\mathrm{q}\geqq\mathrm{n}+2$ ist das Theorem trivial, bzw. es folgt aus (*a*) mit Induktion. □

[XVI] *Anmerkung.* (i) Die Funktion φ in [Theorem C] kann zur Permutation, zur Tilgung und zur Wiederholung der Terme verwendet werden: im Beweis zu [Theorem D] verwenden wir es zur Tilgung eines Terms. (ii) Während in [Theorem C] die Typen bei φ unverändert bleiben, erlaubt [Theorem D] einen Übergang zu „tieferen" Typen.

(C) Vergleich der Hintikka- und Scott-Konstituenten

Als erstes stellen wir uns die Aufgabe, den Begriff eines *m-stelligen Prädikates* der Form

($\Diamond$) $\tau_n^{\mathfrak{A}}[a] \in \Phi$

für $a \in A^m$ und $\Phi \in Pot(\mathfrak{C}_n^m)$ auf Abschlußeigenschaften bezüglich logischer Operationen zu untersuchen.

Zunächst stellen wir fest, daß die m-stelligen Prädikate der Form ($\Diamond$) für festes n gegen alle Boolesche Operationen abgeschlossen sind, da die Teilmengen von $\mathfrak{C}_n^m$ bezüglich der Inklusion eine Boolesche (Mengen-)Algebra bilden.

Als *(All-)Quantifikation* eines derartigen Prädikates sei

($\triangledown$) $\bigwedge x \in A(\tau_n^{\mathfrak{A}}[a * x] \in \Phi)$

gegeben. Um Abschluß gegen Quantifikationen zu erreichen, können wir nicht innerhalb ein und derselben Konstituente $\mathfrak{C}_n^m$ bleiben, sondern müssen die Tiefe n der Typen vergrößern. In welcher Form dies zu geschehen hat, legt das folgende Lemma fest:

Quantifikationslemma für DNF-Konstituenten

$$\Phi \in Pot(\mathfrak{C}_n^{m+1}) \Rightarrow (Pot^*(\Phi) \in Pot(\mathfrak{C}_{n+1}^m) \wedge$$
$$\bigwedge a \in A^m(\tau_{n+1}^{\mathfrak{A}}[a] \in Pot^*(\Phi) \Leftrightarrow \bigwedge x \in A(\tau_n^{\mathfrak{A}}[a * x] \in \Phi))).$$

Beweis: $Pot^*(\Phi) \subseteqq \mathfrak{C}_n^{m+1}$ folgt unmittelbar aus der Definition von Φ und $\mathfrak{C}_{n+1}^m$.

$$\tau_{n+1}^{\mathfrak{A}}[a] \in Pot^*(\Phi) \Leftrightarrow \emptyset \neq \{\tau_n^{\mathfrak{A}}[a * x] \mid x \in A\} \subseteqq \Phi$$
$$\Leftrightarrow \bigwedge x \in A(\tau_n^{\mathfrak{A}}[a * x] \in \Phi). \quad \square$$

Wenn auch die Einführung der m-stelligen Prädikate in der neuen Form zunächst etwas undurchsichtig bleibt, ist es unter Voraussetzung von ($\Diamond$) als Form solcher Prädikate doch recht einsichtig, Allquantoren gemäß dem Quantifikationslemma wie in ($\triangledown$) zu behandeln. Ebensowenig wird es überraschen, wenn eine Existenzquantifikation nun einfach durch Komplementbildung aus ($\triangledown$) gewonnen wird, indem wir

(//) $(\bigvee x \in A(\tau_n^{\mathfrak{A}}[a * x] \in \Phi)) \Leftrightarrow \tau_{n+1}^{\mathfrak{A}}[a] \cap \Phi \neq \emptyset$

als *zweites Quantifikationslemma* verwenden. Setzen wir

(\\) $\mathfrak{Q}^{*m}_n(\Phi) := \{C \in \mathfrak{C}_{n+1}^m \mid C \cap \Phi \neq \emptyset\}$,

so charakterisiert $\tau_{n+1}^{\mathfrak{A}}[a] \in \mathfrak{Q}^{*m}_n(\Phi)$ die Existenzquantifikation ebenso, wie $\tau_{n+1}^{\mathfrak{A}}[a] \in Pot^*(\Phi)$ die Allquantifikation wiedergab.

Wir können nun die angekündigte begriffliche Parallelisierung näher ausführen.

$\langle 1 \rangle$ Jedes $\varphi \subseteqq \mathfrak{C}_0^m = \{(\mathrm{m}, r) | r \subseteqq \mathrm{m} \times \mathrm{m}\}$ entspricht einer *quantorenfreien Formel*. Lassen wir, obwohl das wegen der gewünschten Sprachunabhängigkeit der Scott-DNF unnötig ist, (m, r) als Struktur für die Sprache mit dem zweistelligen Prädikatparameter P^2 und den Objektparametern $a_0, \ldots, a_{m-1}$ zu und interpretieren P^2 als r, sowie a_i jeweils als $\mathrm{i} \in \mathrm{m}$, so kann jedes (m, r) in Φ als Konjunktionskette der $P^2 a_i a_j$ mit $\langle \mathrm{i}, \mathrm{j} \rangle \in r$ aufgefaßt und Φ als Adjunktion aller zu den $(\mathrm{m}, r) \in \Phi$ gehörigen Konjunktionsketten gedeutet werden. Umgekehrt entspricht jede quantorenfreie Formel E der Menge

$$\{(\mathrm{m}, r) \in \mathfrak{C}_0^m | (\mathrm{m}, \mathrm{r}) \text{ erfüllt } E \text{ bzgl. } a\},$$

wobei $\mathrm{a}: \mathrm{m} \rightarrow \mathrm{m}$ die identische Funktion $a(\mathrm{i}) := i$ sei.

$\langle 2 \rangle$ Jede quantifizierte Formel A, gegeben in PNF mit n Quantoren und m freien Objektvariablen, entspricht nach den beiden Quantifikationslemmata einer Menge ψ, die aus einem $\varphi \subseteqq \mathfrak{C}_0^{m+n}$ durch n-fache Anwendung der Operatoren Pot^* und $\mathfrak{Q}^{*m}_n$ zu einer Menge $\psi \subseteqq \mathfrak{C}_n^m$ wird.

$\langle 3 \rangle$ Wir definieren für eine derartige „quantifizierte Formel ψ mit m Objektparametern“:

$$a \in A^m \text{ erfüllt } \psi \subseteqq \mathfrak{C}_n^m \text{ in } \mathfrak{A} \ :\Leftrightarrow \ \tau_n^{\mathfrak{A}}[a] \in \psi .$$

$\langle 4 \rangle$ In ähnlicher Weise könnten die gesamten Details der Erfüllungsrelation (und zuvor des Formelbegriffs) aufgebaut werden.

$\langle 5 \rangle$ Ist $\psi \subseteqq \mathfrak{C}_{n+1}^m$, so verstehen wir die Bedeutung der „Scott-Formel“ $\tau_{n+1}^{\mathfrak{A}}[a] \in \psi$ durch die Adjunktion aller Formeln $C \in \psi$, die den Gleichungen $C = \tau_{n+1}^{\mathfrak{A}}[a]$ entsprechen. Da $\emptyset \neq C \in V_\omega$, sei o.B.d.A. $C = \{C_0', \ldots, C_i'\}$. Nach I.V. seien die den „Scott-Formeln“ C_i' jeweils bereits zugeordneten Formeln F_i' (mit jeweils m freien Objektvariablen) schon gegeben. Dabei können die C_i' als $\tau_n^{\mathfrak{A}}[a * x]$ aufgefaßt werden. Mit Induktion kann dann die gewünschte der „Scott-Formel“ C entsprechende Formel in folgender Form angegeben werden:

$$(\blacktriangle) \quad \bigwedge x \bigvee_{i=0}^{i=k-1} F_i' \wedge \bigwedge_{i=0}^{i=k-1} \bigvee x F_i' .$$

Doch dies ist genau die (zweite) Hintikka-DNF, denn ‚$\bigwedge x \bigvee_{i=0}^{i=k-1} F_i'$‘ besagt gerade, daß jedes Element von $\tau_{n+1}^{\mathfrak{A}}[a]$ zu C gehört, und der zweite Teil von $(\blacktriangle)$ besagt, daß dies nur für diese Elemente gilt. Die anfangs eingeführte erste Hintikka-DNF erhält man daraus, indem man den zweiten Teil in Nichtzugehörigkeitsaussagen zu C für alle übrigen Elemente umformt.

$\langle 6 \rangle$ Die $\psi \subseteqq \mathfrak{C}_n^m$ stellen also sämtliche in der Quantorenlogik der ersten Stufe definierbaren Bedingungen in Scott-DNF dar. Dabei entspricht das n dem Merkmal der Verschachtelungstiefe m_2 der Hintikka-DNF.

⟨7⟩ Als Vorgriff auf Kap. 14 erwähnen wir noch:

(a) $\tau_n^{\mathfrak{A}}[a]=\tau_n^{\mathfrak{B}}[b]$, mit $a\in A^m$, $b\in B^m$ besagt, daß a und b dieselben Scott-Formeln vom Quantorenrang $\leqq$n erfüllen.

(b) $\{\tau_n^{\mathfrak{A}}[0]\,|\,n\in\omega\}=\{\tau_n^{\mathfrak{B}}[0]\,|\,n\in\omega\}$ $\Leftrightarrow$ $\mathfrak{A}$ und $\mathfrak{B}$ sind elementar äquivalent.

Abschließend wollen wir den Leser nur nochmals an die überraschende Tatsache erinnern, daß die Definitionen von $R[a]$ und $\mathfrak{A}[a]$ zusammen mit der induktiven Einführung der Typen $\tau_n^{\mathfrak{A}}[a]$ offenbar die gesamte quantorenlogische Semantik (über den Erfüllungsbegriff für Strukturen) im Prinzip schon enthalten. Dagegen war die Codierung der Syntax in V_ω relativ naheliegend. Der syntaktische Beweisbegriff harrt noch eleganter Repräsentationen in der Theorie der Scott-DNF.

Kapitel 7
Identität

In der reinen Quantorenlogik erster Stufe haben nur die Junktoren und Quantoren eine konstante, durch die semantischen Regeln (**R**j) und (**R**q) festgelegte Bedeutung, während die Parameter bei verschiedenen Bewertungen und Interpretationen ganz verschieden gedeutet werden können. Im folgenden betrachten wir einige stärkere Theorien, die sich in der formalen Sprache **Q** ausdrücken lassen. In ihnen erhalten bestimmte Parameter (denen wir zur besseren Erkennbarkeit eine *besondere* Gestalt geben), eine feste Bedeutung; wir nennen sie die *Konstanten* der Theorie.

7.1 i-Semantik

Eine erste Theorie dieser Art, die im allgemeinen noch zur reinen Logik gerechnet wird, ist die *Identitätslogik.* Wir wählen einen zweistelligen Prädikatparameter, mitgeteilt durch ‚=', als *Identitätskonstante*; statt ‚$=t_1t_2$' schreiben wir ‚$t_1=t_2$'. Formeln dieser Art heißen *Gleichungen.* Ebenso wie bei den Junktoren und Quantoren geben wir für die Identitätskonstante nur ein Mitteilungszeichen an; ihr eigentliches Aussehen spielt nirgends eine Rolle. Die *metasprachliche* Identitätskonstante werden wir, falls nötig, durch einen darunter gesetzten Punkt auszeichnen; Beispiel:

$\varphi(\mathrm{a}=\mathrm{b}) \underset{\cdot}{=} \mathbf{w}$.

Die *Bedeutung* der objektsprachlichen Identitätskonstante wird durch das Axiom der *Reflexivität* und das Axiomenschema der *Substitution* festgelegt:

$(=_1)$ $\bigwedge x \;\; x=x$
$(=_2)$ $\bigwedge x \bigwedge y \bigwedge z_1 \ldots \bigwedge z_n(x=y \wedge A[x, z_1, \ldots, z_n] \rightarrow A[y, z_1, \ldots, z_n])$;
$(\mathrm{n} \geqq 0)$

$(=_1)$ und alle Sätze von **Q** der Gestalt $(=_2)$ heißen *Identitätsaxiome.* Eine *l*-Bewertung bzw. *l*-Interpretation (bzw. mit Objektnamen bzw. mit

Variablenbelegung), die alle Identitätsaxiome erfüllt, heißt *identitätslogische Bewertung* bzw. *Interpretation*, kurz *i-Bewertung* bzw. *i-Interpretation* (bzw. *mit Objektnamen* bzw. *mit Variablenbelegung*). Aus den Lehrsätzen Th. 5.1', Th. 5.3 und Th. 5.5 für die l-Bewertungen und -Interpretationen folgt unmittelbar, daß entsprechende Zusammenhänge zwischen den i-Bewertungen und -Interpretationen bestehen.

Ein Satz A von $\mathbf{Q}$ ist *i-gültig* (‚$\Vdash_i$'), wenn er bei allen i-Bewertungen, (oder gleichwertig, bei allen i-Interpretationen bzw. mit Objektnamen bzw. Variablenbelegungen) $\mathbf{w}$ ist; und entsprechend ist die *i-Ungültigkeit*, *-Erfüllbarkeit*, *-Widerlegbarkeit*, *-Kontingenz*, *-Folgerung*, *-Äquivalenz* sowie der *i-Status* für Sätze und Satzmengen von $\mathbf{Q}$ definiert. So z. B. gilt

(1) $\Vdash_i \bigwedge x \bigwedge y(x=y \to y=x)$ (Symmetrie)

Denn jede i-Bewertung von $\mathbf{Q}_E$ erfüllt für alle u, v von $\mathbf{Q}_E$

1.	$u=u$	$((=_1), (\mathbf{R}\bigwedge))$
2.	$\bigwedge x \bigwedge y \bigwedge z(x=y \wedge x=z \to y=z)$	$(=_2)$
3.	$u=v \wedge u=u \to v=u$	$(2, (\mathbf{R}\bigwedge))$
4.	$u=v \to v=u$	$(1, 3, j\text{-logisch})$

und daher (1) nach $(\mathbf{R}\bigwedge)$.

(2) $\Vdash_i \bigwedge x \bigwedge y \bigwedge z(x=y \wedge y=z \to x=z)$ (Transitivität)

Denn jede i-Bewertung von $\mathbf{Q}_E$ erfüllt für alle u, v, w von $\mathbf{Q}_E$

1.	$v=w \wedge u=v \to u=w$	$((=_2), (\mathbf{R}\bigwedge))$
2.	$u=v \wedge v=w \to u=w$	$(1, j\text{-logisch})$

und daher (2) nach $(\mathbf{R}\bigwedge)$.

Der Leser mache sich als Übung klar, daß identitätslogisch u.a. folgendes gilt:

(a) $\Vdash_i \bigwedge x(A[x] \leftrightarrow \bigwedge y(x=y \to A[y]))$
(b) $\Vdash_i \bigwedge x(A[x] \leftrightarrow \bigvee y(x=y \wedge A[y]))$
(c) $\Vdash_i \bigwedge x \bigwedge y(x=y \leftrightarrow \bigwedge z(z=x \leftrightarrow z=y))$

Das allgemeine Substitutionsschema $(=_2)$ kann man ohne Verlust durch zwei speziellere Schemata ersetzen, die nur die Substituierbarkeit in Sätzen und Objektbezeichnungen einfachster Art verlangen:

$(=_{2a})$ $\bigwedge x_1 \ldots \bigwedge x_i \ldots \bigwedge x_n \bigwedge y_i(x_i=y_i \wedge Px_1\ldots x_i\ldots x_n \to Px_1\ldots y_i\ldots x_n)$,
$(=_{2b})$ $\bigwedge x_1 \ldots \bigwedge x_i \ldots \bigwedge x_n \bigwedge y_i(x_i=y_i \to f(x_1\ldots x_i\ldots x_n)=f(x_1\ldots y_i\ldots x_n))$,
$(1 \leqq i \leqq n)$.

Dabei ist $(=_{2a})$ i-gültig, denn durch Vertauschung der Quantoren entsteht daraus

$$\bigwedge x_i \bigwedge y_i \bigwedge x_1 \ldots \bigwedge x_{i-1} \bigwedge x_{i+1} \ldots \bigwedge x_n(x_i=y_i \wedge Px_1\ldots x_i\ldots x_n \to Px_1\ldots y_i\ldots x_n);$$

und jeder Satz von **Q** dieser Gestalt ist ein Axiom nach dem Schema $(=_2)$.

Ebenso ist $(=_{2b})$ *i*-gültig, denn jede *i*-Bewertung von $\mathbf{Q}_E$ erfüllt für alle $u_1, \ldots, u_i, \ldots, u_n, v_i$ von $\mathbf{Q}_E$

1. $f(u_1 \ldots u_i \ldots u_n) = f(u_1 \ldots u_i \ldots u_n)$, (nach $(=_1)$, $(\mathbf{R}\wedge)$)
2. $u_i = v_i \wedge f(u_1 \ldots u_i \ldots u_n) = f(u_1 \ldots u_i \ldots u_n) \rightarrow$
   $f(u_1 \ldots u_i \ldots u_n) = f(u_1 \ldots v_i \ldots u_n)$ ($(=_2)$, $(\mathbf{R}\wedge)$)
3. $u_i = v_i \rightarrow f(u_1 \ldots u_i \ldots u_n) = f(u_1 \ldots v_i \ldots u_n)$ (1, 2, *j*-logisch),

und daher $(=_{2b})$ nach $(\mathbf{R}\wedge)$.

Es sei umgekehrt $\mathfrak{b}$ eine *l*-Bewertung von $\mathbf{Q}_E$, die $(=_1)$, $(=_{2a})$, $(=_{2b})$ wahr macht. Dann läßt sich wie folgt zeigen, daß $\mathfrak{b}$ alle Sätze der Gestalt $(=_2)$ wahr macht.

u, v seien Objektbezeichnungen von $\mathbf{Q}_E$, für welche

1. $\mathfrak{b}(u=v) \mp \mathbf{w}$.

Dann folgt

2. $\mathfrak{b}(w_u = w_v) \mp \mathbf{w}$

für alle Objektbezeichnungen w_u, w_v von $\mathbf{Q}_E$, wobei w_v aus w_u durch Ersetzung eines Vorkommnisses von u durch v entsteht.

Beweis durch Induktion nach der Anzahl der Funktionsparameter von w_u, in deren Bereich u vorkommt: Für $n=0$ ist nichts zu beweisen; für $n>0$ gilt 2 nach I.V. und $(=_{2b})$.

3. $\mathfrak{b}(w_v = w_u) \mp \mathbf{w}$.

Dies folgt aus 2, denn die Symmetrie der Identität wurde oben nur unter Verwendung von $(=_1)$ und $(=_{2a})$ bewiesen.

4. $\mathfrak{b}(A_u) = \mathfrak{b}(A_v)$ für alle Sätze A_u, A_v von $\mathbf{Q}_E$, wobei A_v aus A_u durch Ersetzung eines Vorkommnisses von u durch v entsteht.

Beweis durch Induktion nach dem Grad von A_u. Für $n=0$ ist A_u elementar; dann folgt aus $(=_{2a})$ und 2. $\mathfrak{b}(A_u \rightarrow A_v) = \mathbf{w}$, und analog aus $(=_{2a})$ und 3. $\mathfrak{b}(A_v \rightarrow A_u) = \mathbf{w}$, also $\mathfrak{b}(A_u) = \mathfrak{b}(A_v)$. Für $n>0$ ist A_u *j*- oder *q*-komplex; dann folgt die Behauptung nach I.V. und (**R**j) bzw. (**R**q) wie im Beweis zu Th. 3.6 und Th. 5.2.

Aus 4. folgt

5. $\mathfrak{b}(A[u] \rightarrow A[v]) = \mathbf{w}$ für alle Sätze $A[u]$, $A[v]$ von $\mathbf{Q}_E$.

$\mathfrak{b}$ erfüllt also jeden Satz von $\mathbf{Q}_E$ der Gestalt $u=v \wedge A[u] \rightarrow A[v]$, also auch jeden Satz von $\mathbf{Q}_E$ der Gestalt $u=v \wedge A[u, w_1, \ldots, w_n] \rightarrow A[v, w_1, \ldots, w_n]$, $(n \geqq 0)$, und daher $(=_2)$ nach $(\mathbf{R}\wedge)$.

Es gilt also

Th. 7.1 $\mathfrak{b}$ *ist eine i-Bewertung* $\Leftrightarrow$
$\mathfrak{b}$ *ist eine l-Bewertung, die* $(=_1)$, $(=_{2a})$, $(=_{2b})$ *erfüllt.*

Die Existenz von i-Bewertungen läßt sich nun leicht beweisen. Die einfachste i-Bewertung ergibt sich aus der Wahrheitsannahme

$\mathfrak{a}(A) =_{df} \mathbf{w}$ für jeden elementaren Satz A von $\mathbf{Q}$.

Nach Th. 3.1 bestimmt $\mathfrak{a}$ eine q-Bewertung, also eine l-Bewertung (für $\mathbf{Q}_E = \mathbf{Q}$); und diese erfüllt offensichtlich $(=_1)$, $(=_{2a})$, $(=_{2b})$. Also ist sie eine i-Bewertung. Daher gilt (vgl. Th. 3.4):

Th. 7.2 *Die Identitätslogik ist widerspruchsfrei.*

Die quantorenlogischen *Substitutionstheoreme* von Kap. 3, nämlich Th. 3.6 bis Th. 3.12, gelten ganz entsprechend für die Identitätslogik; dabei entfällt die *Beschränkung* von Th. 3.11 und Th. 3.12, die schon für die l-Semantik entfiel (siehe dort!). Die Beweise sind in allen Fällen analog. Zum Substitutionstheorem der Äquivalenz für Sätze und Prädikate (Th. 3.6 und Th. 3.7) gibt es noch ein identitätslogisches Gegenstück, das *Substitutionstheorem der Identität*, für Objektbezeichnungen (n = 0) und Funktionsbezeichnungen (n > 0), nämlich:

Th. 7.3 *Aus dem Satz* A_{u^n} *entstehe der Satz* A_{v^n} *durch Ersetzung eines bestimmten Teilterms* $u[t_1, \ldots, t_n]$ *durch* $v[t_1, \ldots, t_n]$ $(n \geqq 0)$.
Dann gilt:

$\wedge x_1 \ldots \wedge x_n u[x_1, \ldots, x_n] = v[x_1, \ldots, x_n] \Vdash_i A_{u^n} \leftrightarrow A_{v^n}$.

Der *Beweis* ist eine Verallgemeinerung des vorhergehenden Beweises, daß jede l-Bewertung von $\mathbf{Q}_E$, die $(=_1)$, $(=_{2a})$, $(=_{2b})$ erfüllt, auch $(=_2)$ erfüllt. $\mathfrak{b}$ sei eine i-Bewertung von $\mathbf{Q}_E$, für welche

1. $\mathfrak{b}(\wedge x_1 \ldots \wedge x_n u[x_1, \ldots, x_n] = v[x_1, \ldots, x_n]) \doteq \mathbf{w}$.

Dann folgt

2. $\mathfrak{b}(w_{u^n} = w_{v^n}) \doteq \mathbf{w}$

für alle Objektbezeichnungen w_{u^n}, w_{v^n} von $\mathbf{Q}_E$, wobei w_{v^n} aus w_{u^n} durch Ersetzung eines Vorkommnisses von $u[u_1^0, \ldots, u_n^0]$ durch $v[u_1^0, \ldots, u_n^0]$ entsteht. ($u_1^0, \ldots, u_n^0$ sind dabei nullstellige Funktionsbezeichnungen, also Objektbezeichnungen.)

Beweis durch Induktion nach der Anzahl m der Funktionsparameter von w_{u^n}, in deren Bereich $u[u_1^0, \ldots, u_n^0]$ vorkommt. Für m = 0 gilt die Behauptung nach 1 und $(\mathbf{R}\wedge)$, für m > 0 nach I.V. und $(=_{2b})$.

3. $\mathfrak{b}(w_{v^n}=w_{u^n}) \mathrel{\dot{=}} \mathbf{w}$

aus 2. wegen der Symmetrie der Identität.

4. $\mathfrak{b}(A_{u^n}) \mathrel{\dot{=}} \mathfrak{b}(A_{v^n})$

Dies folgt aus 2. und 3. wie in dem erwähnten vorhergehenden Beweis durch Induktion nach dem Grad von A_{u^n}.

Aus 4. folgt Th. 7.3 nach (**R**↔). □

Die *Kalküle* von Kap. 4 können ebenfalls für die Identitätslogik verwendet werden. Denn die *i*-Axiome sind Sätze der formalen Sprache **Q**; daher gilt für alle Sätze und Satzmengen A, M von **Q**:

$M \Vdash_i A \Leftrightarrow \mathfrak{b}(A)=\mathbf{w}$,
für alle *l*-Bewertungen $\mathfrak{b}$, die M und $(=_1)$, $(=_2)$ erfüllen,
$\Leftrightarrow (=_1), (=_2), M \Vdash_l A$
$\Leftrightarrow (=_1), (=_2), M \Vdash_K A$, nach Th. 5.8.

Daher erhält man genau die *i*-gültigen Sätze und Schlüsse, wenn man in **K**-Beweisen und -Ableitungen *i*-Axiome als *zusätzliche Annahmen* verwendet. Die Kalküle sind also unbeschränkt *i*-folgerungsadäquat.

Der Leser beweise zur Übung in einem beliebigen Kalkül (unter der Voraussetzung der *i*-logischen Folgerungsadäquatheit des Kalküls):

(a) $\Vdash_i \bigwedge x \bigvee y \; x=y$
(b) $\Vdash_i \bigvee x \bigwedge y \; x=y \leftrightarrow \bigwedge x \bigwedge y \, x=y$
(c) $\bigwedge x \bigwedge y(f(xy)=x \vee f(xy)=y) \Vdash_i \bigwedge z f(zf(zz))=z$.

Auch die übrigen *l*-semantischen Grundresultate von Kap. 5.5, das Kompaktheitstheorem, das Löwenheim-Skolem-Theorem und seine aufsteigende Version, gelten für die Identitätslogik, wie sich leicht folgern läßt. Nehmen wir als Beispiel das *aufsteigende Löwenheim-Skolem-Theorem für die Identitätslogik:*

Th. 7.4 *Jede Satzmenge von* **Q**, *die über irgendeinem Bereich i-erfüllbar ist, ist auch über jedem mindestens gleichmächtigen Bereich i-erfüllbar.*

Beweis: M sei eine Satzmenge, die durch eine *i*-Interpretation φ über D erfüllt wird; dann ist φ eine *l*-Interpretation, die M und alle Identitätsaxiome $(=_1)$, $(=_2)$ über D erfüllt. Also gibt es nach Th. 5.10 über jedem mit D mindestens gleichmächtigen D′ eine *l*-Interpretation, die M, $(=_1)$, $(=_2)$ erfüllt, d. h. eine *i*-Interpretation, die M über D′ erfüllt. □

Nach Th. 7.4 sind auch mit den Mitteln der Identitätslogik *keine Endlichkeitsaxiome* ausdrückbar. Dies erscheint zunächst paradox. Betrachten wir den Satz

(1) $\bigwedge x \; x=a$.

Sicherlich ist er *i*-erfüllbar (z. B. bei der *i*-Bewertung von Th. 7.1), und daher *i*-erfüllbar über jedem beliebig großen Objektbereich. Aber wie ist das möglich? (1) behauptet doch, daß alles mit a identisch, und a daher *das einzige* Objekt ist! Des Rätsels Lösung liegt darin, daß (1) im Sinn der bisher betrachteten *i*-Semantik tatsächlich *weniger* behauptet; denn die *i*-Axiome $(=_1)$, $(=_2)$ geben nicht die volle Bedeutung der echten („normalen") Identität wieder: Reflexivität und Substituierbarkeit gelten auch für die Relation der sprachlichen *Ununterscheidbarkeit*, d. h. der Übereinstimmung hinsichtlich aller Prädikate $A[*_1]$, und allgemeiner für jede zweistellige *Kongruenzrelation*, d. h. für jede zweistellige Relation, die zwischen der Relation der echten Identität und der Relation der sprachlichen Ununterscheidbarkeit liegt und die eine mit der Interpretation sämtlicher Funktions- und Relationszeichen verträgliche Äquivalenzrelation ist.

Daher gibt es „nicht-intendierte" *i*-Interpretationen φ, mit $\varphi(=)\doteq R$, die Sätze wie (1) über beliebig großen Bereichen erfüllen. Läßt sich der Bedeutungsüberschuß der echten Identität gegenüber sprachlicher Ununterscheidbarkeit überhaupt formal erfassen? In der ontologiefreien Bewertungssemantik, die nur sprachliche Ausdrücke und Wahrheitswerte kennt, ist dies nicht möglich. Aber in der Interpretationssemantik können wir die *i*-Axiome durch die folgende stärkere Bedingung ersetzen:

Eine *normale i-Interpretation* (bzw. mit Objektnamen, bzw. mit Variablenbelegung) über D sei eine *l-Interpretation* (bzw. *mit Objektnamen*, bzw. *Variablenbelegung*) φ über D, welche das Identitätszeichen als „Diagonale" von D interpretiert, d. h.:

$$(\mathbf{I}=)\quad \varphi(=)\doteq\{\langle \mathrm{d},\mathrm{d}\rangle \mid \mathrm{d}\in \mathrm{D}\}\,.$$

Demnach ist eine normale *i*-Interpretation von $\mathbf{Q}_E$ eine *l*-Interpretation von $\mathbf{Q}_E$, die für alle *u*, *v* von $\mathbf{Q}_E$ die Bedingung erfüllt:

$$(\mathbf{I}=')\quad \varphi(u=v)\doteq\mathbf{w}\;\Leftrightarrow\;\varphi(u)\doteq\varphi(v)\,.$$

Denn die linke Seite ist nach (**IP**) äquivalent mit $\langle\varphi(u),\varphi(v)\rangle\in\varphi(=)$; und dies ist äquivalent mit der rechten Seite genau dann, wenn $\varphi(=)$ die Diagonale ist.

Der normale *i*-Interpretationsbegriff liefert jedoch wieder die obigen Begriffe der *i*-Gültigkeit, -Folgerung, -Erfüllbarkeit, usw., denn es gilt

Th. 7.5 *Jede normale i-Interpretation von* $\mathbf{Q}_E$ *enthält genau eine i-Bewertung von* $\mathbf{Q}_E$, *und jede i-Bewertung von* $\mathbf{Q}_E$ *ist in wenigstens einer normalen i-Interpretation von* $\mathbf{Q}_E$ *enthalten.*

Beweis: Jede normale *i*-Interpretation φ erfüllt $(=_1)$; denn wegen $\varphi(u)\doteq\varphi(u)$ ist nach $(\mathbf{I}=')$ $\varphi(u=u)\doteq\mathbf{w}$ für alle *u*. Ebenso erfüllt φ $(=_2)$, denn aus $\varphi(u=v \wedge A[u]) \mp \mathbf{w}$ folgt nach ($\mathbf{I}='$) $\varphi(u) \mp \varphi(v)$ und $\varphi(A[u]) \mp \mathbf{w}$, daraus nach dem Extensionalitätstheorem, $\varphi(A[v])=\mathbf{w}$ für alle u, v. Daher ist die Einschränkung von φ auf dem Argumentbereich der Sätze von $\mathbf{Q}_E$ eine i-Bewertung von $\mathbf{Q}_E$.

Umgekehrt kann jede i-Bewertung $\mathfrak{b}$ von $\mathbf{Q}_E$ zu einer normalen i-Interpretation fortgesetzt werden, am einfachsten über dem Bereich der folgenden Objekte: $|u| =_{\mathrm{df}} \{v \mid \mathfrak{b}(v=u) \mp \mathbf{w}\}$ sei die *u-Identitätsklasse* (*bei* $\mathfrak{b}$). Für diese Objekte gilt:

$$(a)\ \mathfrak{b}(u=u') \mp \mathbf{w} \Leftrightarrow |u| \mp |u'|.$$

Denn es gilt $\Vdash_i \wedge x \wedge y(x=y \leftrightarrow \wedge z(z=x \leftrightarrow z=y))$ und somit:

$$\begin{aligned}\mathfrak{b}(u=u') \mp \mathbf{w} &\Leftrightarrow \bigwedge v(\mathfrak{b}(v=u) \mp \mathbf{w} \Leftrightarrow \mathfrak{b}(v=u') \mp \mathbf{w})\\ &\Leftrightarrow \bigwedge v(v \in |u| \Leftrightarrow v \in |u'|)\\ &\Leftrightarrow |u| \mp |u'|.\end{aligned}$$

Ferner gilt:

$$\begin{aligned}(b)\ &\langle |u_1|, \ldots, |u_n| \rangle = \langle |u'_1|, \ldots, |u'_n| \rangle \Rightarrow\\ &(\mathfrak{b}(Pu_1 \ldots u_n) = \mathbf{w} \Leftrightarrow \mathfrak{b}(Pu'_1 \ldots u'_n) = \mathbf{w}).\end{aligned}$$

Denn aus der Voraussetzung folgt nach (a) $\mathfrak{b}(u_i=u'_i) \mp \mathbf{w}$ (i $=1, \ldots,$ n) und wegen der Symmetrie auch $\mathfrak{b}(u'_i=u_i) \mp \mathbf{w}$; dann folgt nach $(=_{2a})$ die Behauptung.

Nun setzen wir $\mathfrak{b}$ zur folgenden normalen i-Interpretation φ über dem Bereich aller Identitätsklassen bei $\mathfrak{b}$ fort:

(1) $\varphi(u) =_{\mathrm{df}} |u|$ für jede Objektbezeichnung u von $\mathbf{Q}_E$;
(2) $\varphi(P) =_{\mathrm{df}} \{\langle |u_1|, \ldots, |u_n| \rangle \mid \mathfrak{b}(Pu_1 \ldots u_n) = \mathbf{w}\}$
für jeden n-stelligen Prädikatparameter P ($n \geqq 1$);
(3) $\varphi(f)(|u_1| \ldots |u_n|) =_{\mathrm{df}} |f(u_1 \ldots u_n)|$
für jeden n-stelligen Funktionsparameter f ($n \geqq 1$);
(4) $\varphi(A) =_{\mathrm{df}} \mathfrak{b}(A)$ für jeden Satz A von $\mathbf{Q}_E$.

Anmerkung zu (2). Solche Definitionen vom Typ $M =_{\mathrm{df}} \{\alpha(x) \mid \Phi(x)\}$, mit einer Funktion α und einer definierenden Bedingung Φ, verleiten gelegentlich zu Fehlschlüssen; man darf daraus auf

(A) $\alpha(x) \in M \Leftrightarrow \Phi(x)$

nur dann schließen, wenn die Voraussetzung erfüllt ist:

(B) $\alpha(x) = \alpha(y) \Rightarrow (\Phi(x) \Leftrightarrow \Phi(y))$.

Aus (2) dürfen wir in der Tat schließen:

(A') $\langle |u_1|, \ldots, |u_n| \rangle \in \varphi(P) \Leftrightarrow \mathfrak{b}(Pu_1 \ldots u_n) = \mathbf{w}$;

denn die entsprechende Voraussetzung ist das oben bewiesene (b).

Nach (1)–(4) erfüllt φ die Interpretationsbedingungen (**I1**)–(**I4**), ferner die Junktoren- und Quantorenregeln (da $\mathfrak{b}$ sie erfüllt) und schließlich auch die restlichen Bedingungen der normalen *i*-Interpretation:

$$
\begin{array}{lll}
(\mathbf{If}) & \varphi(f(u_1\ldots u_n))=|f(u_1\ldots u_n)| & \text{nach (1)}\\
& =\varphi(f)(|u_1|\ldots|u_n|) & \text{nach (3)}\\
& =\varphi(f)(\varphi(u_1)\ldots\varphi(u_n)) & \text{nach (1)}
\end{array}
$$

$$
\begin{array}{llll}
(\mathbf{IP}) & \varphi(Pu_1\ldots u_n)=\mathbf{w} & \Leftrightarrow \mathfrak{b}(Pu_1\ldots u_n)=\mathbf{w} & \text{nach (4)}\\
& & \Leftrightarrow \langle |u_1|,\ldots,|u_n|\rangle\in\varphi(P) & \text{nach (A')}\\
& & \Leftrightarrow \langle \varphi(u_1),\ldots,\varphi(u_n)\rangle\in\varphi(P) & \text{nach (1)}
\end{array}
$$

$$
\begin{array}{llll}
(\mathbf{I}=') & \varphi(u=v)\mp\mathbf{w} & \Leftrightarrow \mathfrak{b}(u=v)\mp\mathbf{w} & \text{nach (4)}\\
& & \Leftrightarrow |u|\mp|v| & \text{nach (a)}\\
& & \Leftrightarrow \varphi(u)\mp\varphi(v) & \text{nach (1)}.
\end{array}
$$

Damit ist Th. 7.5 bewiesen. □

Zur Definition der *i*-Gültigkeit, -Folgerung, -Erfüllbarkeit usw. kann man daher anstelle der *i*-Bewertungen bzw. -Interpretationen auch die normalen *i*-Interpretationen verwenden; in dieser Hinsicht leisten die Axiome $(=_1)$, $(=_2)$, bzw. $(=_1)$, $(=_{2a})$, $(=_{2b})$ dasselbe wie (**I**=), bzw. (**I**='). Der Unterschied zeigt sich erst bei der Erfüllbarkeit über *Bereichen bestimmter Größe:* Während der obige Satz (1) $\wedge x\, x=a$ über jedem Objektbereich *i*-erfüllbar ist, wird er durch normale *i*-Interpretationen nur über einelementigen Bereichen erfüllt; denn für jede normale *i*-Interpretation φ einer erweiterten Sprache $\mathbf{Q}_E$ über D gilt:

$$
\begin{array}{lll}
\varphi \text{ erfüllt (1)} & \Leftrightarrow \bigwedge u \text{ von } \mathbf{Q}_E\ (\varphi(u)=\varphi(a)) & \text{nach } (\mathbf{R}\wedge), (\mathbf{I}=')\\
& \Leftrightarrow \bigwedge \mathrm{d}\in \mathrm{D}\ (\mathrm{d}=\varphi(a)) & \text{nach } (\mathbf{I1})\\
& \Leftrightarrow \mathrm{D}=\{\varphi(a)\}\,. &
\end{array}
$$

Im Sinn der normalen *i*-Interpretationssemantik gibt es also *Endlichkeitsaxiome.*

Für normale *i*-Interpretationen gilt das Theorem von Löwenheim-Skolem in der folgenden Form:

Jede i-erfüllbare Satzmenge M wird durch eine normale i-Interpretation über einem abzählbaren Bereich erfüllt.

Beweisskizze: Nach Voraussetzung gibt es eine *i*-Interpretation φ, welche die Satzmenge *M* erfüllt. Nach Definition der *i*-Interpretation ist φ demnach eine *l*-Interpretation, die $(=_1)$, $(=_2)$ sowie *M* erfüllt. Nach dem *l*-semantischen Theorem von Löwenheim-Skolem gibt es dann eine *l*-Interpretation ψ, welche dieselben Sätze über einem abzählbaren Bereich D erfüllt. Damit ist ψ zugleich eine *i*-Interpretation, die *M* über D erfüllt. Wegen der im Text oben angedeuteten Parallelitäten der *i*- und

l-semantischen Theoreme (über den Vergleich verschiedener Arten von Interpretationen) dürfen wir o. B. d. A. auch hier ψ als i-Interpretation mit Objektnamen über D auffassen. $\mathfrak{b}$ sei die in ψ enthaltene i-Bewertung von $\mathbf{Q}_D$, die M erfüllt. Wie in der zweiten Hälfte des Beweises von Th. 7.5 kann $\mathfrak{b}$ zu einer normalen i-Interpretation über dem Bereich aller Identitätsklassen bei $\mathfrak{b}$ fortgesetzt werden. Dieser Bereich $\{|u| \mid u$ Objektbezeichnung von $\mathbf{Q}_D\}$ (mit $|u| \doteq_{df} \{v \mid \mathfrak{b}(v=u) \doteq \mathbf{w}\}$) ist jedoch abzählbar, da D abzählbar ist. Damit haben wir das Theorem von Löwenheim-Skolem aus der l-Semantik auf die Semantik normaler i-Interpretationen übertragen.

7.2 Anzahlquantoren

Mit Hilfe der Identitätskonstante lassen sich für jedes $n \geqq 1$ die folgenden *Anzahlquantoren* definieren.

,$\geqq nxF[x]$‘, zu lesen: ‚für mindestens n x gilt $F[x]$‘;
,$> nxF[x]$‘, zu lesen: ‚für mehr als n x gilt $F[x]$‘;
,$\leqq nxF[x]$‘, zu lesen: ‚für höchstens n x gilt $F[x]$‘;
,$< nxF[x]$‘, zu lesen: ‚für weniger als n x gilt $F[x]$‘;
,$nxF[x]$‘, zu lesen: ‚für genau n x gilt $F[x]$‘.

Wir definieren diese Formeln als informelle metasprachliche Abkürzungen der folgenden Formeln.

$$(D\geqq n) \quad \geqq nxF[x] =_{\zeta f} \bigvee x_1 \ldots \bigvee x_n(F[x_1] \wedge \ldots \wedge F[x_n] \wedge \wedge(\neg x_i = x_j \mid 1 \leqq i < j \leqq n)).$$

Dabei sei $(\neg x_i = x_j \mid 1 \leqq i < j \leqq n)$ eine Konjunktion aller Formeln $\neg x_i = x_j$, mit $1 \leqq i < j \leqq n$; für $n = 1$ entfällt dieser Ausdruck. Demnach ist $\geqq 1xA[x] =_{df} \bigvee x_1 A[x_1]$, und $\geqq 3xA[x] =_{df} \bigvee x_1 \bigvee x_2 \bigvee x_3(A[x_1] \wedge A[x_2] \wedge A[x_3] \wedge \neg x_1 = x_2 \wedge \neg x_1 = x_3 \wedge \neg x_2 = x_3)$.

$$(D>n) \quad > nxF[x] =_{df} n+1xF[x],$$
$$(D\leqq n) \quad \leqq nxF[x] =_{df} \neg > nxF[x],$$
$$(D<n) \quad < nxF[x] =_{df} \begin{cases} \neg \bigvee xF[x], & \text{für } n=1 \\ \leqq n-1xF[x], & \text{für } n>1, \end{cases}$$
$$(Dn) \quad nxF[x] =_{df} \geqq nxF[x] \wedge \leqq nxF[x].$$

Aufgrund dieser Definitionen erhalten die Anzahlquantoren bei jeder *normalen* i-Interpretation die Bedeutung ihrer natürlichen Lesarten. Wir beweisen als Beispiel

$$\Vdash_i \geqq n+1xA[x] \leftrightarrow \bigvee y(A[y] \wedge \geqq nx(A[x] \wedge \neg x = y)).$$

Aus der linken Seite entsteht durch Definitionsbeseitigung

$$\bigvee x_1 \ldots \bigvee x_n \bigvee x_{n+1}(A[x_1] \wedge \ldots \wedge A[x_n] \wedge A[x_{n+1}] \wedge (\neg x_i = x_j \mid 1 \leqq i < j \leqq n+1)).$$

Diesen Satz erfüllt eine beliebige i-Bewertung $\mathfrak{b}$ genau dann, wenn sie für gewisse $u_1, \ldots, u_n, u_{n+1}$ den Satz erfüllt:

$$A[u_1] \wedge \ldots \wedge A[u_n] \wedge A[u_{n+1}] \wedge (\neg u_i = u_j \mid 1 \leqq i < j \leqq n+1).$$

Durch Umordnung der Konjunktionsglieder entsteht

$$A[u_{n+1}] \wedge A[u_1] \wedge \neg u_1 = u_{n+1} \wedge \ldots \wedge A[u_n] \wedge \neg u_n = u_{n+1} \wedge \wedge (\neg u_i = u_j \mid 1 \leqq i < j \leqq n).$$

Dies ist bei $\mathfrak{b}$ genau dann **w**, wenn

$$A[u_{n+1}] \wedge \bigvee x_1 \ldots \bigvee x_n(A[x_1] \wedge \neg x_1 = u_{n+1} \wedge \ldots \wedge A[x_n] \wedge \neg x_n = u_{n+1} \wedge (\neg x_1 = x_j \mid 1 \leqq i < j \leqq n)),$$

also genau dann, wenn

$$\bigvee y(A[y] \wedge \bigvee x_1 \ldots \bigvee x_n(A[x_1] \wedge \neg x_1 = y \wedge \ldots \wedge A[x_n] \wedge \neg x_n = y \wedge (\neg x_i = x_j \mid 1 \leqq i < j \leqq n))).$$

Dies ist n. Def. die rechte Seite. □

Der Leser beweise zur Übung:

a) $\Vdash_i 1xA[x] \leftrightarrow \bigvee y \bigwedge x(A[x] \leftrightarrow x = y)$.
b) Für jeden der 5 Anzahlquantoren $\alpha\mathrm{n}$, mit $\mathrm{n} \geqq 1$ gilt
$A[u] \Vdash_i \alpha\mathrm{n}+1xA[x] \leftrightarrow \alpha\mathrm{n}x(A[x] \wedge \neg x = u)$,
c) $\Vdash_i \alpha\mathrm{n}+1xA[x] \leftrightarrow \bigvee y(A[y] \wedge \alpha\mathrm{n}x(A[x] \wedge \neg x = y))$.

7.3 Der Kennzeichnungsoperator

Ein weiteres Symbol, das auf die eine oder andere Weise mit Hilfe der Identitätskonstante definiert werden kann, ist der *Kennzeichnungsoperator* oder *Jota-Operator:*

‚$\iota xF[x]$', zu lesen: ‚dasjenige x mit der Eigenschaft $F[x]$',
oder: ‚das einzige x mit der Eigenschaft $F[x]$'.

Die Definition dieses Operators ist jedoch etwas problematisch. Vorläufig wollen wir ihn als *logisches Grundsymbol* betrachten. Dazu *erweitern* wir die Sprachen $\mathbf{Q}$, $\mathbf{Q}_E$, $\mathbf{Q}_D$ durch die folgenden syntaktischen Bestimmungen zu den Sprachen $\mathbf{Q}_\iota$, $\mathbf{Q}_{E\iota}$, $\mathbf{Q}_{D\iota}$: ι gefolgt von einer Variable x, heißt *Kennzeichnungsoperator über* x; er erzeugt in Anwendung auf eine mindestens in x offene Formel F den *Kennzeichnungsterm* ιxF und *bindet* dabei alle in F freien Vorkommnisse von x; wenn F keine andere Variable frei enthält, so ist ιxF eine *Kennzeichnung* und zählt zu den Objektbezeichnungen u, v, w von $\mathbf{Q}_\iota$ bzw. von $\mathbf{Q}_{E\iota}$ bzw. von $\mathbf{Q}_{D\iota}$. Damit kann man Sätze der Art formalisieren:

(1) Der einzige König von Frankreich, für den sich alle Logiker interessieren, ist kahl.

(1′) $P\iota x(Qxa \wedge \bigwedge y(Ry \rightarrow P_1yx))$,
Px: x ist kahl,
Qxy: x ist ein König von y,
a: Frankreich,
Rx: x ist Logiker,
P_1xy: x interessiert sich für y.

Kennzeichnungsterme können auch „geschachtelt" werden: Beispiel:

(2) Meine rechte Hand ist diejenige, deren Daumen rechts vom Daumen meiner anderen Hand ist.

(2′) $f(a) = \iota x(Pxa \wedge Qg(x)g(\iota y(Pya \wedge \neg y = x)))$,
$f(x)$: die rechte Hand von x,
a: ich,
Pxy: x ist eine Hand von y,
Qxy: x ist rechts von y,
$g(x)$: der Daumen von x.

Der innere Kennzeichnungsterm ist in x offen; diese Variable wird durch das erste ι gebunden.

Mit Hilfe des Jota-Operators kann man sich grundsätzlich die n-stelligen Funktionsparameter ($n \geqq 1$) sparen und stattdessen $n+1$-stellige Prädikatparameter verwenden; im letzten Beispiel etwa[1]

(2″) $\iota xP_1xa = \iota x(Pxa \wedge Q(\iota yQ_1yx)\iota y(Q_1y\iota y(Pya \wedge \neg y = x)))$,
P_1xy: x ist eine rechte Hand von y,
Q_1xy: x ist ein Daumen von y.

Man kann sogar noch einen Schritt weitergehen und auch die nullstelligen Funktionsparameter (d. h. die Objektparameter) einsparen, indem man die Objekte mit einstelligen Prädikaten kennzeichnet, also etwa im letzten Beispiel a durch ιxR_1x ersetzt, mit R_1x : x ist ich.[2] Wir wollen die Funktions- und Objektparameter jedoch weiterhin als Grundsymbole betrachten.

---

1 Da wir weiterhin die Stellenindizes der Parameter weglassen, setzen wir, wo erforderlich, äußere Klammern um die Kennzeichnungsterme, um die Struktur eindeutig zu machen. Bei Angabe der Stellenindizes sind diese äußeren Klammern überflüssig; daher gehen sie in die formale Syntax der Kennzeichnungstheorie nicht ein.

2 Dies schlägt z. B. QUINE in [2] vor.

Andererseits erkennt man aus den obigen Beispielen, daß *nicht* jede Kennzeichnung mit Hilfe von Funktionsparametern ausgedrückt werden kann – es sei denn, man ersetzt Kennzeichnungen beliebiger Komplexität einfach durch Objektparameter; aber dann verliert man ihre logische Struktur und kann keine logischen Folgerungen mehr ziehen. Insofern ist der Kennzeichnungsoperator ein stärkeres Ausdrucksmittel als alle Objekt- und Funktionsparameter zusammen. Die Semantik dieses Operators ist daher von großem Interesse. Aber hier stoßen wir sogleich auf eine ähnliche Schwierigkeit wie bei den Funktionsparametern (vgl. S. 289, (V)): Eine Kennzeichnung $\iota x A[x]$ heißt *eindeutig* oder *referentiell*, wenn es genau ein Objekt gibt, das die Bedingung $A[*_1]$ erfüllt, und eben dieses Objekt soll $\iota x A[x]$ dann auch bezeichnen. Aber was geschieht mit nicht-eindeutigen Kennzeichnungen, wie

(3) die größte Primzahl,
die Primzahl <18,
die luxemburgische Millionenstadt,
die amerikanische Millionenstadt,

deren Bedingung durch kein oder mehr als ein Objekt erfüllt wird? Was (wenn überhaupt) sollen sie bezeichnen, und welchen Wahrheitswert (wenn überhaupt) sollen Sätze wie

(4) Die größte Primzahl ist gerade,
Die größte Primzahl ist ungerade

bekommen? Eine etwas künstliche, aber technisch vorteilhafte Lösung bietet die auf FREGE (in [1]) zurückgehende Kennzeichnungstheorie von CARNAP (in [1], §§7, 8 und [2], §35). Man wählt ein bestimmtes *Ersatzobjekt* d* und behandelt alle nicht-eindeutigen Kennzeichnungen als Bezeichnungen von d*; dann werden Sätze der Art (4) wahr oder falsch, je nachdem, ob d* gerade bzw. ungerade ist oder nicht. Allerdings hat die Wahl eines Ersatz*objekts* d* bewertungssemantisch keinen Sinn und ist interpretationssemantisch nur dann sinnvoll, wenn man verlangt, daß jeder zulässige Objektbereich d* enthält. Zweckmäßiger ist es, stattdessen einen *Ersatzparameter* a^* von **Q** auszuwählen, und alle nicht-eindeutigen Kennzeichnungen als *gleichbleibend (koreferentiell)* mit a^* zu behandeln. Dementsprechend fordern wir für die Interpretation von Sprachen $\mathbf{Q}_{D\iota}$ mit Objektnamen die *Kennzeichnungsbedingung*

(**Iι**) Wenn für genau ein $d \in D$ gilt, daß
$\varphi(A[d]) = \mathbf{w}$ ist, so ist $\varphi(\iota x A[x]) = \mathrm{d}$;
andernfalls ist $\varphi(\iota x A[x]) = \varphi(a^*)$.

(Wie in Kap. 5 sei hier sowie im Rest dieses Kapitels d jeweils Name des Objektes $\mathrm{d} \in \mathrm{D}$ und D die Menge dieser Namen.)

Eine *k-Interpretation* von $\mathbf{Q}_{D\iota}$ ist eine Funktion φ, die $(\mathbf{I}\iota)$, und im übrigen die Bedingungen der normalen *i*-Interpretation für $\mathbf{Q}_{D\iota}$ erfüllt, d. h. (**I1**)–(**I4**), (**I–O**), (**IP**), (**If**), (**I**=), (**R**j) und die *speziellen* Quantorenregeln

$(\mathbf{R}\wedge^0)$ $\varphi(\wedge xA[x])=\mathbf{w} \Leftrightarrow \varphi(A[d])=\mathbf{w}$ für alle Objektnamen $d\in D$,
$(\mathbf{R}\vee^0)$ $\varphi(\vee xA[x])=\mathbf{w} \Leftrightarrow \varphi(A[d])=\mathbf{w}$ für mindestens ein $d\in D$.

Wo immer wir uns auf diese beiden speziellen Quantorenregeln simultan beziehen, verwenden wir die zusammenfassende Abkürzung ‚$(\mathbf{R}\mathrm{q}^0)$'.

Die *k-Gültigkeit* und *-Folgerung* (‚$\Vdash_k$'), *-Erfüllbarkeit*, usw. sowie der *k-Status* ist dann für Sätze und Satzmengen von $\mathbf{Q}_\iota$ wie üblich zu definieren. Wir zeigen zunächst, daß das *Extensionalitätstheorem*, Th. 5.2, ganz analog für *k*-Interpretationen gilt. (Wir verwenden wieder analog die dort eingeführten Mitteilungszeichen ‚S_T', ‚$S_{T'}$'.)

Th. 7.6 *S_T sei Objektbezeichnung oder Satz von $\mathbf{Q}_{D\iota}$ und T ein darin enthaltenes Vorkommnis einer Objektbezeichnung oder eines Parameters oder Satzes von $\mathbf{Q}_{D\iota}$. $S_{T'}$ entstehe aus S_T durch Ersetzung eines Vorkommnisses von T durch einen gleichartigen $\mathbf{Q}_{D\iota}$-Ausdruck T'. Dann gilt für jede k-Interpretation φ von $\mathbf{Q}_{D\iota}$:*

$$\varphi(T)=\varphi(T') \Rightarrow \varphi(S_T)=\varphi(S_{T'}).$$

Beweis durch Induktion nach der Anzahl m der Symbole von S_T außerhalb des zu ersetzenden T. Für m = 0 ist nichts zu beweisen; für m > 0 liegt einer der Fälle vor:

1. $S_T=(Pu_1\ldots u_n)_T$, $S_{T'}=(Pu_1\ldots u_n)_{T'}$,
2. $S_T=(f(u_1\ldots u_n))_T$, $S_{T'}=(f(u_1\ldots u_n))_{T'}$,
3. $S_T=\neg A_T$, bzw. $A_T\mathrm{j}B$, bzw. $B\mathrm{j}A_T$,
   $S_{T'}=\neg A_{T'}$, bzw. $A_{T'}\mathrm{j}B$, bzw. $B\mathrm{j}A_{T'}$,
4. $S_T=\mathrm{q}xA[x]_T$, $S_{T'}=\mathrm{q}xA[x]_{T'}$,
5. $S_T=\iota xA[x]_T$, $S_{T'}=\iota xA[x]_{T'}$,
   wobei in den beiden letzten Fällen die durch q bzw. ι gebundenen x in T, T' nicht vorkommen, da T und T' geschlossen sind.

In den Fällen 1–4 gilt die Behauptung wie im Beweis zum Extensionalitätstheorem für *l*-Interpretationen Th. 5.2; im 5. Fall ist nach I.V. $\varphi(A[d]_T)=\varphi(A[d]_{T'})$ für alle $d\in D$, und nach $(\mathbf{I}\iota)$ folgt die Behauptung. □

Mit Hilfe des Extensionalitätstheorems und der speziellen Quantorenregeln können wir für *k*-Interpretationen φ von $\mathbf{Q}_{D\iota}$ wieder *allgemeine* Quantorenregeln beweisen, die sich auf alle Objektbezeichnungen u von $\mathbf{Q}_{D\iota}$, einschließlich der Kennzeichnungen, beziehen:

$(\mathbf{R}\wedge)$ $\varphi(\wedge xA[x])=\mathbf{w} \Leftrightarrow \varphi(A[u])=\mathbf{w}$ für alle u von $\mathbf{Q}_{D\iota}$,
$(\mathbf{R}\vee)$ $\varphi(\vee xA[x])=\mathbf{w} \Leftrightarrow \varphi(A[u])=\mathbf{w}$ für mindestens ein u von $\mathbf{Q}_{D\iota}$.

Denn wenn $\varphi(A[u])$ für ein u von $\mathbf{Q}_{D\iota}$ **w** (bzw. **f**), ist, so ist nach (**I–O**), (**I1**) und Th. 7.6 auch $\varphi(A[u])=\mathbf{w}$ (bzw. **f**), für $d=\varphi(u)$.[3]

Wir benötigen noch das Gegenstück zu Th. 3.6 und Th. 3.7 für die Kennzeichnungstheorie, das *Substitutionstheorem der Äquivalenz* für Sätze und Prädikate, nämlich:

Th. 7.7 *S_{B^n} sei eine Kennzeichnung oder ein Satz von $\mathbf{Q}_\iota$ mit einer bestimmten Teilformel $B[t_1,\ldots t_n]$; S_{C^n} entstehe durch Ersetzung dieser Teilformel durch $C[t_1,\ldots,t_n]$ ($n\geqq 0$). Dann gilt*

$\wedge x_1\ldots x_n(B[x_1,\ldots,x_n]\leftrightarrow C[x_1,\ldots,x_n]) \Vdash_k$
$S_{B^n}=S_{C^n}$ *(im Fall der Kennzeichnungen) bzw.*
$S_{B^n}\leftrightarrow S_{C^n}$ *(im Fall der Sätze).*

Beweisidee: Zu zeigen ist, daß jede k-Interpretation φ von $\mathbf{Q}_{D\iota}$, welche die Voraussetzung erfüllt, also nach (**R**$\wedge$), (**R**$\leftrightarrow$)

(a) $\varphi(B[u_1,\ldots,u_n])=\varphi(C[u_1,\ldots,u_n])$ für alle $u_1,\ldots,u_n$ von $\mathbf{Q}_{D\iota}$,

auch die Folgerung erfüllt, also nach (**I**=), bzw. (**R**$\leftrightarrow$)

(b) $\varphi(S_{B^n})=\varphi(S_{C^n})$.

Dies erkennt man ganz analog zum letzten Beweis durch Induktion nach der Anzahl der Symbole von S_{B^n} außerhalb der zu ersetzenden Teilformel $B[t_1,\ldots,t_n]$. □

Als nächstes wollen wir zeigen, daß die k-Interpretationen von $\mathbf{Q}_{D\iota}$ vollständig und eindeutig durch die normalen i-Interpretationen von $\mathbf{Q}_D$ festgelegt sind. Dazu ordnen wir jedem Ausdruck S von $\mathbf{Q}_{D\iota}$ einen *ι-Grad* zu. Dieser ist, kurz gesagt, die maximale Zahl der in S geschachtelt vorkommenden ι-Operatoren, oder genauer: das größte n, für das S ι-Operatoren $\iota_{x_1},\ldots,\iota_{x_n}$ enthält, wobei ι_{x_i} für $1\leqq i\leqq n$ im Bereich von $\iota_{x_{i+1}}$ steht. Die induktive Definition lautet:

1. Jeder Ausdruck, der keinen ι-Term enthält, hat den ι-Grad 0;
2. jeder Ausdruck, der ι-Terme enthält, aber kein ι-Term ist, hat den maximalen ι-Grad seiner ι-Terme;
3. $\iota xF[x]$ hat als ι-Grad den um 1 erhöhten ι-Grad von $F[x]$.

Th. 7.8 *Jede k-Interpretation von $\mathbf{Q}_{D\iota}$ enthält genau eine normale i-Interpretation von $\mathbf{Q}_D$; und jede normale i-Interpretation von $\mathbf{Q}_D$ ist in genau einer k-Interpretation von $\mathbf{Q}_{D\iota}$ enthalten.*

---

3 Umgekehrt könnte man auch die *allgemeinen* Quantorenregeln zur Definition der k-Interpretation verwenden, das Extensionalitätstheorem durch Induktion nach der Anzahl der Parameter, Junktoren, Quantoren und ι-Operatoren, in deren Bereich T vorkommt, beweisen und dann auf die *speziellen* Quantorenregeln schließen.

Beweis:

(*a*) φ sei eine k-Interpretation von $\mathbf{Q}_{D\iota}$, φ^0 sei die Einschränkung von φ auf die Ausdrücke ohne ι-Terme, also die Ausdrücke von $\mathbf{Q}_D$. Da φ (**I1**)–(**I4**), (**I–O**), (**IP**), (**If**), (**I**=), (**R**j), (**R**q^0) erfüllt, so auch φ^0. Also ist φ^0 eine, und zwar offensichtlich die einzige, normale i-Interpretation von $\mathbf{Q}_D$, die in φ enthalten ist. (Man beachte, daß der Beweis mit (**R**q) statt (**R**q^0) nicht zwingend wäre.)

(*b*) Sei umgekehrt φ^0 eine normale i-Interpretation von $\mathbf{Q}_D$. Dann wird φ^0 durch (**I**ι), (**IP**), (**If**), (**I**=), (**R**j), (**R**q^0) eindeutig zu einer Funktion φ auf dem Bereich aller Parameter, Objektbezeichnungen und Sätze S von $\mathbf{Q}_{D\iota}$ fortgesetzt, wie man durch Induktion nach dem ι-Grad g von S erkennt. Für g$=0$ ist $\varphi(S)=\varphi^0(S)$. Für g>0 folgt die Behauptung durch Induktion nach der Anzahl m der Symbole, die in S außerhalb aller ι-Terme vorkommen: Für m$=0$ ist $S=\iota xA[x]$, und nach I.V. ist für alle $d\in D$ $\varphi(A[d])$ eindeutig, daher nach (**I**ι) auch $\varphi(S)$. Für m>0 hat S eine der Gestalten

$$Pu_1 \ldots u_n, \quad fu_1 \ldots u_n, \quad u_1=u_2, \quad \neg A, \quad A\mathrm{j}B, \quad \mathrm{q}xA[x].$$

Nach I.V. ist $\varphi(P)$, $\varphi(f)$, $\varphi(u_i)$, $\varphi(A)$, $\varphi(B)$, $\varphi(A[d])$, für jedes $d\in D$, eindeutig, daher nach (**IP**), (**If**), (**I**=), (**R**j), (**R**q^0) auch $\varphi(S)$. Nach Def. ist φ eine, und zwar offensichtlich die einzige, k-Interpretation, die φ^0 enthält. □

Wir halten zwei unmittelbare Folgerungen aus Th. 7.8 fest.

Th. 7.8′ *Für alle Sätze A von* **Q** *gilt: Der k-Status von A ist identisch mit dem i-Status von A.*

Demnach ist die Kennzeichnungstheorie eine sog. ‚konservative Erweiterung' der Identitätslogik: Für die Sätze von **Q** stimmt die k- und i-Gültigkeit, -Ungültigkeit, -Kontingenz, -Erfüllbarkeit und -Widerlegbarkeit überein.

Th. 7.8″ *Die Kennzeichnungstheorie ist widerspruchsfrei.*

Denn aus $\Vdash_k A$, $\Vdash_k \neg A$ würde $\Vdash_k B$ für jeden Satz B von **Q** folgen, und die Identitätslogik wäre ebenfalls widerspruchsvoll, was nach Th. 7.2 nicht der Fall ist. □

Wir wollen nun beweisen, daß jeder Satz von $\mathbf{Q}_\iota$ in einen k-äquivalenten Satz von **Q**, also einen Satz *ohne* Kennzeichnungsoperatoren, transformiert werden kann. Vorbereitend dazu zeigen wir, für k-Interpretationen φ von $\mathbf{Q}_{D\iota}$, die Hilfssätze 1–6:

Hilfssatz 1. $\varphi(d_1 \doteq d_2) \doteq \mathbf{w} \Leftrightarrow d_1 \doteq d_2$.[4]

---

4 Man beachte, daß dieser Hilfssatz die metasprachliche Identität der Objekt*namen* d_1 und d_2 unter den gegebenen Bedingungen behauptet.

Die linke Seite ist nach (**I**$=$') äquivalent mit $\varphi(d_1) \mp \varphi(d_2)$, also nach (**I–O**) mit $d_1 \mp d_2$, also wegen der eindeutigen Wahl der Objektnamen mit der rechten Seite. □

Hilfssatz 2. $\varphi(1xA[x]) \mp \mathbf{w} \Leftrightarrow$ *für genau einen Objektnamen* $d \in D$ *ist* $\varphi(A[d]) \mp \mathbf{w}$.

Die linke Seite ist n.Def., (**R**j), (**R**q⁰) äquivalent mit

$$\bigvee d \in D\,(\varphi(A[d]) \mp \mathbf{w}) \wedge \bigwedge d_1, d_2 \in D\,(\varphi(A[d_1]) \mp \varphi(A[d_2]) \mp \mathbf{w} \Rightarrow \varphi(d_1 = d_2) \mp \mathbf{w}).$$

Dies ist wegen Hilfssatz 1 äquivalent mit der rechten Seite. □

Hilfssatz 3. $\varphi(1xA[x]) = \mathbf{w} \Rightarrow \varphi(A[\iota xA[x]]) - \mathbf{w}$.

Aus der Voraussetzung folgt nach Hilfssatz 2, (**Iι**), (**I–O**) $\varphi(\iota xA[x]) = d = \varphi(d)$ für den einzigen Objektnamen d, für den $\varphi(A[d]) = \mathbf{w}$ ist. Daraus folgt nach dem Extensionalitätstheorem, Th. 7.6, die Behauptung. □

Hilfssatz 4. $\varphi(1xA[x]) = \mathbf{w} \wedge \varphi(A[d]) = \mathbf{w} \Rightarrow \varphi(d) = \varphi(\iota xA[x])$.

Aus der Voraussetzung folgt nach Hilfssatz 2, daß nur für d gilt, daß $\varphi(A[d]) = \mathbf{w}$ ist, und daraus nach (**Iι**), (**I–O**) die Behauptung. □

Hilfssatz 5. $\varphi(\neg 1xA[x]) = \mathbf{w} \Rightarrow \varphi(\iota xA[x]) = \varphi(a^*)$.

Aus der Voraussetzung folgt nach Hilfssatz 2 und (**Iι**) die Behauptung. □

Hilfssatz 6. φ *erfüllt* $B[\iota xA[x]] \Leftrightarrow 1xA[x] \wedge \vee x(A[x] \wedge B[x]) \vee \vee \neg 1xA[x] \wedge B[a^*]$.

(*a*) Wenn φ die linke Seite erfüllt, so gilt (*a1*) oder (*a2*):

(*a1*) φ erfüllt $1xA[x]$; dann nach Hilfssatz 3 auch $A[\iota xA[x]]$, und mit $B[\iota xA[x]]$ nach (**R**$\vee$) auch $\vee x(A[x] \wedge B[x])$; daher nach (**R**$\wedge$), (**R**$\vee$) die rechte Seite.

(*a2*) φ erfüllt $\neg 1xA[x]$; dann mit $B[\iota xA[x]]$ nach Hilfssatz 5 und dem Extensionalitätstheorem, Th. 7.6, auch $B[a^*]$, daher nach (**R**$\wedge$), (**R**$\vee$) die rechte Seite.

(*b*) Umgekehrt, wenn φ die rechte Seite erfüllt, so gilt (*b1*) oder (*b2*):

(*b1*) φ erfüllt $1xA[x] \wedge \vee x(A[x] \wedge B[x])$, also für mindestens ein $d \in D$ auch $A[d] \wedge B[d]$, also nach Hilfssatz 4 und dem Extensionalitätstheorem auch $B[\iota xA[x]]$.

(*b2*) φ erfüllt $\neg 1xA[x] \wedge B[a^*]$, also nach Hilfssatz 5 und dem Extensionalitätstheorem auch $B[\iota xA[x]]$. □

Der Ausdruck $G[*_1]$ heißt *frei für t*, wenn $*_1$ in ihm nicht im Bereich eines Quantors oder Kennzeichnungsoperators über einer Variablen vorkommt, die in t frei ist (d.h. wenn keine Variable, die in t frei auftritt, in einem Vorkommnis von t in $G[t]$, das gegenüber $G[*_1]$ neu ist, gebunden vorkommt).

Es gilt das *Theorem von der Reduzierbarkeit der Kennzeichnungstheorie auf die Identitätslogik:*

Th. 7.9 $\Vdash_k \bigwedge y_1 \ldots \bigwedge y_n(G[\iota xF[x]] \leftrightarrow 1xF[x] \wedge \bigvee x(F[x] \wedge G[x]) \vee \neg 1xF[x] \wedge G[a^*])$,
sofern $G[*_1]$ *frei für* $\iota xF[x]$ *ist und* $y_1, \ldots, y_n$ *alle freien Variablen von* $G[\iota xF[x]]$ *sind.*

Dies folgt aus Hilfssatz 6, nach (**R** $\bigwedge^0$); denn durch Spezialisierung auf beliebige Objektnamen $d_1, \ldots, d_n$ entsteht ein Satz von der im Hilfssatz angegebenen Art. □

Dieses Theorem reduziert, wie wir sehen werden, die Kennzeichnungstheorie auf die Identitätslogik: Im Grunde war die syntaktische Erweiterung von **Q**, $\mathbf{Q}_D$ zu $\mathbf{Q}_\iota$, $\mathbf{Q}_{D\iota}$ und die semantische Verstärkung der *i*- zur *k*-Interpretation nicht notwendig, um die *k*-gültigen Sätze zu erhalten. (Wir haben diesen Weg eingeschlagen, um den Gehalt der Frege-Carnapschen Kennzeichnungstheorie deutlicher zu machen, und vor allem, um den nächsten Satz Th. 7.10 zu beweisen.) Viel einfacher erhält man die *k*-gültigen Sätze, wenn man die Formeln mit ι-Operatoren als *informelle metasprachliche Abkürzungen* definiert:

(Dι) $G[\iota xF[x]] =_{df} 1xF[x] \wedge \bigvee x(F[x] \wedge G[x]) \vee \neg 1xF[x] \wedge G[a^*]$,
sofern $G[*_1]$ frei für $\iota xF[x]$ ist.

Dies ist eine sog. *Kontext-Definition*[5], welche nicht die ι-Terme selbst, sondern Formeln, in denen sie vorkommen, definiert. Die Einführung bzw. Beseitigung von $\iota xF[x]$ in einem gegebenen Ausdruck *S* geschieht in der Weise, daß eine Teilformel von *S* der angegebenen Gestalt durch $G[\iota xF[x]]$ ersetzt wird bzw. umgekehrt. Einen Satz A^0, der aus *A* durch Beseitigung aller ι-Terme gemäß (Dι) entsteht, bezeichnen wir als *ι-Transformat* von *A*. Man beachte, daß A^0 *keineswegs eindeutig* ist; je nachdem, in welcher Reihenfolge und mit wie großen „Kontexten" $G[*_1]$ die Kennzeichnungen eliminiert werden, ergeben sich verschiedene ι-Transformate. Ein Beispiel:

(1) Es gibt einen Satz von $\mathbf{Q}_\iota$, dessen ι-Transformat nicht *i*-wahr ist.
(1′) $\bigvee y(Pya \wedge \neg Q\iota xRxy)$
Pxy: *x* ist ein Satz von *y*,
a: $\mathbf{Q}_\iota$,
Qx: *x* ist *i*-wahr,
Rxy: *x* ist ein ι-Transformat von *y*.

5 Mit unwesentlicher Änderung die Definition von CARNAP in [2], der sie als objektsprachliche Definition verwendet.

Durch Beseitigung des ι-Terms mit kleinstmöglichem Kontext $G[*_1] = Q*_1$ entsteht

(1'a) $\bigvee y(Pya \wedge \neg(1xRxy \wedge \bigvee x(Rxy \wedge Qx) \vee \neg 1xRxy \wedge Qa^*))$.

Durch Beseitigung mit größtmöglichem Kontext $G[*_1] = Pya \wedge \neg Q*_1$ entsteht

(1'b) $\bigvee y(1xRxy \wedge \bigvee x(Rxy \wedge Pya \wedge \neg Qx) \vee \neg 1xRxy \wedge Pya \wedge \neg Qa^*)$.

Wegen dieser Mehrdeutigkeit ist zunächst nicht klar, ob und in welchem Sinn (Dι) überhaupt adäquat ist. Diese Frage beantwortet das folgende Theorem:

Th. 7.10 (*a*) *Jeder Satz A von $\mathbf{Q}_\iota$ hat mindestens ein ι-Transformat A^0.*
(*b*) *Alle ι-Transformate A^0 von A sind i-äquivalent.*
(*c*) *Für alle ι-Transformate A^0 von A gilt:*
Der k-Status von A ist identisch mit dem i-Status von A^0.

Beweis:
(*a*) A sei ein Satz mit n ι-Termen. Jeder einzelne ist eliminierbar; denn es gibt stets einen Kontext $G[*_1]$, der frei für ihn ist. Und wenn man schrittweise ι-Terme vom ι-Grad 0 eliminiert, so entsteht nach n Schritten ein ι-Transformat A^0.
(*b*) A_1^0, A_2^0 seien ι-Transformate von A. Dann gilt nach Th. 7.9 und dem Substitutionstheorem der äquivalenten Prädikate, Th. 7.7, $\Vdash_k A \leftrightarrow A_1^0$ und $\Vdash_k A \leftrightarrow A_2^0$, also $\Vdash_k A_1^0 \leftrightarrow A_2^0$, also nach Th. 7.8' $\Vdash_i A_1^0 \leftrightarrow A_2^0$.
(*c*) Für jedes ι-Transformat A^0 von A gilt, wie soeben gezeigt, $\Vdash_k A \leftrightarrow A^0$; daher ist der k-Status von A identisch mit dem k-Status von A^0 und nach Th. 7.8' identisch mit dem i-Status von A^0.

Damit ist gezeigt, daß (Dι) dieselbe Kennzeichnungstheorie wie die k-Interpretationssemantik liefert: Die Sätze von $\mathbf{Q}_\iota$ sind definitorische Abkürzungen zumeist verschiedener, aber i-äquivalenter, Sätze von $\mathbf{Q}$, wobei die k-gültigen und -kontingenten Sätze von $\mathbf{Q}_\iota$ genau die i-gültigen, -ungültigen und -kontingenten Sätze von $\mathbf{Q}$ abkürzen. In diesem Sinn ist (Dι) adäquat. □

Anmerkung. Eine ganz andere Frage ist die *intuitive* Adäquatheit der Kennzeichnungstheorie von FREGE-CARNAP; und hier bestehen offensichtliche Mängel. Betrachten wir den Schluß

(1) Alle Objekte sind natürliche Zahlen

---

(2) Irgendeine natürliche Zahl ist die größte Primzahl.

Intuitiv ist der Schluß nicht gültig; in der elementaren Zahlentheorie (d. h. im Objektbereich der natürlichen Zahlen) ist (1) wahr, aber (2) falsch. Betrachten wir nun eine naheliegende

Formalisierung[6]:

$$\frac{(1')\ \bigwedge xQx}{(2')\ \bigvee x(Qx \wedge x = \iota x(Px \wedge \bigwedge y(Py \wedge \neg y = x \rightarrow Rxy)))}$$

Qx: x ist eine natürliche Zahl,
Px: x ist eine Primzahl,
Rxy: x ist größer als y.

Der Schluß ist k-gültig; *Beweis:* Von jeder k-Interpretation, die (1′) erfüllt, wird nach ($\mathbf{R}\bigwedge$) auch Qu für jedes u von $\mathbf{Q}_\iota$ erfüllt, also nach ($=_1$) auch $Qu \wedge u = u$, und somit nach ($\mathbf{R}\bigvee$) $\bigvee x(Qx \wedge x = u)$ für jedes u von $\mathbf{Q}_\iota$, also (2′). □

Gewisse intuitiv nicht-gültige Schlüsse werden also *formal gültig*. Und umgekehrt sind gewisse intuitiv gültige Schlüsse *formal nicht-gültig*; ein Beispiel:

$$\frac{(3)\ a \text{ ist die größte Primzahl } < b}{(4)\ a \text{ ist eine Primzahl.}}$$

Eine naheliegende Formalisierung ist[6]

$$\frac{(3')\ a = \iota x(Px \wedge \neg \bigvee y(Py \wedge Ryx \wedge Rby))}{(4')\ Pa.}$$

Aber sie ist nicht k-gültig; denn es gibt k-Interpretationen φ, die (3′), aber nicht (4′) erfüllen, z. B. jedes φ mit $\varphi(a) = \varphi(a^*)$ und $\varphi(P) = \emptyset$.

Die Mängel dieser Kennzeichnungstheorie ergeben sich offensichtlich aus der willkürlichen „Ersatz-Referenz" für nicht-eindeutige Kennzeichnungen. Um Fehlschlüsse wie den von (1) auf (2) zu vermeiden, sollte man sie nur auf eindeutige Kennzeichnungen anwenden – aber auch dann liefert sie nicht alle erwünschten Schlüsse, wie den von (3) auf (4).

Neben der Kennzeichnungstheorie von FREGE-CARNAP gibt es mehrere andere, von denen wir hier einige kurz erwähnen. Die folgende Kontextdefinition hat QUINE in [2], §37, vorgeschlagen:

(Dι) $G[\iota xF[x]] =_{df} \bigvee y(G[y] \wedge \bigwedge x(F[x] \leftrightarrow x = y))$,
sofern kein bezeichnetes Vorkommnis von $\iota xF[x]$ in einer kleineren Teilformel von $G[\iota xF[x]]$ vorkommt.

Als Kontext, mit dem hier ein oder auch mehrere Vorkommnisse eines ι-Terms zu beseitigen sind, muß hier die *kleinste* elementare Teilformel $Pt_1 \ldots t_n$ gewählt werden, in der sie vorkommen; die ι-Terme sind dann entweder bestimmte t_i oder in ihnen enthalten; aber im letzteren Fall dürfen sie nur im Bereich von Funktionsparametern, nicht jedoch von Prädikatparametern, von t_i vorkommen.

Nach (Dι') sind alle elementaren Sätze $Pu_1 \ldots u_n$ mit einer nichteindeutigen Kennzeichnung u_i *falsch*; dies gilt insbesondere auch für Gleichungen $u_1 = u_2$. Daraus ergibt sich, daß bei Verwendung von (Dι') die Quantorenregeln ($\mathbf{R}\bigwedge$), ($\mathbf{R}\bigvee$) *nicht allgemein* für sämtliche Kennzeichnungen gelten; denn $\bigwedge x\, x = x$ ist i-gültig, während $u = u$ falsch sein kann; und $\bigvee x \neg x = x$ ist i-kontradiktorisch, während $\neg u = u$ wahr sein kann. Dies ist ein technischer Nachteil von QUINES Kennzeichnungstheorie, der in der Theorie von FREGE-CARNAP mit Hilfe der künstlichen Ersatz-Referenz vermieden wird. Andererseits ist QUINES Theorie intuitiv viel plausibler; und die obigen Gegenbeispiele treffen sie nicht.

Der routiniertere Leser möge zeigen, daß im Sinn von (Dι') der obige Schluß von (1′) auf (2′) nicht i-gültig ist, während der Schluß von (3′) auf (4′) i-gültig ist.

---

6 Superlativ-Kennzeichnungen wie (a) ‚die größte Primzahl' und (b) ‚die größte Primzahl $< b$' sind auf verschiedene Weise mit Hilfe der Komparativ-Relation ‚größer als' formalisierbar, wie (2′) und (3′) zeigen. Aber die obigen Argumente gegen die Kennzeichnungstheorie von FREGE-CARNAP sind unabhängig davon; auch wenn man (a) und (b) unanalysiert läßt und etwa durch ιxP_1x formalisiert, ist der Schluß von (1) auf (2) formal gültig, und der von (3) auf (4) nicht.

Aber auch (Dι') hat in intuitiver Hinsicht Probleme. Betrachten wir den etwas dubiosen Schluß:

(5) Es gibt keine größte Primzahl

(6) Die größte Primzahl ist nicht gerade.

(5') $\neg \bigvee x\, x = \iota x(Px \wedge \bigwedge y(Py \wedge \neg y = x \rightarrow Rxy))$

(6') $\neg Q\iota x(Px \wedge \bigwedge y(Py \wedge \neg y = x \rightarrow Rxy))$.

Px: x ist eine Primzahl,
Rxy: x ist größer als y,
Qx: x ist gerade.

Der Schluß ist im Sinn von (Dι') i-gültig. *Indirekter Beweis:* $\iota xA[x]$ sei die in (5'), (6') vorkommende Kennzeichnung. *Angenommen*, (6') ist **f** bei einer i-Bewertung $\mathfrak{b}$, dann erfüllt $\mathfrak{b}$

1. $Q\iota xA[x]$ — nach Annahme, (**R**$\neg$)
2. $\bigvee y(Qy \wedge \bigwedge x(A[x] \leftrightarrow x = y))$ — 1, (Dι')
3. $\bigvee x \bigvee y(x = y \wedge \bigwedge x(A[x] \leftrightarrow x = y))$ — 2, i-logisch
4. $\bigvee x(x = \iota xA[x])$ — 3, (Dι').

Dann ist (5') bei $\mathfrak{b}$ falsch, womit der Schluß formal bewiesen ist. Aber ist er intuitiv gültig? Das hängt offenbar davon ab, wie man die Negation versteht:

(6a) Es ist nicht der Fall, daß die größte Primzahl gerade ist (denn sie existiert ja gar nicht).

(6b) Die größte Primzahl ist ungerade (und existiert daher).

Der Schluß von (5) auf (6a) ist intuitiv gültig; der auf (6b) sicherlich nicht. Daher darf (6') nur im Sinn von (6a) verstanden werden. Aber wie ist dann (6b) zu formalisieren? Offenbar entsteht bei der Negation von Sätzen mit Kennzeichnungen eine Zweideutigkeit; und QUINES Definition (Dι') liefert nur die eine Bedeutung.

Diese Zweideutigkeit erfaßt die Kennzeichnungstheorie von RUSSELL (in Whitehead/Russell [1], I. S. 173–186), in der die ι-Terme, ähnlich wie die Quantoren, bestimmte *Bereiche* haben, die durch eine Hilfssymbolik markiert werden; in unserem Beispiel, natursprachlich wiedergegeben:

(6a') Es ist nicht der Fall, daß für die größte Primzahl x gilt: x ist gerade.

(6b') Für die größte Primzahl x gilt: x ist nicht gerade.

In (6a') steht der Kennzeichnungsoperator im Bereich der Negation, in (6b') steht die Negation im Bereich des Kennzeichnungsoperators. Wir gehen auf RUSSELLs Theorie nicht näher ein. Wie es scheint, liefert sie genau die intuitiv erwünschten Schlüsse, allerdings mit beträchtlichem syntaktischen Aufwand. (Genaueres dazu, und eine 3-wertige Kennzeichnungstheorie findet sich in BLAU [1], Kap. 2.2.)

Syntaktisch einfacher ist die Kennzeichnungstheorie *der 3-wertigen Logik*. Hier werden nur die eindeutigen Kennzeichnungen interpretiert, und elementare Sätze $Pu_1 \ldots u_n$ mit einem nicht-eindeutigen u_i erhalten den dritten Wahrheitswert *unbestimmt*. Der „äußeren" und „inneren" Negation in (6a') und (6b') entspricht hier die *schwache* (*nichtpräsupponierende*) Negation ‚$\neg$' einerseits und die *starke* (*existenzpräsupponierende*) Negation ‚$-$' andererseits, mit den 3-wertigen Wahrheitstafeln (mit **u** für *unbestimmt*)

A	$\neg A$	$-A$
w	**f**	**f**
f	**w**	**w**
u	**w**	**u** .

Während (6a), mit schwacher Negation, *wahr* ist, erhält (6b), mit starker Negation, *unbestimmt*. Ähnlich wie RUSSELLs Kennzeichnungstheorie scheint auch die 3-wertige genau die intuitiv gültigen Schlüsse zu liefern.

Kapitel 8

Theorien

8.1 Entscheidbarkeit und Aufzählbarkeit

In der Metatheorie von Theorien spielen die gelegentlich schon verwendeten Begriffe der *Entscheidbarkeit* und *Aufzählbarkeit* eine wichtige Rolle. Wir wollen sie kurz und informell erläutern; ihre präzise formale Explikation geschieht in der *Rekursionstheorie*, auf die wir erst in Kap. 12 eingehen werden.

Eine Menge M von Ausdrücken heißt *entscheidbar*, wenn es ein mechanisches Verfahren gibt, um für jeden Ausdruck S nach endlich vielen Schritten festzustellen, ob $S \in M$ oder nicht. Jede endliche Menge ist entscheidbar (man kann eine entsprechende Liste mechanisch durchlaufen), aber nicht jede entscheidbare Menge ist endlich. So sind z. B. die Menge aller Sätze von **Q**, die Menge der j-gültigen Sätze und die Menge der j-erfüllbaren Sätze entscheidbare unendliche Mengen; ebenso ist für jeden Kalkül **K** die Menge aller **K**-Ableitungen und für jede entscheidbare Annahmenmenge M die Menge aller **K**-Ableitungen aus M eine entscheidbare unendliche Menge. Dagegen ist die Menge der **K**-Theoreme, also der l-gültigen Sätze, unentscheidbar, wie CHURCH (in [1]) bewiesen hat. (Genaueres dazu in Kap. 12.)

Eine Menge M von Ausdrücken heißt *aufzählbar*, wenn sie leer ist oder wenn es ein nicht-abbrechendes mechanisches Verfahren gibt, das schrittweise, evtl. mit Wiederholungen, alle Ausdrücke von M aufzählt. So z. B. ist die Menge der l-gültigen Sätze aufzählbar; denn man kann in einem Kalkül sämtliche Beweise der Länge nach und bei gleicher Länge alphabetisch ordnen und demgemäß die Theoreme als deren Endglieder aufzählen. Aus demselben Grund ist auch die Menge aller l- bzw. i-Folgerungen aus einer entscheidbaren Annahmenmenge aufzählbar. Jede aufzählbare Menge ist höchstens abzählbar unendlich, also abzählbar, aber nicht jede abzählbare Menge ist aufzählbar, wie wir sehen werden. Mit dem Entscheidbarkeitsbegriff besteht der folgende Zusammenhang:

(1) M ist entscheidbar $\Leftrightarrow$ M und $\bar{M}$ sind aufzählbar.

Wenn es nämlich für M ein Entscheidungsverfahren gibt, so kann man dies auf sämtliche Ausdrücke der Reihe nach anwenden und jeweils die positiven und die negativen Fälle, also insgesamt M und $\bar{M}$, aufzählen. Umgekehrt liefern zwei Aufzählungsverfahren für M und $\bar{M}$ zusammen ein Entscheidungsverfahren für M; denn wenn man die beiden Aufzählungen alternierend durchläuft, so findet man jeden Ausdruck S nach endlich vielen Schritten in der einen oder der anderen, und hat damit eine Entscheidung. (Diese Aussage (1) wird als strenger Satz in Form des Negationslemmas L4 in Kap. 12, Abschn. 8, bewiesen.)

Während alle entscheidbaren Mengen aufzählbar sind, gilt die Umkehrung nicht, wie das Beispiel der l-gültigen Sätze zeigt. Jede aufzählbare unentscheidbare Menge hat nach (1) ein nichtaufzählbares Komplement. Daher sind die *l-widerlegbaren* Sätze nicht aufzählbar (aber natürlich abzählbar). Dasselbe gilt für die *l-erfüllbaren* Sätze: *Angenommen*, man könnte sie aufzählen, so könnte man insbesondere alle l-erfüllbaren *Negationen* aufzählen, indem man alle Sätze anderer Gestalt überspringt. Nun könnte man in der neuen Aufzählung alle Anfangs-Negationszeichen weglassen, und hätte eine Aufzählung aller l-widerlegbaren Sätze.

8.2 Theorien erster Stufe

Eine sog. *Theorie* **T** *erster Stufe* entsteht dadurch, daß bestimmte Parameter von **Q** als *Konstante* von **T** ausgezeichnet werden; diese bilden eine entscheidbare Menge. (Bei den meisten betrachteten Theorien bilden die Konstanten sogar nur eine kleine endliche Menge.) Alle Ausdrücke (Sätze, Formeln, Terme, Prädikate, usw.) von **Q**, deren sämtliche Parameter Konstanten von **T** sind, bezeichnen wir als **T**-*Ausdrücke* (**T**-*Sätze*, usw.). Jede *syntaktische* **T**-*Kategorie* ist eine entscheidbare Menge. Die Bedeutung der Konstanten einer Theorie **T** kommt im wesentlichen in ihren sog. *Theoremen* zum Ausdruck. Diese bilden eine Menge von **T**-Sätzen, die *l-abgeschlossen* und im allgemeinen auch *i-abgeschlossen* ist, d. h.: die jeden **T**-Satz als Element enthält, der aus ihr l-folgt bzw. i-folgt.

Wir definieren nun allgemein: *Eine Theorie* **T** *erster Stufe mit* (bzw. *ohne*) *Identität* ist ein geordnetes Paar $\langle Kn, Th \rangle$ mit einer entscheidbaren Menge Kn von Parametern von **Q**, den *Konstanten* von **T**, mit (bzw. ohne) Identitätskonstante, und einer i- (bzw. l-) abgeschlossenen Menge Th von **T**-Sätzen, den *Theoremen* von **T**.

Da die meisten vorkommenden Theorien solche mit Identität sind, beschränken wir uns von nun an auf diese; für die anderen gilt alles weitere analog, mit ‚l' statt ‚i' und ‚$=$'$\notin Kn$. Mit Hilfe der i-semantischen

Begriffe definieren wir für Theorien **T** ganz analog die Begriffe der ‚**T**-*Semantik*':

Eine *i*-Bewertung, bzw. (normale *i*-Interpretation, heißt **T**-*Bewertung*, bzw. (*normale*) **T**-*Interpretation*, wenn sie alle Theoreme von **T** wahr macht. Aus den früheren Theoremen Th. 5.1', Th. 5.3 und Th. 5.5 für die *l*-Bewertungen und -Interpretationen und Th. 7.5 für die (normalen) *i*-Interpretationen folgt unmittelbar, daß dieselben Zusammenhänge zwischen den **T**-Bewertungen und -Interpretationen bestehen.

Ein Satz von **Q** ist **T**-*gültig*, wenn er bei allen **T**-Bewertungen, oder gleichwertig, bei allen **T**-Interpretationen (bzw. mit Objektnamen, bzw. Variablenbelegung) **w** ist, und entsprechend ist die **T**-*Folgerung* (‚$\Vdash_{\mathbf{T}}$'), -*Erfüllbarkeit* usw., für Sätze und Satzmengen von **Q** zu definieren. Zu den **T**-gültigen Sätzen gehören insbesondere alle Theoreme von **T** sowie alle *i*-gültigen Sätze mit zusätzlichen Parametern von **Q**.

Eine Theorie **T** heißt (*Theorem-*) *konsistent*, wenn sie keinen **T**-Satz zugleich mit seiner Negation als Theorem hat, mit anderen Worten, wenn nicht alle Sätze von **Q** **T**-gültig sind. Nach Definition ist eine Theorie also genau dann konsistent, wenn es eine **T**-Bewertung (gleichwertig: eine **T**-Interpretation) gibt. Eine **T**-Interpretation heißt (*nicht-*)*normales Modell* für **T**, sofern sie eine (nicht-)normale *i*-Interpretation ist. (Für präzise Definitionen der Begriffe ‚Interpretation', ‚Struktur' und ‚Modell' vgl. Abschn. 1 von Kap. 14, insbesondere auch die Anmerkung zur Terminologie am Ende von 14.1.4.) **T** heißt (*Theorem-*)*vollständig*, wenn für jeden **T**-Satz A gilt, daß A oder $\neg A$ **T**-Theorem ist. (In diesem Kapitel wird von Vollständigkeit immer im Sinn dieser Theoremvollständigkeit gesprochen. Davon streng zu unterscheiden ist natürlich der semantische Vollständigkeitsbegriff für Kalküle, wie er in Kap. 4 eingeführt worden ist.) **T** heißt *aufzählbar* bzw. *entscheidbar*, wenn die Menge der Theoreme aufzählbar bzw. entscheidbar ist.

Von besonderem Interesse ist die Frage der Axiomatisierbarkeit einer Theorie. Unter einer *axiomatischen Theorie erster Stufe* verstehen wir ein geordnetes Paar $\langle Kn, Ax\rangle$ mit einer entscheidbaren Parametermenge Kn, den *Konstanten* von **T** (wie oben für Theorien) und einer entscheidbaren Menge Ax von **T**-Sätzen, den *Axiomen* von **T**. Jede axiomatische Theorie $\langle Kn, Ax\rangle$ legt eindeutig eine Theorie $\langle Kn, Th\rangle$ fest, wobei Th die Menge der **T**-Sätze ist, die aus Ax *i*-folgen. Ax heißt dann *Axiomensystem* für diese Theorie. Offensichtlich kann es verschiedene Axiomensysteme für eine Theorie geben; sofern wenigstens eines existiert, heißt die Theorie *axiomatisierbar*. Es gibt jedoch auch *nicht-axiomatisierbare* Theorien; das erste und bekannteste Beispiel hat GÖDEL in [2] mit seinem Unvollständigkeitstheorem gezeigt: die *Zahlentheorie*, mit den Konstanten $=$, 0, (Nachfolger), $+$, $\cdot$, und allen zahlentheoretisch wahren Sätzen als Theoremen. (Vgl. dazu Kap. 12.)

Jede axiomatisierbare Theorie ist aufzählbar, denn man kann, wie erwähnt, die *i*-Folgerungen aus der entscheidbaren Axiomenmenge aufzählen und dabei alle auslassen, die keine **T**-Sätze sind. Umgekehrt hat CRAIG in [1] gezeigt, daß jede aufzählbare Theorie axiomatisierbar ist. Jede entscheidbare Theorie ist axiomatisierbar – am einfachsten, indem man ihre Theoreme als Axiome verwendet. Andererseits sind viele axiomatisierbare Theorien unentscheidbar. Das erste und bekannteste Beispiel liefert wieder das erwähnte Theorem von CHURCH: die „leere" Theorie der *reinen Logik* mit (oder auch ohne) Identität, die als Konstanten alle Parameter von **Q**, und als Theoreme alle *i*- (oder auch *l*-) gültigen Sätze von **Q** hat. Diese Theorie ist axiomatisierbar, z. B. durch das leere Axiomensystem, aber unentscheidbar.

Unentscheidbare axiomatisierbare Theorien sind jedoch notwendig *unvollständig*, und die reine Logik ist der Extremfall einer unvollständigen Theorie, da sie alle möglichen *i*- (bzw. *l*-) Bewertungen zuläßt. Ein anderer Extremfall ist eine vollständige Theorie **T**, in der alle **T**-Sätze eindeutige Wahrheitswerte haben. Eine solche ist, falls axiomatisierbar, auch *entscheidbar*; denn dann ist jeder **T**-Satz, oder aber seine Negation, Theorem, und wenn man die Aufzählung der Theoreme durchläuft, kann man nach endlich vielen Schritten entscheiden, welcher Fall vorliegt.

Zahlreiche interessante Fragen entstehen beim *Vergleich* von Theorien; im einfachsten Fall ist $\mathbf{T}' = \langle Kn', Th' \rangle$ eine *Erweiterung* von $\mathbf{T} = \langle Kn, Th \rangle$, d. h. $Kn \subseteqq Kn'$ und $Th \subset Th'$. $\mathbf{T}'$ heißt *konservative Erweiterung* von **T**, wenn $\mathbf{T}'$ eine Erweiterung von **T** ist und für alle **T**-Sätze *A* gilt: $\Vdash_{\mathbf{T}'} A \Leftrightarrow \Vdash_{\mathbf{T}} A$. Eine besonders einfache Art konservativer Theorieerweiterung ist die sog. ‚definitorische' Erweiterung, die wir im nächsten Abschnitt behandeln. Zuvor stellen wir einige **T**-semantische *Substitutionstheoreme* zusammen, die den *q*-, *l*- und *i*-semantischen entsprechen und sich ganz analog beweisen lassen.

Substitutionstheorem der Äquivalenz für Sätze (n = 0) und Prädikate (n > 0) (vgl. die Theoreme Th. 3.6 und Th. 3.7):

Th. 8.1 *Aus* A_{B^n} *entstehe* A_{C^n} *durch Ersetzung einer bestimmten Teilformel* $B[t_1, \ldots, t_n]$ *durch* $C[t_1, \ldots, t_n]$ $(n \geqq 0)$. *Dann gilt* $\wedge x_1 \ldots \wedge x_n(B[x_1, \ldots, x_n] \leftrightarrow C[x_1, \ldots, x_n]) \Vdash_{\mathbf{T}} A_{B^n} \leftrightarrow A_{C^n}$.

Substitutionstheorem der Identität, für Objektbezeichungen (n = 0) und Funktionsbezeichnungen (n > 0) (vgl. Th. 7.3):

Th. 8.2 *Aus* A_{u^n} *entstehe* A_{v^n} *durch Ersetzung eines bestimmten Teilterms* $u[t_1, \ldots, t_n]$ *durch* $v[t_1, \ldots, t_n]$ $(n \geqq 0)$. *Dann gilt* $\wedge x_1 \ldots \wedge x_n(u[x_1, \ldots, x_n] = v[x_1, \ldots, x_n]) \Vdash_{\mathbf{T}} A_{u^n} \leftrightarrow A_{v^n}$.

Variantentheorem für gebundene Variablen (vgl. Th. 3.8):

Th. 8.3 $A =_v B \Rightarrow \Vdash_{\mathbf{T}} A \leftrightarrow B$.

Die drei nächsten Substitutionstheoreme für Parameter sind gegenüber den entsprechenden *q*-, *l*- und *i*-Theoremen auf diejenigen Parameter einzuschränken, die *keine Konstanten* von **T** sind; die Beweise verlaufen dann wieder analog.

Variantentheorem für Parameter (vgl. Th. 3.9):

Th. 8.4 *Aus M, A entstehe N, B durch alphabetische Umbenennung von Parametern, die keine Konstanten von* **T** *sind, in Parameter, die keine Konstanten von* **T** *sind. Dann gilt:*
(*a*) *A und B haben denselben* **T**-*Status;*
(*b*) *M ist* **T**-*erfüllbar* $\Leftrightarrow$ *N ist* **T**-*erfüllbar;*
(*c*) $M \Vdash_{\mathbf{T}} A \Leftrightarrow N \Vdash_{\mathbf{T}} B$.

Substitutionstheorem für Parameter (vgl. Th. 3.10, Th. 3.11 und die vor Th. 5.9 angeführten, uneingeschränkten *l*-semantischen Theoreme):

Th. 8.5 *Aus M, A entstehe N, B durch Ersetzung aller Vorkommnisse eines n-stelligen Prädikat- oder Funktionsparameters* ($n \geqq 0$), *der keine Konstante von* **T** *ist, durch passende Varianten eines n-stelligen Prädikates bzw. einer Funktionsbezeichnung. Dann gilt:*
(*a*) *A ist* **T**-*gültig* (**T**-*ungültig*) $\Rightarrow$ *B ist* **T**-*gültig* (**T**-*ungültig*);
(*b*) *B ist* **T**-*kontingent* $\Rightarrow$ *A ist* **T**-*kontingent;*
(*c*) *N ist* **T**-*erfüllbar* $\Rightarrow$ *M ist* **T**-*erfüllbar;*
(*d*) $M \Vdash_{T} A \Rightarrow N \Vdash_{T} B$.

Generalisierungstheorem (vgl. Th. 3.12 und die eben erwähnten Theoreme vor Th. 5.9):

Th. 8.6 *Wenn a keine Konstante von* **T** *ist und nicht in* M, $\bigwedge x A[x]$ *vorkommt, so gilt:*

$$M \Vdash_{\mathbf{T}} A[a] \Leftrightarrow M \Vdash_{\mathbf{T}} \bigwedge x A[x].$$

Der Leser überlege sich als fortgeschrittene Übungsaufgabe, inwieweit die *l*-semantischen Grundresultate von Kap. 5.5, Th. 5.7 bis Th. 5.10, für Theorien erster Stufe gelten.

8.3 Definitorische Theorieerweiterung[1]

T sei in diesem Abschnitt stets eine *axiomatische* Theorie $\langle Kn, Ax \rangle$. Die praktische Anwendung von **T** wird oft erleichtert, wenn man für bestimmte komplexe **T**-Ausdrücke *E definitorische Abkürzungen* einführt.

---

1 Vgl. zu diesem Abschnitt auch die modelltheoretische Variante der Definitionstheorie in Abschn. 2 von Kap. 14.

Solche Definitionen kann man auf zweierlei Weise betrachten: entweder als *informelle metasprachliche Abkürzungen*, die an der Theorie nichts ändern (in dieser Weise haben wir die Anzahlquantoren und den Kennzeichnungsoperator definiert), oder aber als *objektsprachliche Axiome*, welche die Theorie erweitern. In diesem Fall wählt man einen mit E typgleichen Parameter $E^* \notin Kn$, legt seine Bedeutung durch ein sog. „definierendes Axiom“ A_{E^*} fest, und erweitert **T** zu $\mathbf{T}' = \langle Kn \cup \{E^*\}, Ax \cup \{A_{E^*}\} \rangle$. Dabei ist A_{E^*} so zu wählen, daß drei Forderungen erfüllt sind, die denen von Th. 7.10(a), (b), (c) entsprechen. Die erste ist die *Eliminierbarkeitsforderung:*

(F1) *Aus jedem* **T**′ *Satz A sind alle Vorkommnisse von E^* auf mechanische Weise eliminierbar; dadurch entsteht nach endlich vielen Schritten ein – nicht unbedingt eindeutiger –* **T***-Satz A^0.*

Wir bezeichnen A^0 als *E^*-Transformat* von A. Für den Fall, daß A^0 nicht eindeutig ist, fügen wir die *Äquivalenzforderung* hinzu:

(F2) *Alle E^*-Transformate A^0 eines* **T**′*-Satzes A sind* **T***-äquivalent.*

Schließlich fordern wir die sog. *Nichtkreativität:*

(F3) *Für alle* **T**′*-Sätze A und ihre E^*-Transformate A^0 gilt:*
Der **T**′*-Status von A ist identisch mit dem* **T***-Status von A^0.*

Ist **(F3)** erfüllt, so enthält **T**′ keine wesentlich neuen Theoreme gegenüber **T**; denn einerseits ist **T**′ eine konservative Erweiterung von **T**, da $A^0 = A$ für alle **T**-Sätze A, und andererseits entstehen aus den zusätzlichen Theoremen von **T**′, die E^* enthalten, durch mechanische Transformationen Theoreme von **T**.

Sind diese drei Forderungen erfüllt, so heißt **T**′ eine *einfache definitorische Erweiterung* von **T**. Wenn in $\mathbf{T}_1, \ldots, \mathbf{T}_n$ jedes $\mathbf{T}_{i+1}$ eine einfache definitorische Erweiterung von $\mathbf{T}_i$ ist, so heißt $\mathbf{T}_n$ *definitorische Erweiterung* von $\mathbf{T}_1$.

Wir führen ohne Beweis die folgenden Eigenschaften von Theorieerweiterungen an:

(a) Jede definitorische Erweiterung ist eine konservative Erweiterung.

(b) Ist **T**′ eine konservative Erweiterung von **T**, so gilt:
T′ ist konsistent $\Leftrightarrow$ **T** ist konsistent.

(c) Ist **T**′ eine definitorische Erweiterung von **T**, so gilt:
T′ ist vollständig $\Leftrightarrow$ **T** ist vollständig,

und:

T′ ist entscheidbar $\Leftrightarrow$ **T** ist entscheidbar.

Wegen dieser Übereinstimmungen sind definitorische Erweiterungen vom theoretischen Standpunkt aus unwesentlich, praktisch aber oft von großem Nutzen. Wir wollen die Form der definierenden Axiome nun näher beschreiben. Dabei beziehen wir uns zu Beispiel-Zwecken auf das folgende System **Z** der elementaren Zahlentheorie. **Z** hat die oben erwähnten fünf *Konstanten:* =, 0, ′, +, ·, und die *Axiome:*

(Z1) $\neg \bigvee x\ 0 = x'$
(Z2) $\bigwedge x \bigwedge y(x' = y' \rightarrow x = y)$
(Z3) $\bigwedge x\ x + 0 = x$
(Z4) $\bigwedge x \bigwedge y\ x + y' = (x + y)'$
(Z5) $\bigwedge x\ x \cdot 0 = 0$
(Z6) $\bigwedge x \bigwedge y\ x \cdot y' = (x \cdot y) + x$
(Z7) $A[0] \wedge \bigwedge x(A[x] \rightarrow A[x']) \rightarrow \bigwedge x A[x]$.

(Wir stellen, wie üblich, die einstellige Nachfolgerfunktion ′ hinter ihr Argument, und die zweistelligen Funktionen + und · zwischen ihre Argumente.)

Die Axiome (Z1)–(Z6) charakterisieren paarweise die Nachfolgerfunktion, die Addition und die Multiplikation. (Z7) ist das *Induktionsschema*, das sämtliche **Z**-Sätze der angegebenen Gestalt als Axiome liefert. Offensichtlich ist die Menge der **Z**-Axiome entscheidbar. Diese axiomatische Theorie hat als Theoreme einen erheblichen Teil der zahlentheoretisch wahren Sätze, die sich aus Junktoren, Quantoren und **Z**-Konstanten bilden lassen (aber nach dem Theorem von GÖDEL nicht alle, ebensowenig wie irgendeine konsistente Erweiterung von **Z**).

Wir betrachten nun drei Formen definitorischer Erweiterung von axiomatischen Theorien $\mathbf{T} = \langle Kn, Ax \rangle$. Für ein n-stelliges **T**-*Prädikat* $C[*_1, \ldots, *_n]$ ($n \geqq 0$) kann man einen n-stelligen Prädikatsparameter $P^* \notin Kn$ als neue Konstante einführen. Das *definierende Axiom* hat in diesem Fall die Gestalt

$$A_{P^*}:\ \bigwedge x_1 \ldots \bigwedge x_n(P^* x_1 \ldots x_n \leftrightarrow C[x_1, \ldots, x_n]).$$

Das P^*-*Transformat* F^0 einer Formel F entsteht hier dadurch, daß jede Teilformel von F der Gestalt $P^* t_1 \ldots t_n$ durch $C'[t_1, \ldots, t_n]$ ersetzt wird, wobei $C'[*_1, \ldots, *_n]$ eine für $t_1, \ldots, t_n$ freie Variante bzgl. gebundener Variablen von $C[*_1, \ldots, *_n]$ ist. Dann gilt

Th. 8.7 $\mathbf{T}' = \langle Kn \cup \{P^*\}, Ax \cup \{A_{P^*}\} \rangle$ *ist eine einfache definitorische Erweiterung von* $\mathbf{T} = \langle Kn, Ax \rangle$.

Beweis: Die Eliminierbarkeitsforderung (**F1**) ist offensichtlich erfüllt, ebenso die Äquivalenzforderung (**F2**) nach Th. 8.1, ferner auch die Nichtkreativität:

(**F3**) Für alle **T**′-Sätze A und ihre P^*-Transformate A^0 gilt: Der T'-Status von A ist identisch mit dem **T**-Status von A^0.

Denn aus dem $\mathbf{T}'$-Axiom A_{P*} folgt n. Def. von A^0, dem Substitutionstheorem der Äquivalenz, Th. 8.1, und dem Variantentheorem für gebundene Variablen, Th. 8.3, $\Vdash_{\mathbf{T}'} A \leftrightarrow A^0$, daher:

1. $\mathbf{T}'$-Status von $A \mathrel{\overline{\overline{\cdot}}} \mathbf{T}'$-Status von A^0.

Und andererseits gilt für alle $\mathbf{T}$-Sätze B:

2. $\mathbf{T}'$-Status von $B \mathrel{\overline{\overline{\cdot}}} \mathbf{T}$-Status von B.

Dazu ist zu zeigen, daß B bei einer bzw. jeder $\mathbf{T}'$-Bewertung **w** bzw. **f** ist genau dann, wenn B bei einer bzw. jeder $\mathbf{T}$-Bewertung **w** bzw. **f** ist. Dies gilt, da jede $\mathbf{T}'$-Bewertung eine $\mathbf{T}$-Bewertung ist, und umgekehrt zu jeder $\mathbf{T}$-Bewertung $\mathfrak{b}$ von $\mathbf{Q}_E$ eine $\mathbf{T}'$-Bewertung $\mathfrak{b}'$ von $\mathbf{Q}_E$ definiert werden kann, die mit $\mathfrak{b}$ für alle $\mathbf{T}$-Sätze B übereinstimmt:

$$\mathfrak{b}'(A) =_{\mathrm{df}} \mathfrak{b}(A^0) \text{ für jeden Satz } A \text{ von } \mathbf{Q}_E.$$

Nach Definition des P^*-Transformats gilt:

$$(\neg A)^0 = \neg(A^0), \quad (A\mathrm{j}B)^0 = A^0\mathrm{j}B^0, \quad (\mathrm{q}xA[x])^0 = \mathrm{q}x(A[x]^0).$$

Daher erfüllt $\mathfrak{b}'$ die Junktoren- und Quantorenregeln, da $\mathfrak{b}$ sie erfüllt. Aus demselben Grund erfüllt $\mathfrak{b}'$ auch $(=_1)$ und $(=_2)$; denn $(=_1)^0$ ist $(=_1)$, und wenn A unter das Schema $(=_2)$ fällt, so fällt auch A^0 darunter. Ferner erfüllt $\mathfrak{b}'$ die $\mathbf{T}$-Axiome, da $\mathfrak{b}$ sie erfüllt und P^* in ihnen nicht vorkommt. Schließlich erfüllt $\mathfrak{b}'$ das neue $\mathbf{T}'$-Axiom A_{P*}, da $\mathfrak{b}$ offensichtlich sein P^*-Transformat erfüllt. Also ist $\mathfrak{b}'$ eine $\mathbf{T}'$-Bewertung von $\mathbf{Q}_E$, und n. Def. stimmt $\mathfrak{b}'$ mit $\mathfrak{b}$ für alle $\mathbf{T}$-Sätze überein. Damit ist 2. bewiesen, und mit 1. auch (**F3**). □

Einige *Beispiele*: Man kann die Zahlentheorie $\mathbf{Z}$ definitorisch erweitern durch Hinzunahme etwa der einstelligen Prädikatkonstanten Gr (,gerade'), Pr (,Primzahl') oder der zweistelligen Prädikatkonstante $\leqq$, mit den definierenden Axiomen:

$$\bigwedge x(Grx \leftrightarrow \bigvee y\, y \cdot 0'' = x),$$
$$\bigwedge x(Prx \leftrightarrow \neg x = 0 \wedge \neg x = 0' \wedge \bigwedge y \bigwedge z(x = y \cdot z \rightarrow y = 0' \vee y = x)),$$
$$\bigwedge x \bigwedge y(x \leqq y \leftrightarrow \bigvee z\; x + z = y).$$

Nullstellige Prädikatkonstanten, d. h. Satzkonstanten, spielen praktisch keine große Rolle, lassen sich aber nach Th. 8.7 ebenfalls definitorisch einführen. So z. B. kann man in $\mathbf{Z}$ nach den vorangehenden Erweiterungen eine Satzkonstante s einführen, mit dem definierenden Axiom:

$$s \leftrightarrow \bigwedge x(0'''' \leqq x \wedge Grx \rightarrow \bigvee y \bigvee z(Pry \wedge Prz \wedge x = y + z)).$$

In dieser erweiterten Theorie $\mathbf{Z}'$ ist s eine Satzkonstante für die bis heute unentschiedene *Goldbachsche Vermutung.*

In ähnlicher Weise kann man für eine komplexe n-stellige **T**-*Funktionsbezeichnung* $u[*_1, \ldots, *_n]$ mit $(\mathrm{n} \geqq 0)$ einen n-stelligen Funktionsparameter $f^* \notin Kn$ als neue Konstante einführen. Das *definierende Axiom* hat dann die Gestalt

A_{f*}: $\wedge x_1 \ldots \wedge x_n f^*(x_1 \ldots x_n) = u[x_1, \ldots, x_n]$.

Das f^*-*Transformat* F^0 einer Formel F entsteht nun analog durch Ersetzung aller Vorkommnisse von Termen der Gestalt $f^*(t_1 \ldots t_n)$ durch $u[t_1, \ldots, t_n]$ (alphabetische Umbenennungen sind hier nicht erforderlich, da $u[*_1, \ldots, *_n]$ keine Variablen enthält); analog gilt:

Th. 8.8 $\mathbf{T}' = \langle Kn \cup \{f^*\}, Ax \cup \{A_{f*}\}\rangle$ *ist eine einfache definitorische Erweiterung von* $\mathbf{T} = \langle Kn, Ax\rangle$.

Beweis: Die Forderung **(F1)** ist offensichtlich erfüllt, und **(F2)** entfällt. Zu zeigen bleibt noch für jeden $\mathbf{T}'$-Satz A und sein f^*-Transformat A^0:

(F3) Für alle $\mathbf{T}'$-Sätze A und ihre f^*-Transformation A^0 gilt: $\mathbf{T}'$-Status von $A \doteqdot \mathbf{T}$-Status von A^0.

Aus dem $\mathbf{T}'$-Axiom A_{f*} folgt n. Def. von A^0 und dem Substitutionstheorem der Identität, Th. 8.2, $\Vdash_{\mathbf{T}'} A \leftrightarrow A^0$; daher:

1. $\mathbf{T}'$-Status von $A \doteqdot \mathbf{T}'$-Status von A^0.

Wieder gilt für alle $\mathbf{T}$-Sätze B:

2. $\mathbf{T}'$-Status von $B \doteqdot \mathbf{T}$-Status von B.

Denn jede $\mathbf{T}'$-Bewertung ist eine $\mathbf{T}$-Bewertung, und umgekehrt gibt es zu jeder normalen $\mathbf{T}$-Interpretation φ mit Objektnamen über D eine normale $\mathbf{T}'$-Interpretation φ' mit Objektnamen über D, die mit φ für alle $\mathbf{T}$-Sätze B übereinstimmt. Wir definieren φ' ähnlich wie im vorigen Fall:

(Im Unterschied zum letzten Fall des definierten Prädikatparameters kann der definierte Funktionsparameter f^* in den Objektbezeichnungen vorkommen. Daher beziehen wir uns hier auf die *speziellen* Quantorenregeln und verwenden Interpretationen mit Objektnamen anstelle der Bewertungen.)

(a) $(\varphi(f^*))(\mathrm{d}_1 \ldots \mathrm{d}_n) =_{\mathrm{df}} \varphi(u^{\mathrm{n}}[d_1, \ldots, d_n])$ mit $\mathrm{d}_1, \ldots, \mathrm{d}_n \in \mathrm{D}$.

(b) $\varphi'(e) =_{\mathrm{df}} \varphi(e)$ für jeden von f^* verschiedenen Parameter e von $\mathbf{Q}$.

Durch (a) und (b) ist eine Parameter-Interpretation über D, also nach Th. 5.4 eine l-Interpretation φ' mit Objektnamen über D, definiert. Dabei gilt:

(c) $\varphi'(S) = \varphi(S)$ für alle Objektbezeichnungen und Sätze S von $\mathbf{Q}_D$, in denen f^* nicht vorkommt.

Dies folgt offensichtlich aus (b) durch Induktion nach der Länge von S (unter Verwendung der speziellen Quantorenregeln $(\mathbf{R}\mathrm{q}^0)$.)

φ' erfüllt nach (b) die Bedingung $(\mathbf{I}{=})$, nach (c) die $\mathbf{T}$-Axiome und schließlich auch das neue $\mathbf{T}'$-Axiom A_{f*}; denn für alle $d_1, \ldots, d_n \in D$ gilt:

$$\begin{aligned} \varphi'(f^*(d_1 \ldots d_n)) &= (\varphi'(f^*))(\mathrm{d}_1 \ldots \mathrm{d}_n) && \text{(If), (I0)} \\ &= \varphi(u^{\mathrm{n}}[d_1, \ldots, d_n]) && \text{(a)} \\ &= \varphi'(u^{\mathrm{n}}[d_1, \ldots, d_n]) && \text{(c)}. \end{aligned}$$

Daraus folgt nach (**I**=), (**IP**) und (**R**$\wedge^0$), daß φ' das definierende Axiom A_{f*} erfüllt. Damit ist 2. bewiesen, und mit 1. auch (**F3**).

Beispiele: Man kann die Zahlentheorie **Z** definitorisch erweitern durch Hinzunahme von Funktionskonstanten für das Quadrat (einstellig) oder für sämtliche n-stelligen verallgemeinerten Summen mit den definierenden Axiomen:

$$\wedge x\ x^2 = x \cdot x\,,$$

$$\wedge x_1 \ldots \wedge x_n \sum_{i=1}^{n} x_i = x_1 + \ldots + x_n\,.$$

Ebenso kann man nach Th. 8.8 nullstellige Funktionskonstanten, d.h. Objektkonstanten, einführen. Anders als die Satzkonstanten sind sie von großer praktischer Bedeutung; wie z.B. in **Z** die *Ziffern* 1, 2, usw. mit den definierenden Axiomen: $1 = 0'$, $2 = 1'$, usw.

Eine n-stellige Funktionskonstante kann aber nicht nur zur Abkürzung einer n-stelligen **T**-Funktionsbezeichnung, sondern auch eines n+1-*stelligen* **T**-*Prädikats* eingeführt werden, sofern dieses in **T** an einer bestimmten Argumentstelle *eindeutig* ist, d.h. unter der Voraussetzung

$$\text{(V)}\quad \Vdash_{\mathbf{T}} \wedge x_1 \ldots \wedge x_n 1 y C[x_1, \ldots, x_n, y]\,.$$

In diesem Fall erweitert man **T** zu **T**′ durch Hinzunahme eines n-stelligen Funktionsparameters $f^* \notin Kn$ und des *definierenden Axioms*

$$A_{f*}\colon\ \wedge x_1 \ldots \wedge x_n \wedge y(f^*(x_1 \ldots x_n) = y \leftrightarrow C[x_1, \ldots, x_n, y])\,.$$

In diesem Fall ist die Funktionskonstante – und darin liegt ihr „Abkürzungswert" – etwas umständlicher zu eliminieren: und zwar gemäß der folgenden *Kontextdefinition*, die den Kennzeichnungsdefinitionen ($D\iota$), ($D\iota'$) aus 7.3 recht ähnlich ist.

(Df^*) $G[f^*(t_1 \ldots t_n)] =_{df} \vee y(C'[t_1, \ldots, t_n, y] \wedge G[y])$, sofern $G[*_1]$ frei für $f^*(t_1 \ldots t_n)$ und y ist, und $C'[*_1, \ldots, *_n, *_{n+1}]$ eine für $t_1, \ldots, t_n, y$ freie Variante bzgl. der in $C[*_1, \ldots, *_n, *_{n+1}]$ gebundenen Variablen ist.

Jede Formel F^0, die aus F durch Beseitigung aller f^* gemäß (Df^*) entsteht, heißt f^*-*Transformat* von F.

Th. 8.9 *Wenn* (V) (d.h. $\Vdash_{\mathbf{T}} \wedge x_1 \ldots \wedge x_n 1 y C[x_1, \ldots, x_n, y]$), *so ist* $\mathbf{T}' = \langle Kn \cup \{f^*\}, Ax \cup \{A_{f*}\}\rangle$ *eine einfache definitorische Erweiterung von* $\mathbf{T} = \langle Kn, Ax\rangle$.

Beweis: Daß (**F1**) erfüllt ist, erkennt man wie für CARNAPS Kontext-Definition ($D\iota$). Für (**F2**) und (**F3**) zeigen wir zunächst

1. $\Vdash_{\mathbf{T}'} A[u] \leftrightarrow \vee y(u = y \wedge A[y])$ *i*-logisch

2. $\Vdash_{\mathbf{T}'} \wedge x_1 \ldots \wedge x_r(G[f^*(x_1 \ldots x_n)] \leftrightarrow \vee y(f^*(x_1 \ldots x_n) = y \wedge G[y]))$, sofern $G[*_1]$ frei für $f^*(x_1 \ldots x_n)$ und y ist, und $x_1, \ldots, x_r$ sämtliche freien Variablen von $G[f^*(x_1 \ldots x_n)]$ sind.

Dies folgt aus 1. nach dem Generalisierungstheorem, Th. 8.6.

3. $\Vdash_{\mathbf{T}'} \wedge x_1 \ldots \wedge x_r(G[f^*(x_1 \ldots x_n)] \leftrightarrow \vee y(C[x_1, \ldots, x_n, y] \wedge G[y]))$.

Dies folgt aus 2. und dem $\mathbf{T}'$-Axiom A_{f^*} nach dem Substitutionstheorem der Äquivalenz, Th. 8.1.

4. $\Vdash_{\mathbf{T}'} A \leftrightarrow A^0$.

Dies ergibt sich aus 3., und zwar wieder nach dem Substitutionstheorem der Äquivalenz und dem Variantentheorem für gebundene Variablen, Th. 8.3.

Daraus folgt:

5. $\mathbf{T}'$-Status von $A \doteqdot \mathbf{T}'$-Status von A^0.

Und für alle $\mathbf{T}$-Sätze B gilt wieder:

6. $\mathbf{T}'$-Status von $B \doteqdot \mathbf{T}$-Status von B.

Denn jede $\mathbf{T}'$-Bewertung ist eine $\mathbf{T}$-Bewertung, und umgekehrt gibt es zu jeder normalen $\mathbf{T}$-Interpretation φ mit Objektnamen über D eine normale $\mathbf{T}'$-Interpretation φ' mit Objektnamen über D, die mit φ für alle $\mathbf{T}$-Sätze B übereinstimmt:

(a) $\varphi'(f^*) =_{\mathrm{df}} \{\langle \mathrm{d}_1, \ldots, \mathrm{d}_n, \mathrm{d}_{n+1} \rangle \mid \mathrm{d}_i \in \mathrm{D} \wedge \varphi(C[d_1, \ldots, d_n, d_{n+1}]) = \mathbf{w}\}$,

(b) $\varphi'(e) =_{\mathrm{df}} \varphi(e)$ für jeden von f^* verschiedenen Parameter e von $\mathbf{Q}$.

Wegen (V) ist $\varphi'(f^*)$ eine n-stellige Operation auf D; daher ist durch (a) und (b) wie im letzten Fall nach Th. 5.4 eine l-Interpretation φ' mit Objektnamen über D definiert, wobei wieder gilt:

(c) $\varphi'(\mathrm{S}) = \varphi(\mathrm{S})$ für alle Objektbezeichnungen und Sätze S von $\mathbf{Q}_D$, in denen f^* nicht vorkommt.

φ' erfüllt nach (b) die Bedingung ($\mathbf{I}=$), nach (c) die $\mathbf{T}$-Axiome und schließlich auch das neue $\mathbf{T}'$-Axiom A_{f^*}; denn für alle $d_1, \ldots, d_n, d_{n+1} \in D$ gilt:

$$\begin{aligned} \varphi'(f^*(d_1 \ldots d_n) = d_{n+1}) = \mathbf{w} &\Leftrightarrow \varphi'(f^*(d_1 \ldots d_n)) = \varphi'(d_{n+1}) && (\mathbf{IP}), (\mathbf{I}=) \\ &\Leftrightarrow (\varphi'(f^*))(\mathrm{d}_1 \ldots \mathrm{d}_n) = \mathrm{d}_{n+1} && (\mathbf{If}), (\mathbf{I}\text{–}\mathbf{O}) \\ &\Leftrightarrow \varphi(C[d_1, \ldots, d_n, d_{n+1}]) = \mathbf{w} && (a) \\ &\Leftrightarrow \varphi'(C[d_1, \ldots, d_n, d_{n+1}]) = \mathbf{w} && (c). \end{aligned}$$

Daraus folgt nach ($\mathbf{R}\leftrightarrow$) und ($\mathbf{R}\wedge^0$), daß φ' das definierende Axiom A_{f^*} erfüllt, womit 6. bewiesen ist. Nun folgt

(F2) Alle f^*-Transformate A^0 eines $\mathbf{T}'$-Satzes A sind $\mathbf{T}$-äquivalent, denn alle f^*-Transformate von A sind nach 4. $\mathbf{T}'$-äquivalent und nach 6. $\mathbf{T}$-äquivalent.

Schließlich folgt aus 5. und 6. wieder:

(F3) *Für alle* $\mathbf{T}'$*-Sätze* A *und ihre* f^**-Transformate* A^0 *gilt: Der* $\mathbf{T}'$*-Status von* A *ist identisch mit dem* $\mathbf{T}$*-Status von* A^0.

Beispiel: In $\mathbf{Z}$ ist das dreistellige Prädikat $*_1 + *_3 = *_2 \vee *_2 + *_3 = *_1$ an der dritten Argumentstelle *eindeutig*, d. h.

$$\Vdash_{\mathbf{Z}} \bigwedge x \bigwedge y 1 z(x+z=y \vee y+z=x).$$

Daher kann man eine zweistellige Funktionskonstante $|*_1 - *_2|$ für die *absolute Differenz* einführen, mit dem definierenden Axiom:

$$\bigwedge x \bigwedge y \bigwedge z(|x-y|=z \leftrightarrow x+z=y \vee y+z=x).$$

Die Beseitigung der Funktionskonstante ist hier kompliziert und nicht eindeutig. So z. B. gibt es für $\bigvee x \neg |8-x|=5$ zwei Möglichkeiten:

$\bigvee x \neg(\bigvee y(8+y=x \vee x+y=8) \wedge y=5)$ (kleinstmögliches $G[*_1]$), und

$\bigvee x \bigvee y((8+y=x \vee x+y=8) \wedge \neg y=5)$ (größtmögliches $G[*_1]$).

Beides ist nach Th. 8.9 $\mathbf{Z}$-äquivalent.

Teil II

Metalogische Ergebnisse

Kapitel 9
Kompaktheit

9.0 Smullyans Behandlung von Bewertungs- und Interpretationssemantik

In den folgenden drei Kapiteln werden wir an Gedanken von SMULLYAN anknüpfen und diese zu verdeutlichen versuchen. Dabei wird nur die reine Quantorenlogik, ohne Identitäts- und Kennzeichnungstheorie, eine Rolle spielen, d. h. wir werden uns auf die Sprache **Q** beschränken. Für diesen Fall hat SMULLYAN ein elegantes Verfahren entwickelt, um die Gleichwertigkeit von Bewertungs- und Interpretationssemantik zu zeigen. Dieses Verfahren soll hier kurz geschildert werden. SMULLYAN identifiziert überdies die betrachteten Objekte mit ihren eigenen Namen. Zwecks größerer Klarheit machen wir diese weitergehende Vereinfachung in der Darstellung nicht mit, sondern wählen für jeden gegebenen Objektbereich als neue außersystematische Zeichen Namen für die zu diesem Bereich gehörenden Objekte.

Genauer machen wir die folgende Annahme: U sei ein nichtleerer Objektbereich. Wir bilden die Elemente von U eineindeutig auf die *U-Namen* ab, d. h. jedes Element von U soll genau einen U-Namen haben und jeder U-Name soll genau ein Element von U bezeichnen; zwischen einem solchen Bereich U und der Menge der U-Namen soll also eine Bijektion bestehen. Dabei verwenden wir den folgenden Symbolismus:

(*a*) Wenn $s_1, \ldots, s_r$ Elemente von U sind, so seien $n(s_1), \ldots, n(s_r)$ die eindeutig bestimmten U-Namen dieser Elemente;

(*b*) wenn k ein U-Name ist, so sei $u(k)$ das durch k bezeichnete Objekt.

Ein Ausdruck, der aus einer Formel A von **Q** dadurch entsteht, daß sämtliche Objektparameter in A durch U-Namen ersetzt werden, heiße *U-Formel.* Ganz analog zum Vorgehen in Kap. 3 können dann die Begriffe der *atomaren, molekularen* und *quantifizierten U-Formel* sowie des *U-Satzes* definiert werden. Schließlich analogisieren wir noch die frühere Definition von A_x^a, also der Substitutionsoperation, und legen dadurch für jede U-Formel B, jede Variable x und jeden U-Namen k eindeutig die U-Formel B_x^k fest.

Wir schildern zunächst unabhängig voneinander die Methoden der Bewertungs- und Interpretationssemantik und zeigen danach ihre wechselseitige Überführbarkeit ineinander.

Beide folgenden Arten von Semantik beziehen sich nur auf die *Logik ohne Funktionsparameter*. Sie sollen gemeinsam als *Semantik der U-Namen* bezeichnet werden.

(I) *Bewertungssemantik*

Für einen nichtleeren Objektbereich U sei $\mathbb{E}^U$ die Menge der U-Sätze. Wir nennen eine Funktion $\mathfrak{b}$ mit dem Definitionsbereich $\mathbb{E}^U$ und dem Wertebereich $\{\mathbf{w}, \mathbf{f}\}$ eine *q-Bewertung für* $\mathbb{E}^U$ gdw gilt:

(Q_1) $\mathfrak{b}$ ist eine Boolesche Bewertung;
(Q_{2a}) $\mathfrak{b}(\bigwedge xA)=\mathbf{w}$ gdw $\mathfrak{b}(A_x^{n(s)})=\mathbf{w}$ für jedes Objekt $s\in U$;
(Q_{2b}) $\mathfrak{b}(\bigvee xA)=\mathbf{w}$ gdw $\mathfrak{b}(A_x^{n(s)})=\mathbf{w}$ für mindestens ein Objekt $s\in U$.

Eine *atomare Bewertung* (oder: *Wahrheitsannahme*) $\mathfrak{b}_0$ *für* $\mathbb{E}^U$ ist eine Bewertungsfunktion für die Menge der Atomsätze von $\mathbb{E}^U$.

Analog zu früher gilt, daß sich jede atomare Bewertung für $\mathbb{E}^U$ zu genau einer q-Bewertung erweitern läßt. Wir dürfen daher von *der q-Auswertung für* $\mathbb{E}^U$ *bezüglich der atomaren Bewertung* $\mathfrak{b}_0$ sprechen und verstehen unter ‚*A ist wahr bei* $\mathfrak{b}_0$ *für* $\mathbb{E}^U$' dasselbe wie ‚A ist wahr bei der eindeutig bestimmten q-Auswertung bezüglich $\mathfrak{b}_0$ für $\mathbb{E}^U$'.

Schließlich können analog zu früher die üblichen quantorenlogischen Begriffe bewertungssemantisch definiert werden, insbesondere die quantorenlogische Gültigkeit und Erfüllbarkeit für U-Formeln und Mengen von U-Formeln und damit auch für quantorenlogische Sätze und Mengen von solchen Sätzen.

(Selbstverständlich kann auch diesmal die explizite Bezugnahme auf die beiden Wahrheitswerte **w** und **f** vermieden werden, indem man analog zu früher geeignete Teilmengen M von $\mathbb{E}^U$ als *q-Wahrheitsmengen bezüglich U* auszeichnet.)

(II) *Interpretationssemantik*

$\mathbb{E}$ sei die Menge der q-Sätze (also die Menge der q-Formeln, die weder Objektparameter noch freie Variable enthalten).

Eine *q-Interpretation von* $\mathbb{E}$ *über dem Objektbereich U* ist eine Funktion I, die jedem r-stelligen Prädikat P (mit $r \geqq 1$) eine r-stellige Relation P* zwischen den Elementen aus U, also eine Menge von r-Tupeln von $s_i \in U$, zuordnet.

Ein atomarer U-Satz $P\xi_1 \ldots \xi_r$ ist *wahr bei der Interpretation I* gdw für das r-Tupel $\langle u(\xi_1), \ldots, u(\xi_r)\rangle \in$ P* gilt, wobei P* die dem P durch I zugeordnete Relation ist; andernfalls ist $P\xi_1 \ldots \xi_r$ *falsch bei I*.

(III) *Überführung der Interpretationssemantik in die Bewertungssemantik*

Es sei I eine Interpretation von $\mathbb{E}$ über dem Objektbereich U. Wir ordnen dem I in zwei Schritten eindeutig eine q-Bewertung $\mathfrak{b}$ für $\mathbb{E}^U$ zu. In einem ersten Schritt definieren wir eine *atomare* Bewertung $\mathfrak{b}_0$ für beliebige Atomsätze A von $\mathbb{E}^U$ folgendermaßen:

$\mathfrak{b}_0(A) = \mathbf{w}$ n.Def. gdw A bei I wahr ist;
$\mathfrak{b}_0(A) = \mathbf{f}$ n.Def. gdw A bei I falsch ist.
$\mathfrak{b}_0$ heiße *die durch I induzierte atomare Bewertung von* $\mathbb{E}^U$.

Für den zweiten Schritt machen wir uns die Tatsache zunutze, daß sich $\mathfrak{b}_0$ zu genau einer q-Bewertung $\mathfrak{b}$ erweitern läßt. Dieses $\mathfrak{b}$ sei dann *die durch I festgelegte Bewertung.*

Damit ist bereits, in überraschend einfacher Weise, der Übergang von der Interpretationssemantik zur Bewertungssemantik vollzogen. Der entscheidende Kunstgriff besteht hier darin, daß für eine vorgegebene Interpretationsfunktion I der Begriff ‚wahr bei I' nur für Atomsätze definiert wird, während man bei komplexeren Sätzen auf diejenige Bewertungsfunktion zurückgreift, welche die eindeutige Erweiterung der durch I induzierten atomaren Bewertung bildet.

(IV) *Überführung der Bewertungssemantik in die Interpretationssemantik*

Es sei $\mathfrak{b}$ eine q-Bewertung für $\mathbb{E}^U$. Sie enthält als Teilfunktion eine atomare Bewertung $\mathfrak{b}_0$. Mittels dieser Teilfunktion ist jedem r-stelligen Prädikat P (mit $\mathrm{r} = 1$) eindeutig die Menge der r-Tupel $\langle s_1, \ldots, s_r \rangle$ von Objekten $s_i \in U$ $(1 \leqq \mathrm{i} \leqq \mathrm{r})$ zugeordnet, für die $\mathfrak{b}_0(Pn(s_1) \ldots n(s_r)) = \mathbf{w}$ gilt. Diese Menge heiße P^*; und die diese Zuordnung von P^* zu P bewirkende Funktion wählen wir als unsere Interpretationsfunktion I.

Damit ist der Übergang von der Bewertungs- zur Interpretationssemantik bereits vollzogen.

Es besteht somit eine umkehrbare eindeutige Übergangsmöglichkeit von der einen Art von Semantik zur anderen. Es spielt daher keine Rolle, in welcher dieser beiden Arten wir die semantischen Grundbegriffe definieren.

Anmerkung 1. Es sei nochmals ausdrücklich darauf hingewiesen, daß das geschilderte Verfahren die Existenz und Eindeutigkeit der durch eine atomare Bewertung festgelegten Auswertungsfunktion benützt.

Bisweilen wird unter einer Interpretationssemantik eine solche verstanden, für deren Aufbau überhaupt keine Bewertungsfunktion benützt wird. Eine solche soll in Gestalt der abstrakten Semantik in Unterabschn. 1.7 von Kap. 14 geschildert werden. Bei dem dort behandelten Vorgehen ist der Übergang von der einen zur anderen Betrachtungsweise weniger trivial, obzwar weiterhin eine reine Routineangelegentheit.

Anmerkung 2. Der Unterschied von interpretations- und bewertungssemantischer Aufbauweise kann in dem hier betrachteten speziellen Fall besonders gut an der Behandlung der atomaren quantorenlogischen Formeln erläutert werden. Es handelt sich in gewissem Sinn um den Unterschied zwischen einer „Betrachtungsweise von außen" und einer „Betrachtungwweise von innen". Der äußere Gesichtspunkt wird durch den bewertungssemantischen Standpunkt repräsentiert. Dabei werden nämlich atomare Formeln nicht weiter, d. h. nicht bis auf kleinere bedeutungtragende Einheiten, analysiert, sondern es wird nur dafür gesorgt, daß die Zuordnungen von Bedeutungen zu solchen Formeln in einem präzisen Sinn „miteinander verträglich" sind, so daß sie etwa den üblichen Booleschen Bedingungen u. a. genügen. Das interpretationssemantische Vorgehen stellt demgegenüber eine Betrachtungweise von innen dar, da den atomaren Formeln nur in Form einer kanonischen Auswertung von Bedeutungszuordnungen zu den kleinsten bedeutungtragenden Einheiten in den Formeln, nämlich den Prädikaten und den Objektbezeichnungen, Wahrheitswerte zugeordnet werden.

Aus diesen Andeutungen geht hervor, daß der bewertungssemantische Gesichtspunkt mehr der bedeutungstheoretischen Auffassung von „Bedeutung als Verwendung" entspricht, während der interpretationstheoretische eher der Auffassung von „Bedeutung als Referenz" korrespondiert.

Trotz der Übereinstimmung der mit beiden Arten von Semantik im Bereich der klassischen Logik gewonnenen Ergebnisse empfiehlt es sich bereits hier, methodisch zwischen beiden Auffassungen zu unterscheiden, um den Boden für eine präzise Behandlung bedeutungstheoretischer Fragen zu bereiten.

9.1 Allgemeines. Ein „direkter" (synthetischer) Beweis des Kompaktheitssatzes

In **4.2.4** erhielten wir das Kompaktheitstheorem als unmittelbares Nebenresultat der Vollständigkeit des Kalküls **B**.

In diesem Kapitel beschäftigen wir uns nochmals systematisch mit der Kompaktheit und zwar zunächst ausschließlich für den junktorenlogischen Fall. Der hauptsächliche Grund dafür ist *beweisstrategischer* Natur: Die verschiedenen Beweise für den Kompaktheitssatz geben Einblick in eine grundsätzliche Verschiedenheit von Argumentationsverfahren. Dieser Einblick soll das Verständnis für den im übernächsten Kapitel behandelten Unterschied zwischen analytischen und synthetischen Konsistenz- und Vollständigkeitsbeweisen vorbereiten.

Daneben existiert ein unabhängiger Grund dafür, mindestens einen Beweis vorzubringen, der von dem in **4.2.4** gegebenen verschieden ist. Die Kompaktheitsaussage beinhaltet eine Beziehung zwischen rein semantischen Eigenschaften von Satzmengen. Es erscheint daher als etwas gekünstelt, diese Beziehung *auf dem Umweg über einen Kalkül*, sei es der Kalkül **B** oder ein anderer, herzustellen.

Beginnen wir daher mit einem *direkten* Beweis, der keinen solchen Umweg nimmt. (Er ist vermutlich unter allen Beweisen, die keine syntaktischen Hilfsmittel heranziehen, der einfachste.) Zunächst definieren wir zwei Hilfsbegriffe.

Eine Satzmenge M, bestehend aus j-Sätzen, heiße *semantisch konsistent* gdw jede endliche Teilmenge von M j-erfüllbar ist. M heiße *syntaktisch konsistent* gdw durch das Baumverfahren **B** kein formaler Widerspruch abgeleitet werden kann, d. h. wenn es keine endliche Anzahl von Sätzen $X_1, \ldots, X_n \in M$ gibt, so daß ein geschlossener Baum für $\{X_1, \ldots, X_n\}$ existiert. (Darunter verstehen wir im gegenwärtigen Zusammenhang einfach einen geschlossenen Baum, dessen Annahmen genau aus $X_1, \ldots, X_n$ bestehen.)[1] Es gilt der

Hilfssatz *Eine Satzmenge ist semantisch konsistent gdw sie syntaktisch konsistent ist.*

Der Beweis ist in der einen Richtung klar; in der anderen Richtung ergibt er sich in derselben Weise wie der Vollständigkeitsbeweis (Hintikka-Lemma!).

Dieser Hilfssatz rechtfertigt es, das Prädikat ‚konsistent' von Satzmengen zu benützen; es kann darunter wahlweise die semantische oder die syntaktische Konsistenz verstanden werden. Daß eine Menge M *inkonsistent* ist, soll dasselbe besagen wie daß M nicht konsistent ist, d. h. also, daß eine endliche Teilmenge von M j-unerfüllbar ist.

Die Konsistenz besitzt die folgenden beiden Eigenschaften, die häufig in Beweisen benützt werden:

L_1: Wenn M konsistent ist, dann ist jede endliche Teilmenge von M erfüllbar.

L_2: Wenn M konsistent ist, dann ist für jede Formel A mindestens eine der beiden Mengen $M \cup \{A\}$ oder $M \cup \{\neg A\}$ konsistent.

L_1 folgt unmittelbar aus der Konsistenzdefinition. Zum Nachweis von L_2 nehmen wir an, weder $M \cup \{A\}$ noch $M \cup \{\neg A\}$ sei konsistent. Dann existiert eine endliche Teilmenge M_1 von M, so daß $M_1 \cup \{A\}$ unerfüllbar ist, und ferner eine endliche Teilmenge M_2 von M, so daß $M_2 \cup \{\neg A\}$ unerfüllbar ist. Es sei $M_3 := M_1 \cup M_2$. Jetzt benützen wir die Tatsache, daß jede Obermenge einer unerfüllbaren Menge unerfüllbar ist. Also ist sowohl $M_3 \cup \{A\}$ als auch $M_3 \cup \{\neg A\}$ unerfüllbar. Dann aber ist M_3 selbst unerfüllbar. Da M_3 eine *endliche* Teilmenge von M ist, kann M somit nicht konsistent sein. □

Wir kommen nun zum elementaren Nachweis des Kompaktheitssatzes. Für alle Satzmengen N kürzen wir ‚N ist simultan erfüllbar' ab durch ‚$\Sigma(N)$' und ‚N ist konsistent' durch ‚$\Sigma_e(N)$'. (Der Index ‚e' steht für ‚endlich', da die semantische Konsistenz einer Menge gleichbedeutend ist mit der Erfüllbarkeit aller *endlichen* Teilmengen.) Zu zeigen ist:

1 Die Auswahl des Kalküls **B** ist natürlich willkürlich. Es könnte ebensogut ein Kalkül von irgendeinem anderen Typ gewählt werden.

Wenn $\Sigma_e(N)$, *dann* $\Sigma(N)$ (für beliebiges N), d.h. *jede konsistente (Satz-)Menge ist simultan erfüllbar.*

Es gelte $\Sigma_e(N)$. Die Satzparameter seien in einer festen abzählbaren Folge vorgegeben: $p_0, p_1, \ldots, p_n \ldots$. Ihre Menge sei $\mathbb{P}$ (also: $\mathbb{P} = \{p_i \mid i \in \omega\}$). Wir geben eine induktive Definition einer Folge $(B_i)_{i \in \omega}$ von Mengen $B_i \subset \mathbb{P} \cup \{\neg p \mid p \in \mathbb{P}\}$ mit $B_0 \subseteq B_1 \subseteq B_2 \subseteq \ldots B_n \subseteq B_{n+1} \subseteq \ldots$:

$$B_0 := \emptyset;$$

$$B_1 := \begin{cases} \{p_0\} \cup B_0, & \text{falls } \Sigma_e(N \cup B_0 \cup \{p_0\}) \\ \{\neg p_0\} \cup B_0 & \text{sonst;} \end{cases}$$

$$\vdots$$

$$B_{n+1} := \begin{cases} \{p_n\} \cup B_n, & \text{falls } \Sigma_e(N \cup B_n \cup \{p_n\}) \\ \{\neg p_n\} \cup B_n & \text{sonst;} \end{cases}$$

$$\vdots$$

Es sei B die Vereinigung aller dieser Mengen, also $B := \bigcup \{B_i \mid i \in \omega\}$.

Für alle $i \in \omega$ *gilt:* $\Sigma_e(N \cup B_i)$, d.h. *jede dieser Vereinigungen ist konsistent.*

Beweis durch Induktion:

1. *Induktionsbasis:* $i = 0$. Die Behauptung ist hier trivial, da $B_0 = \emptyset$ und somit $N \cup B_0 = N$, $\Sigma_e(N)$ aber nach Voraussetzung gilt.
2. *Induktionsschritt:* $i = n+1$. Dann ist

   entweder (*a*) $B_{n+1} = B_n \cup \{p_n\}$ und $\Sigma_e(N \cup B_{n+1})$ nach Definition von B_{n+1},

   oder (*b*) $B_{n+1} = B_n \cup \{\neg p_n\}$, wobei nach I.V. $\Sigma_e(N \cup B_n)$ gilt, jedoch *nicht* $\Sigma_e(N \cup B_n \cup \{p_n\})$. Gemäß der zweiten oben erwähnten Konsistenzeigenschaft L_2 folgt aus dem letzteren:

   $$\Sigma_e(N \cup B_n \cup \{\neg p_n\}).$$

   Dies aber ist dasselbe wie

   $$\Sigma_e(N \cup B_{n+1}). \quad \square$$

Wir definieren jetzt induktiv eine atomare Bewertung $\mathfrak{b}_0$, von der wir dann zeigen werden, daß die zugehörige Boolesche Auswertung $\mathfrak{b}$ die einzige Boolesche Bewertung ist, die sowohl B als auch N wahr macht.

Definition von $\mathfrak{b}_0$:

$$\mathfrak{b}_0(p_0) := \begin{cases} \mathbf{w}, & \text{falls } B_1 = \{p_0\} \\ \mathbf{f} & \text{sonst} \end{cases}$$

$$\vdots$$

$$\mathfrak{b}_0(p_n) := \begin{cases} \mathbf{w}, & \text{falls } B_{n+1} = B_n \cup \{p_n\} \\ \mathbf{f} & \text{sonst} \end{cases}$$

Behauptung *B und $\mathfrak{b}_0$ mögen die eben definierten Bedeutungen haben. Dann gibt es genau eine atomare Bewertung, deren Boolesche Auswertung B erfüllt; und diese atomare Bewertung ist mit $\mathfrak{b}_0$ identisch.*

Beweis: (1) *Existenz.* Es sei $\mathfrak{b}$ die durch $\mathfrak{b}_0$ eindeutig festgelegte j-Bewertung[2], d. h. $\mathfrak{b}$ ist die Abbildung aller j-Sätze in die Menge der Wahrheitswerte, welche die beiden Bedingungen erfüllt: (*a*) $\mathfrak{b}|_{\mathbb{P}} = \mathfrak{b}_0$, (*b*) $\mathfrak{b}$ ist eine Boolesche Bewertung.

Angenommen, $F \in B$. Dann ist entweder $F = p_i$ (für ein $i \in \omega$) *oder* $F = \neg p_i$ (für ein $i \in \omega$). Im *ersten Fall* ist $B_{i+1} = B_i \cup \{p_i\}$ und nach Definition von $\mathfrak{b}_0$ ist $\mathfrak{b}_0(p_i) = \mathbf{w} = \mathfrak{b}(p_i) = \mathfrak{b}(F)$. Im *zweiten Fall* ist $B_{i+1} = B_i \cup \{\neg p_i\}$ und nach Definition von $\mathfrak{b}_0$ ist $\mathfrak{b}_0(p_i) = \mathbf{f}$. Also n. Def. von $\mathfrak{b}$ $\mathbf{w} = \mathfrak{b}(\neg p_i) = \mathfrak{b}(F)$. In jedem Fall ordnet also $\mathfrak{b}$ der Formel F aus B den Wert $\mathbf{w}$ zu.

(2) *Eindeutigkeit:* Angenommen, $\mathfrak{b}_0^* \neq \mathfrak{b}_0$ sei eine atomare Bewertung, deren Boolesche Auswertung $\mathfrak{b}^*$ die Menge B erfüllt. Dann gibt es ein $i \in \mathbb{Z}^+$, so daß $\mathfrak{b}_0(p_i) \neq \mathfrak{b}_0^*(p_i)$. Zwei Fälle können eintreten:

(α) $\mathfrak{b}_0(p_i) = \mathbf{w}$ und $\mathfrak{b}_0^*(p_i) = \mathbf{f}$

oder

(β) $\mathfrak{b}_0(p_i) = \mathbf{f}$ und $\mathfrak{b}_0^*(p_i) = \mathbf{w}$.

Im Fall (α) ist nach Definition von $\mathfrak{b}_0$: $B_{i+1} = B_i \cup \{p_i\}$ und daher $p_i \in B$. Andererseits ist mit $\mathfrak{b}_0^*(p_i) = \mathbf{f}$ auch $\mathfrak{b}^*(p_i) = \mathbf{f}$, was im Widerspruch zu der Annahme steht, daß $\mathfrak{b}^*$ die Menge B erfüllt.

Im Fall (β) ist nach Definition von $\mathfrak{b}_0$: $B_{i+1} = B_i \cup \{\neg p_i\}$ und somit $\neg p_i \in B$. Mit $\mathfrak{b}_0^*(p_i) = \mathbf{w}$ ist andererseits $\mathfrak{b}^*(\neg p_i) = \mathbf{f}$, was auch diesmal dazu im Widerspruch steht, daß $\mathfrak{b}^*$ die Menge B erfüllt (denn dann müßte $\mathfrak{b}^*$ auch das Element $\neg p_i$ dieser Menge wahr machen). □

Damit ist gezeigt, daß genau eine j-Bewertung B erfüllt. Jetzt beweisen wir den entscheidenden

Satz *Für jede Satzmenge N mit $\Sigma_e(N)$ gilt auch $\Sigma(N)$; und zwar wird N durch die Boolesche Auswertung $\mathfrak{b}$ von $\mathfrak{b}_0$ erfüllt. (Dabei sei $\mathfrak{b}_0$ die oben definierte atomare Bewertung.)*

Beweis: Neben N und $\mathfrak{b}_0$ mögen auch B sowie B_i für $i \in \omega$ die angegebenen Bedeutungen haben.

Angenommen, $\mathfrak{b}$ erfüllt N nicht. Dann gibt es ein $F \in N$, so daß $\mathfrak{b}(F) = \mathbf{f}$. Für kein $n \in \omega$ erfüllt dann $\mathfrak{b}$ die Satzmenge $\{F\} \cup B_n$.

Da jedoch für alle $n \in \omega$ gilt: $\Sigma_e(N \cup B_n)$, und $\{F\} \cup B_n$ ist endlich, muß es für jedes $n \in \omega$ eine Boolesche Bewertung $\mathfrak{b}_n$ geben, die $\{F\} \cup B_n$ erfüllt. Es sei p_r der Satzparameter mit dem höchsten Index in F. S_F sei die Menge der in F vorkommenden Satzparameter. Aufgrund der Wahl von r gilt: $S_F \subsetneqq \{p_0, \ldots, p_r\}$. Wir wählen aus der angegebenen Folge Boolescher Bewertungen $\mathfrak{b}_r$ aus. $\mathfrak{b}_r$ erfüllt $\{F\} \cup B_r$. Die Funktionen $\mathfrak{b}_r$ und $\mathfrak{b}$ stimmen auf B_r überein, also erst recht auf S_F. Daraus folgt, daß $\mathfrak{b}_r(F) = \mathfrak{b}(F)$. Dies widerspricht jedoch der Tatsache, daß $\mathfrak{b}_r(F) = \mathbf{w}$, während $\mathfrak{b}(F) = \mathbf{f}$ angenommen worden war. Also wird N durch $\mathfrak{b}$ erfüllt und es gilt $\Sigma(N)$. □

Wir haben somit, wie zu Beginn angekündigt, aus der Annahme $\Sigma_e(N)$ auf $\Sigma(N)$ geschlossen.

---

2 Es sei daran erinnert, daß ‚Boolesche Bewertung‘ und ‚j-Bewertung‘ synonyme Bezeichnungen sind.

9.2 Deduzierbarkeitsversion des Kompaktheitssatzes

Wir definieren, daß ein Satz A aus einer Menge N *wahrheitsfunktionell* oder *junktorenlogisch deduzierbar*, kurz: *j-deduzierbar*, ist gdw es endlich viele Elemente $X_1, \ldots, X_n \in N$ gibt, so daß $X_1, \ldots, X_n \Vdash_j A$. (Man beachte, daß dieser Deduzierbarkeitsbegriff ein *semantischer*, kein syntaktischer Begriff ist!) Die letzte Bedingung könnte auch so formuliert werden: ‚... so daß der Satz $X_1 \wedge \ldots \wedge X_n \rightarrow A$ tautologisch ist.' Eine dritte Fassung der Definition könnte lauten: ‚... so daß $\{X_1, \ldots, X_n\} \cup \{\neg A\}$ nicht semantisch konsistent ist' (Warum?).

Wir erhalten die folgende

Deduzierbarkeitsfassung des Kompaktheitstheorems *Wenn* $N \Vdash_j A$, *dann ist A j-deduzierbar aus N.*

Beweis: $N \Vdash_j A$ möge gelten, nicht jedoch die Behauptung des Dann-Satzes. Nach der ersten Annahme ist $N \cup \{\neg A\}$ nicht j-erfüllbar. Gemäß dem Kompaktheitssatz wäre dann $N_0 \cup \{\neg A\}$ für eine endliche Teilmenge N_0 von N j-unerfüllbar. $X_1, \ldots, X_n$ seien die Elemente von N_0 (bzw. die von $\neg A$ verschiedenen Elemente von N_0, sofern $\neg A$ in N_0 vorkommt). Aus dieser Unerfüllbarkeit folgt: $N_0 \Vdash_j A$, im Widerspruch zur Annahme der Widerlegbarkeit des Dann-Satzes. □

9.3 Analytische oder „Gödel-Gentzen"-Varianten des Kompaktheitstheorembeweises

Gemeinsam ist allen Beweisen dafür, daß von $\Sigma_e(N)$ auf $\Sigma(N)$ geschlossen werden darf, das formale Merkmal der *Einbettung*: In der ersten Klasse von Beweisen wird N zunächst zu einer Hintikka-Menge erweitert, die dann ihrerseits gemäßt dem Hintikka-Lemma zu einer Wahrheitsmenge erweitert werden kann. In der in **9.4** betrachteten Klasse von Beweisen wird N hingegen unmittelbar, *ohne Dazwischenschaltung des Hintikka-Lemmas*, zu einer Wahrheitsmenge erweitert. Dabei wird allerdings zusätzlich ein auf LINDENBAUM zurückgehendes *Maximalisierungsverfahren* benützt.

Die ersten Varianten des Beweises mögen *analytische* Varianten heißen. Diese Bezeichnung rührt daher, daß auf den Kalkül **B** bzw. auf Konstruktionen, welche in diesem Kalkül benützt werden, zurückgegriffen wird. Dabei ist stets die Teilsatzeigenschaft erfüllt, d. h. es werden sukzessive nur schwache Teilsätze bereits benützter Sätze verwendet. Zur Bezeichnung der analytischen Varianten verwenden wir die römische Ziffer **I** mit arabischen Indizes. Den Beginn bildet die Variante $\mathbf{I}_1$.

$\mathbf{I}_1$. *Beweis:* Es gelte $\Sigma_e(N)$. Wir ordnen die Menge N in einer abzählbaren Folge an: $X_1, X_2, \ldots, X_n, \ldots$; also $N = \{X_i | i \in \mathbb{Z}^+\}$. In der *Beweisvariante* $\mathbf{I}_1$ verwenden wir unendlich viele Bäume. Durch „Ineinanderschachtelung" dieser Bäume werden wir schließlich einen unendlichen offenen Baum für N gewinnen. Mehrmals werden wir dabei die aus $\Sigma_e(N)$ folgenden beiden Tatsachen benützen: (**i**) daß für jedes n die Menge $\{X_1, \ldots, X_n\}$ j-erfüllbar ist; (**ii**) daß jedes Element von N j-erfüllbar ist.

Den Beginn bildet die Konstruktion des beendeten Baumes $\mathfrak{B}_{X_1}$, der wegen (**ii**) offen ist. Die zweite Stufe besteht darin, daß wir an jeden Ast, der bei der ersten Stufe offen geblieben ist, den beendeten Baum $\mathfrak{B}_{X_2}$ anfügen und evtl. die einzelnen Äste zu fertigen Ästen ergänzen, so daß das ganze Gebilde wieder ein beendeter Baum ist. Die dritte Stufe besteht in der Anfügung von $\mathfrak{B}_{X_3}$ an alle Äste, die bei der zweiten Stufe offen geblieben sind usw.

Diese Konstruktion kann nicht abbrechen. Würde sie etwa nach der n-ten Stufe abbrechen, weil alle Äste geschlossen wären, so wäre damit gezeigt, daß $\{X_1, \ldots, X_n\}$ nicht j-erfüllbar ist, im Widerspruch zu (**i**).

Die unbegrenzte Fortsetzung dieses Verfahrens führt somit zu einem *unendlichen* Dualbaum. Nach dem Lemma von König enthält dieser Baum einen *unendlichen Ast* $\mathfrak{A}$, der aufgrund der Konstruktion *offen* sein muß. Die Menge der Punkte von $\mathfrak{A}$ nennen wir $\breve{\mathfrak{A}}$. Ebenfalls aufgrund der Konstruktion gilt: $N \subset \breve{\mathfrak{A}}$.

$\breve{\mathfrak{A}}$ ist außerdem eine *Hintikka-Menge*: H_0 gilt wegen der Offenheit von $\mathfrak{A}$. H_1 sowie H_2 gelten deshalb, weil alle Punkte ausgewertet worden sind. Wir können also das Hintikka-Lemma anwenden und erhalten: $\Sigma(\breve{\mathfrak{A}})$. Wegen $N \subset \breve{\mathfrak{A}}$ gilt dann erst recht: $\Sigma(N)$. □

Auch dieser Beweis ist recht übersichtlich. Doch darf nicht übersehen werden, daß er zwei frühere Ergebnisse voraussetzt, nämlich das *Baumverfahren* sowie das *Lemma von König*.

$\mathbf{I}_2$: Die Beweisvariante $\mathbf{I}_2$ unterscheidet sich *scheinbar* von der ersten kaum. In *formaler* Hinsicht besteht jedoch der folgende Unterschied: Während wir in $\mathbf{I}_1$ unendlich viele Bäume $\mathfrak{B}_{X_1}, \mathfrak{B}_{X_2}, \ldots \mathfrak{B}_{X_n}, \ldots$ benützten, um sie dann zur Konstruktion eines einzigen Baumes zu verwenden, wird diesmal tatsächlich von vornherein *ein einziger unendlicher offener Baum* für N gebildet. Die Konstruktionsschritte von $\mathbf{I}_2$ nennen wir *Ebenen*, zur Unterscheidung von den Stufen in $\mathbf{I}_1$.

Die erste Ebene der Konstruktion besteht darin, daß der Satz X_1 als Ursprung gewählt *und ausgewertet* wird. Sogleich danach beginnt die zweite Ebene, in der man an alle Endpunkte offener Äste als Nachfolger X_2 anfügt *und alle bisherigen Punkte, die noch nicht ausgewertet worden sind, auswertet*. In der nächsten Ebene wird X_3 allen offenen Ästen angefügt, wieder alles ausgewertet usw. Bei diesem Verfahren wird jeder

Punkt dieses Baumes ausgewertet. Die unbegrenzte Fortsetzung des Konstruktionsverfahrens führt zu einem *unendlichen* Baum. Würde das Verfahren auf einer Ebene, etwa der m-ten, abbrechen, so entstünde wie bei der Variante $\mathbf{I}_1$ ein Widerspruch zu (**i**). Der weitere Verlauf des Beweises ist ebenfalls mit dem von $\mathbf{I}_1$ identisch (und damit gehen dieselben Voraussetzungen in ihn ein wie dort).

$\mathbf{I}'_2$: Das zweite Verfahren kann geringfügig modifiziert werden, indem man bezüglich der *Auswertung* nicht in der Folge $X_1, X_2, \ldots X_n \ldots$ sukzessive weiterarbeitet, sondern daß man jeweils zur nächsthöheren Baumstufe fortschreitet. Dieses Konstruktionsverfahren $\mathbf{I}'_2$ bestünde also darin, daß man in einem nullten Stadium X_1 als Ursprung wählt, auswertet und X_2 allen offenen Ästen anfügt[3]. Das erste Stadium beginnt damit, daß man die Punkte der Baumstufe 1 (also die Nachfolger von X_1) auswertet, X_3 allen offenen Ästen anfügt usw. Im übrigen ist der Verlauf derselbe wie in $\mathbf{I}_2$.

Die folgende analytische Beweisvariante $\mathbf{I}_3$ des Kompaktheitssatzes unterscheidet sich in *formaler* Hinsicht wesentlich von der vorangehenden: Sie benützt *weder* das Baumverfahren *noch* das Lemma von König. In *intuitiver* Hinsicht ist der Unterschied weit geringer: Was in dem Nachweis *de facto* geschieht, ist die Konstruktion des am weitesten links liegenden unendlichen offenen Astes des beendeten Baumes für N.

Dem Beweis seien als *Konsistenzlemmata* einige Eigenschaften des üblichen Konsistenzbegriffs vorangestellt[4].

Für alle Mengen N sowie für alle Sätze α und β gilt:

C_0: Wenn es einen Satzparameter p gibt, so daß $p \in N$ und $\neg p \in N$, dann ist es nicht der Fall, daß $\Sigma_e(N)$.

C_1: Wenn $\Sigma_e(N \cup \{\alpha\})$, dann auch $\Sigma_e(N \cup \{\alpha_1, \alpha_2\})$.

C_2: Wenn $\Sigma_e(N \cup \{\beta\})$, dann entweder $\Sigma_e(N \cup \{\beta_1\})$ oder $\Sigma_e(N \cup \{\beta_2\})$.

Anmerkung. Die drei Aussagen sind keineswegs *so* trivial, wie dies prima facie aussieht. Könnten wir das Kompaktheitstheorem *bereits als gültig* betrachten, so wären diese Aussagen in der Tat trivial. Denn dann wüßten wir, daß Konsistenz dasselbe ist wie Erfüllbarkeit, und in der Umdeutung als Aussagen über Erfüllbarkeit sind C_0, C_1 und C_2 natürlich trivial. Die Nichttrivialität der Behandlung dieser Konsistenzlemmata wird sich insbesondere bei ihrer Auffassung als Definitionsprinzipien abstrakter Konsistenzeigenschaften erweisen, wie z. B. in Beweisvariante $\mathbf{I}'_3$.

Ohne ausdrückliche Erwähnung sollen im folgenden die beiden Tatsachen benützt werden, daß jede Teilmenge einer konsistenten Menge konsistent ist und daß jede Obermenge einer inkonsistenten Menge inkonsistent ist.

---

3 Daß die Numerierung der ‚Stadien' zum Unterschied von der der Stufen in $\mathbf{I}_1$ und der der Ebenen in $\mathbf{I}_2$, mit 0 beginnt, hat seinen Grund darin, daß die Numerierung der Baumstufen ebenfalls mit 0 anfängt.

4 Wir verwenden dieselbe Symbolik wie Smullyan in [5] auf S. 34.

Für manche Beweiszwecke sind die folgenden drei, mit C_0, C_1 und C_2 äquivalenten *Inkonsistenzlemmata* handlicher:

J_0: Jede Menge, die einen Satzparameter zusammen mit seiner Negation enthält, ist inkonsistent.

J_1: Ist $N \cup \{\alpha_1, \alpha_2\}$ inkonsistent, so auch $N \cup \{\alpha\}$.

J_2: Wenn sowohl $N \cup \{\beta_1\}$ als auch $N \cup \{\beta_2\}$ inkonsistent ist, so ist auch $N \cup \{\beta\}$ inkonsistent.

Beweis: J_0 gilt trivial, da $M \cup \{p, \neg p\}$ die j-unerfüllbare Teilmenge $\{p, \neg p\}$ enthält.

ad J_1: $N \cup \{\alpha_1, \alpha_2\}$ sei inkonsistent. $N_0 \subseteqq N \cup \{\alpha_1, \alpha_2\}$ sei endlich und unerfüllbar. Dann ist $N_1 \cup \{\alpha_1, \alpha_2\}$ mit $N_1 = N_0 \backslash \{\alpha_1, \alpha_2\}$ unerfüllbar[5]. Daraus folgt die Unerfüllbarkeit von $N_1 \cup \{\alpha\}$, da jede j-Bewertung, die α den Wert **w** zuordnet, dasselbe bezüglich α_1 und α_2 tut.

ad J_2: $N \cup \{\beta_1\}$ und $N \cup \{\beta_2\}$ seien inkonsistent. Dann gibt es ähnlich wie in J_1 zwei endliche Mengen N_1 und N_2, so daß $N_1 \cup \{\beta_1\}$ und $N_2 \cup \{\beta_2\}$ unerfüllbar sind. Es sei $N_3 = N_1 \cup N_2$. Dies ist ebenfalls eine endliche Menge; außerdem sind $N_3 \cup \{\beta_1\}$ und $N_3 \cup \{\beta_2\}$ unerfüllbar. Damit ist auch $N_3 \cup \{\beta\}$ unerfüllbar. Denn jede j-Bewertung, die β den Wert **w** zuordnet, muß auch β_1 oder β_2 diesen Wert zuordnen.

I$_3$. *Beweis:* Abermals sei die konsistente Menge N in einer abzählbaren Folge angeordnet: $X_1, X_2, \ldots, X_n, \ldots$. Es soll eine unendliche Hintikka-*Folge* h konstruiert werden, die sämtliche X_i enthält. Die Konstruktion erfolgt induktiv. Auf jeder Stufe der Konstruktion wird eine endliche Satzfolge gebildet, so daß die Vereinigung aus der Menge der Glieder dieser Folge und N konsistent ist. Der folgende Schritt besteht in der Hinzufügen von einem, zwei oder drei Sätzen (vgl. Schema auf S. 306), so daß die erweiterte Satzmenge konsistent bleibt.

1. Schritt: Dieser besteht in der Wahl von X_1 als erstem Glied; die nur X_1 enthaltende eingliedrige Folge heiße h_1.

(n+1)-*ter Schritt:* Größerer Anschaulichkeit halber geben wir die relevanten Teilformeln durch senkrechte graphische Schemata wieder.

Nach dem n-ten Schritt hat die Folge die Gestalt:

$$\left.\begin{array}{l} X_1 \\ Y_2 \\ \vdots \\ Y_{n+i} \end{array}\right\} \text{ Folge } h_n$$

für ein festes i $\in \omega$.

---

5 Dieser Schritt ist nur für den Fall erforderlich, daß α_1 oder α_2 oder beide in N_0 vorkommen.

Wir sagen, daß h_n *mit N konsistent* ist, wenn die Menge $\check{h}_n \cup N$ konsistent ist[6]. Die Konsistenzannahme geht in die I.V. ein.

Es geht darum, festzulegen, welcher Satz (bzw. welche Sätze) im $(n+1)$-ten Schritt auf Y_{n+i} folgen sollen. Vier Fälle sind zu unterscheiden, je nachdem, welche Gestalt Y_n hat:

Schema

Zergliederung	Verzweigung	s-atomarer Fall	
(1)	(2)/(3)	(4)	
X_1	X_1	X_1	
Y_2	Y_2	Y_2	
$\vdots$	$\vdots$	$\vdots$	
Y_{n-1}	Y_{n-1}	Y_{n-1}	
α	β	$(\neg)p$	
Y_{n+1}	Y_{n+1}	Y_{n+1}	
$\vdots$	$\vdots$	$\vdots$	
Y_{n+i}	Y_{n+i}	Y_{n+i}	n-ter Schritt
α_1	β_j	X_{n+1}	
α_2	X_{n+1}		
X_{n+1}			(n+1)-ter Schritt
	$[\Sigma_e(\{\beta_j, X_{n+1}\} \cup \check{h}_n \cup N)]$		

Daß im Fall $Y_n = \beta$ entweder die zusätzliche Bedingung von (2) oder die von (3) gelten muß, folgt aus C_2.

Wir wissen somit, daß für alle $m \in \omega$ gilt: $\Sigma_e(N \cup \check{h}_m)$, weshalb die Konstruktion niemals abbrechen kann und somit eine unendliche Folge h erzeugt.

Für jedes $n \in \omega$ gilt, daß im $(n+1)$-ten Schritt X_{n+1} eingeführt wird. Damit ist gesichert, daß $N \subseteq \check{h}$. Es gilt:

$\check{h}$ ist eine Hintikka-Menge.

In der Tat: Wenn ein α als n-tes Glied von h eingeführt wurde, so sind α_1 und α_2 im $(n+1)$-ten Schritt hinzugefügt worden (Verifikation von H_1). Wenn β als n-tes Glied von h eingeführt wurde, so ist im $(n+1)$-ten Schritt β_1 oder β_2 angefügt worden (Verifikation von H_2). Da jedes h_m mit N konsistent ist, garantiert das Konsistenzlemma C_0, daß kein Satzparameter zusammen mit seiner Negation in einem h_n, und damit in h, auftreten kann.

$\check{h}$ ist also erfüllbar und N als Teilmenge von $\check{h}$ ebenfalls. □

Im Beweis $\mathbf{I}_3$ wurden nur diejenigen Merkmale der Konsistenz benützt, die ausdrücklich in C_0, C_1 und C_2 angegeben sind. Man könnte

6 Wir erinnern an folgendes: Ist f eine Folge, so verstehen wir unter $\check{f}$ die *Menge* der Glieder von f.

daher auch von einer anderen, diese drei Bedingungen erfüllenden Konsistenzeigenschaft Gebrauch machen und daraus schließen, daß jede Menge N, welche die Konsistenzeigenschaft besitzt, erfüllbar ist. Man könnte somit auch eine ‚*abstrakte*' *Variante* $\mathbf{I}'_3$ des Kompaktheitssatzes beweisen. (Die folgenden Modifikationen wären vorzunehmen: Die drei Aussagen $C_i(i=1,2,3)$ wären durch Aussagen C'_i zu ersetzen, in denen ‚konsistent' undefiniert bliebe; ferner wäre das Lemma hinzuzufügen, daß es junktorenlogische Konsistenzeigenschaften gibt; schließlich wäre ‚$\Sigma_e(M)$' zu ersetzen durch ‚M hat eine junktorenlogische Konsistenzeigenschaft'. Die Bedingung C'_1 für eine abstrakte junktorenlogische Konsistenzeigenschaft $\mathfrak{N}$ lautet dann z.B.: Wenn $N\cup\{\alpha\}\in\mathfrak{N}$, dann auch $N\cup\{\alpha_1, \alpha_2\}\in\mathfrak{N}$.)

Damit haben wir insgesamt fünf analytische Beweisvarianten kennengelernt: $\mathbf{I}_1$, $\mathbf{I}_2$, $\mathbf{I}'_2$, $\mathbf{I}_3$, $\mathbf{I}'_3$.

9.4 Synthetische oder „Lindenbaum-Henkin"-Varianten des Kompaktheitstheorembeweises

Wir werden mehrmals die folgenden beiden elementaren Aussagen über Konsistenz benützen:

F_1: Eine endliche Menge ist konsistent gdw sie erfüllbar ist.

F_2: Eine Menge ist genau dann konsistent, wenn alle ihre endlichen Teilmengen konsistent sind.

F_1 folgt *ohne* Kompaktheitstheorem: Wenn eine endliche Menge konsistent ist, dann sind nach Definition alle ihre endlichen Teilmengen erfüllbar und *damit ist sie auch selbst erfüllbar*. Wenn umgekehrt eine endliche Menge M und damit auch alle ihre endlichen Teilmengen erfüllbar sind, dann ist M nach Definition konsistent.

F_2 folgt aus der Konsistenzdefinition und F_1 (da nach F_1 ‚konsistent' und ‚erfüllbar' *für endliche Mengen* gleichwertig sind).

Analytische wie synthetische Beweise der Behauptung, daß jede konsistente Menge M simultan erfüllbar ist, verlaufen über die Einbettung von M in eine umfassendere Menge, deren Erfüllbarkeit sich leicht einsehen läßt. Während aber in den analytischen Fällen diese umfassendere Menge stets nur schwache Teilsätze von Elementen aus M enthält, sind die synthetischen Beweise dadurch charakterisiert, daß auf *beliebige* Sätze Bezug genommen werden muß, also auch auf solche, die mit den Elementen von M „nichts zu tun haben".

Der erstmals von A. Lindenbaum verwendete Grundgedanke, der dann später von L. Henkin für einen Vollständigkeitsbeweis der Quantorenlogik benützt worden ist, beruht auf der Idee der *Maximalisierung*.

Dabei wird eine Menge N, die eine Eigenschaft E hat, eine *maximale* Menge mit dieser Eigenschaft E genannt, wenn keine echte Erweiterung von N die Eigenschaft E besitzt. Unter einer echten Erweiterung einer Menge M verstehen wir dabei eine Obermenge von M, die mindestens ein nicht in M vorkommendes Element enthält.

Anmerkung 1. Mit der Rede von Mengeneigenschaften durchbrechen wir nicht den extensionalen Rahmen, den wir uns von Anfang an gesetzt haben. Eine Mengeneigenschaft ist in unserer Interpretation nichts anderes als eine *Klasse von* Mengen. Die obige Wendung ‚die Menge N ist eine maximale Menge mit der Eigenschaft E' besagt danach dasselbe wie ‚$N \in E$ und jede Obermenge M von N, so daß $M \in E$, ist mit N identisch'.

Der Lindenbaumsche Beweis des Kompaktheitssatzes wird wesentlich vereinfacht, wenn man einen allgemeineren Satz, das *Lemma von* TUKEY, voranstellt.

Von einer Eigenschaft E von Mengen (von Objekten aus U) wird genau dann gesagt, daß sie *von endlichem Charakter* (*in* U) sei, wenn eine Menge M diese Eigenschaft E dann und nur dann besitzt, sofern alle endlichen Teilmengen von M diese Eigenschaft haben.

Anmerkung 2. Im Einklang mit Anmerkung 1 besagt die Aussage ‚E ist von endlichem Charakter in U' dasselbe wie: ‚Für alle Teilmengen M von U gilt: $M \in E$ gdw alle endlichen Teilmengen N von M die Bedingung $N \in E$ erfüllen'.

In bestimmten Zusammenhängen erweist es sich als nützlich, die beiden Richtungen dieser Äquivalenz als getrennte Eigenschaften aufzufassen. Wir bezeichnen dabei die Implikation mit $M \in E$ als Prämisse als die Eigenschaft *‚endlicher Charakter nach unten'*, und die andere Richtung als *‚endlicher Charakter nach oben'*.

Ein uns bereits bekanntes Beispiel einer Mengeneigenschaft von endlichem Charakter ist die *Konsistenz*, wie unmittelbar aus der obigen Feststellung F_2 folgt.

Das Lemma von TUKEY besagt in seiner abstrakten und allgemeinsten Fassung, daß jede Menge (von Objekten eines beliebigen Bereiches U), die eine Eigenschaft *von endlichem Charakter* besitzt, zu einer *maximalen* Menge mit dieser Eigenschaft erweitert werden kann. Dieses Lemma spielt in der Mengenlehre eine wichtige Rolle, da es mit dem Auswahlaxiom äquivalent ist. Wir benötigen es nur für den abzählbaren Fall, wo es ohne Auswahlaxiom bewiesen werden kann:

Th. 9 (Lemma von Tukey für den abzählbaren Fall) *U sei eine abzählbare Menge. F sei eine Eigenschaft von endlichem Charakter, die für alle Elemente von $Pot(U)$ (d. h. für alle Teilmengen von U) erklärt ist. Dann kann jede Menge S von Elementen aus U (d. h. jede Teilmenge von U bzw. jedes Element von $Pot(U)$), welche die Eigenschaft F hat, zu einer maximalen Teilmenge von U erweitert werden, die ebenfalls die Eigenschaft F besitzt.*

Beweis: Der hier geschilderte Nachweis folgt dem Verfahren von LINDENBAUM, welches dieser für den Nachweis des junktorenlogischen Kompaktheitstheorems benützte.

In einem vorbereitenden Schritt werden alle Elemente des Bereiches U in eine abzählbare Folge geordnet: $b_1, b_2, \ldots, b_n, \ldots$. Sodann wird nach folgendem Induktionsschema eine abzählbare Folge $S_0, S_1, S_2, \ldots, S_n, \ldots$ von Mengen erzeugt:

S_0 sei identisch mit S.

S_n sei bereits definiert. Dann werde S_{n+1} wie folgt erklärt: Wenn $S_n \cup \{b_{n+1}\}$ die Eigenschaft F besitzt, dann sei $S_{n+1} = S_n \cup \{b_{n+1}\}$; ansonsten sei $S_{n+1} = S_n$.

Da gemäß diesem Verfahren eine gegebene Menge höchstens erweitert wird, gilt:

$$S_0 \subseteqq S_1 \subseteqq S_2 \subseteqq \ldots \subseteqq S_n \subseteqq S_{n+1} \subseteqq \ldots,$$

wobei jedes S_i die Eigenschaft F hat.

Es sei nun M die *Vereinigung* aller dieser Mengen S_i, d. h. $M := \bigcup_{i \in \omega} S_i$. (Ein Element b von U gehört also zu M gdw b zu mindestens einer Menge S_i gehört.) M ist offenbar eine Erweiterung von S_0. Wir behaupten, daß wir mit M bereits eine *maximale* Menge mit der Eigenschaft F gefunden haben.

Die *erste Teilbehauptung* besagt, daß M die Eigenschaft F hat. Um dies zu zeigen, nehmen wir an, daß L irgendeine endliche Teilmenge von M sei. L muß dann auch eine Teilmenge einer Menge S_i sein. (Als *endliche* Menge enthält nämlich L ein Element aus U von höchstem Index. Dieser sei etwa k. Dann ist L Teilmenge von S_k.) S_i hat die Eigenschaft F, wobei F von endlichem Charakter ist. Also hat L die Eigenschaft F. L aber war eine beliebige endliche Teilmenge von M. Somit besitzt jede endliche Teilmenge von M die Eigenschaft F. Da F von endlichem Charakter ist, hat M die Eigenschaft F. Damit ist die erste Teilbehauptung bewiesen.

Die *zweite Teilbehauptung* beinhaltet die Maximalitätsaussage. Um diese zu beweisen, nehmen wir an, b_i sei ein Element von U, für das $M \cup \{b_i\}$ die Eigenschaft F habe. Es muß gezeigt werden, daß b_i in M liegt. Da $M \cup \{b_i\}$ die Eigenschaft F hat, muß auch die Teilmenge $S_i \cup \{b_i\}$ die Eigenschaft F haben. (Wenn nämlich eine Menge S eine Eigenschaft F von endlichem Charakter hat, so auch jede Teilmenge S^* von S; denn alle endlichen Teilmengen von S^* sind auch Teilmengen von S.) Dann ist b_i Element von S_{i+1}, also auch Element von M. Damit ist auch die zweite Teilbehauptung bewiesen. □

Wir kehren zurück zur Konsistenz! Die erwähnte Maximalisierungsidee ist auch auf diesen Begriff anwendbar: Eine Menge M von Sätzen heißt *maximal konsistent in einer Menge U* (von Sätzen) gdw M konsistent ist, hingegen keine in U gelegene echte Obermenge von M konsistent ist. Eine Menge M von Sätzen heißt *maximal konsistent* gdw M maximal konsistent in der Menge aller Sätze ist.

Zu den beiden Konsistenzeigenschaften L_1 und L_2 von **9.1** tritt für den Fall der maximalen Konsistenz die folgende hinzu:

L_2^*: Wenn die Menge M maximal konsistent ist, gilt für jeden Satz A entweder $A \in M$ oder $\neg A \in M$.

Dies folgt unmittelbar aus L_2 von **9.1** und der Definition von ‚maximal konsistent'.

Jetzt stellen wir einen prima facie überraschenden Zusammenhang her zwischen maximal konsistenten Mengen und junktorenlogischen Wahrheitsmengen.

Lemma 1 *Eine Menge ist genau dann maximal konsistent, wenn sie eine j-Wahrheitsmenge ist.*

(Für den folgenden Beweis verwenden wir die *vereinfachte* Definition des Begriffs der Wahrheitsmenge.)

Beweis:

(*a*) M sei eine *j*-Wahrheitsmenge. Dann existiert eine Boolesche Bewertung $\mathfrak{b}$, bei der genau die Elemente von M den Wert **w** erhalten. Somit ist M *j*-erfüllbar und damit auch jede Teilmenge von M, insbesondere jede *endliche* Teilmenge von M. Also ist M konsistent. Da jeder Satz $A \notin M$ durch $\mathfrak{b}$ den Wert **f** zugeteilt erhält, ist M maximal konsistent.

(*b*) M sei maximal konsistent. Wegen der Konsistenz liegt aufgrund von L_1 aus **9.1** für jeden Satz A entweder A oder $\neg A$ außerhalb von M. Andererseits liegt wegen L_2^* für jeden Satz A mindestens einer der beiden Sätze A, $\neg A$ in M.

Es sei $\alpha \in M$. Dann liegt wegen L_1 $\neg \alpha_1$ nicht in M, da $\{\alpha, \neg \alpha\}$ unerfüllbar ist. Gemäß L_2^* muß daher α_1 in M liegen. Aus demselben Grund gilt: $\alpha_2 \in M$. Es sei umgekehrt sowohl $\alpha_1 \in M$ als auch $\alpha_2 \in M$. Dann kann wegen L_1 der Satz $\neg \alpha$ nicht in M liegen; denn $\{\alpha_1, \alpha_2, \neg \alpha\}$ ist unerfüllbar. Also gilt $\alpha \in M$ wegen L_2^*.

Damit ist bereits bewiesen, daß M eine Wahrheitsmenge ist. (Denn daß für ein β gilt: $\beta \in M$ gdw mindestens einer der beiden Sätze β_1 oder β_2 in M liegt, folgt analog zu (*a*) und (*b*).) □

Die Bedeutung dieses Lemmas liegt darin, *daß nun aus der maximalen Konsistenz auf die Erfüllbarkeit geschlossen werden kann.* Denn jede Wahrheitsmenge ist erfüllbar!

Wir kommen jetzt zum

Theorem von Lindenbaum *Jede konsistente Menge kann zu einer maximal konsistenten Menge erweitert werden.*

Dieses Theorem ergibt sich durch die folgende Spezialisierung unmittelbar aus dem Lemma von TUKEY: Der dort erwähnte abzählbare Bereich U sei die Menge aller Sätze; und die dort angeführte Eigenschaft von endlichem Charakter sei die Konsistenz.

Jetzt folgt der

Kompaktheitssatz *Jede konsistente Menge ist erfüllbar.*

Der Beweis ergibt sich aus dem Theorem von LINDENBAUM, da mit Lemma 1 unmittelbar aus maximaler Konsistenz auf Erfüllbarkeit geschlossen werden kann. □

Wir sprechen hier von der *Beweisvariante* **II** des Kompaktheitstheorems. Es gibt, wie wir noch sehen werden, eine ähnliche Variante, die ebenfalls mit dem Lemma von TUKEY operiert, in deren Beweis jedoch die Hintikka-Eigenschaft der Vereinigung der Mengen S_i (anstatt der Maximalität) benützt wird. Da diese bereits eine Mischform aus der Variante **II** und der Variante **III** darstellt, wenden wir uns zunächst der letzteren zu.

9.5 Eine analytische Variante des Beweises von Lindenbaum

Die Beweisvariante **II** von **9.4** ist deshalb synthetisch, weil die in LINDENBAUMS Beweis des Lemmas von TUKEY gebildete maximale Menge M *jeden* Satz oder dessen Negation enthält.

Man kann dies dadurch vermeiden, daß man einen *engeren* Rahmen wählt, innerhalb dessen der Maximalisierungsprozeß vorgenommen wird. Es sei S eine konsistente Menge. S^0 sei die Menge der schwachen Teilsätze von Elementen aus S. Diese Menge S^0 ist die kleinste Menge, innerhalb derer man für den Beweis des entsprechend modifizierten Lemmas von TUKEY maximalisieren kann; sie bildet sozusagen einen „minimalen Maximalisierungsrahmen".

Die Anwendung des Lemmas von TUKEY geschieht nun, indem als S unsere jetzige konsistente Menge, ferner als abzählbarer Bereich U, der in der Formulierung des Lemmas vorkommt, die Menge S^0 und schließlich als Eigenschaft P die Konsistenz gewählt wird.

Mittels des dergestalt spezialisierten Lemmas von TUKEY können wir die konsistente Menge S zu einer maximal konsistenten[7] *Teilmenge von* S^0 erweitern. Die *analytische* Modifikation ist damit beendet, nicht jedoch der neue Beweis des Kompaktheitssatzes. Denn die auf diese

---

7 Dies ist eine konsistente Teilmenge von S^0, für welche keine konsistente echte Erweiterung existiert, *die nicht aus* S^0 *hinausführt.*

Weise gewonnene maximal konsistente Teilmenge von S^0 ist in der Regel keine Wahrheitsmenge. Es läßt sich jedoch zeigen, daß sie eine Hintikka-Menge ist, auf die sich daher das Lemma von HINTIKKA anwenden läßt.

Satz *Jede maximal konsistente Teilmenge der Menge S^0 (aller schwachen Teilsätze von Elementen der konsistenten Menge S) ist eine Hintikka-Menge.*

Beweis: Es genügt, die drei Konsistenzbedingungen C_0, C_1 und C_2 von **9.3** zu benützen:

M sei eine maximal konsistente Teilmenge von S^0.

(*a*) Wegen C_0 enthält M keinen Satzparameter zusammen mit seiner Negation. Damit ist H_0 gezeigt.

(*b*) Es sei $\alpha \in M$. Dann gilt $\Sigma_e(M \cup \{\alpha\})$, da M als konsistent vorausgesetzt ist und $M \cup \{\alpha\} = M$. Gemäß C_1 gilt daher $\Sigma_e(M \cup \{\alpha_1\})$ und wegen $\alpha_1 \in S^0$ ist somit infolge der Maximalität von M: $\alpha_1 \in M$. Analog gilt $\alpha_2 \in M$.

(*c*) Es sei $\beta \in M$. Dann ist $M \cup \{\beta\} = M$ und daher $\Sigma_e(M \cup \{\beta\})$. Gemäß C_2 ist mindestens eine der beiden Mengen $M \cup \{\beta_1\}$, $M \cup \{\beta_2\}$ konsistent und daher gilt, analog wie in (*b*), entweder $\beta_1 \in M$ oder $\beta_2 \in M$ oder beides (denn $\beta_1 \in S^0$ oder $\beta_2 \in S^0$ und M ist eine maximal konsistente Teilmenge von S^0). □

Da jede Hintikka-Menge erfüllbar ist, haben wir damit das gewünschte Ergebnis: $\Sigma_e(S) \rightarrow \Sigma(S)$.

Der Rahmen S^0 wird niemals verlassen. Somit sind wir berechtigt, diese *Beweisvariante* **III** als eine *analytische* Variante zu bezeichnen.

Die im letzten Absatz von **9.4** erwähnte ‚Mischvariante' aus **II** und **III**, welche Beweisvariante $\mathbf{II}_{\mathbf{III}}$ heißen möge, sei nur skizzenhaft geschildert[8].

Mehrmals wurden die drei Konsistenzlemmata C_0, C_1 und C_2 verwendet, die unmittelbare Folgerungen der Konsistenzdefinition bildeten. Wir sprechen von einer abstrakten junktorenlogischen Konsistenzeigenschaft, wenn diese drei Sätze *per definitionem* gelten. Genauer: Eine Klasse $\mathfrak{R}$ von Satzmengen ist eine (*abstrakte*) *junktorenlogische Konsistenzeigenschaft*, abgek. $JK(\mathfrak{R})$, gdw jede Satzmenge N mit $N \in \mathfrak{R}$ die folgenden drei Bedingungen erfüllt:

(1) Für jeden Satzparameter p ist $\{p, \neg p\}$ keine Teilmenge von N.

(2) Für jedes $\alpha \in N$ ist sowohl $N \cup \{\alpha_1\} \in \mathfrak{R}$ als auch $N \cup \{\alpha_2\} \in \mathfrak{R}$.

(3) Für jedes $\beta \in N$ ist mindestens eine der beiden Mengen $N \cup \{\beta_1\}$, $N \cup \{\beta_2\}$ ein Element von $\mathfrak{R}$.

An die Stelle des Lemmas von TUKEY tritt die folgende

Aussage: Für alle $\mathfrak{R}$ und alle Satzmengen S gilt: wenn $JK(\mathfrak{R})$ und $S \in \mathfrak{R}$, dann $\Sigma(S)$.

8 Der Gedanke zu dieser Variante stammt von Herrn J. SARABIA, Madrid.

Beweisvariante $\mathbf{II}_{\mathbf{III}}$:

Es sei $JK(\mathfrak{R})$ und $S \in \mathfrak{R}$. Die Konstruktion für diese Aussage folgt dann in den ersten Schritten dem Lindenbaum-Beweis des Lemmas von TUKEY. Ausgehend von einer Folge f aller Sätze $X_1, X_2, \ldots, X_n, \ldots$, wird eine Folge $g = \langle S_0, S_1, \ldots, S_n, \ldots \rangle$ von Satzmengen induktiv definiert: $S_0 := S$. Unter der Annahme, S_n sei bereits definiert, ist $S_{n+1} := S_n \cup \{X_i\}$, sofern X_i der Satz mit kleinstem Index ist, so daß $X_i \notin S_n$ und X_i eine der folgenden Bedingungen erfüllt:

(i) es gibt ein $\alpha \in S_n$, so daß $X_i = \alpha_1$ oder $X_i = \alpha_2$;

(ii) es gibt ein $\beta \in S_n$, so daß $X_i = \beta_1$ und $S_n \cup \{X_i\} \in \mathfrak{R}$;

(iii) es gibt ein $\beta \in S_n$, so daß $X_i = \beta_2$ und $S_n \cup \{X_i\} \in \mathfrak{R}$.

Es gilt dann:

(A) $S_0 \subseteq S_1 \subseteq \ldots S_n \subseteq S_{n+1} \ldots$.

(B) Für alle $S_i \in g$ ist $S_i \in \mathfrak{R}$ (da $S_0 = S \in \mathfrak{R}$ nach Voraussetzung).

Auch der nächste Beweisschritt ist ganz analog dem Lindenbaumschen Beweis des Lemmas von TUKEY: Es wird die Vereinigung aller Mengen S_i gebildet: $M := \bigcup_{i \in \omega} S_i$.

Zum Unterschied von jenem Beweis wird jetzt aber nicht die *Maximalität* der so gebildeten Formelmenge benötigt. Vielmehr läßt sich beweisen, daß M eine *Hintikka-Menge* und somit wegen des Lemmas von HINTIKKA erfüllbar ist.

Um den Kompaktheitssatz zu erhalten, genügt es, zu zeigen, daß die semantische Konsistenz alle Merkmale einer junktorenlogischen Konsistenzeigenschaft erfüllt, d. h. daß $JK(\Sigma_e)$.[9] Dieser Nachweis (d. h. die Verifikation von H_0, H_1 und H_2) ist aufgrund der obigen Definition von JK fast trivial.

Es dürfte klar geworden sein, wodurch sich die Variante $\mathbf{II}_{\mathbf{III}}$ von den anderen Varianten unterscheidet. Einerseits wird zunächst wie im Lindenbaum-Beweis vorgegangen, so daß das Verfahren – wie in **II** und zum Unterschied von den anderen Beweisvarianten – *synthetisch* ist (die obige Folge enthält ja *alle* Sätze!). Andererseits *wird*, zum Unterschied von **II**, *auf jede Maximalisierung verzichtet* und die Erfüllbarkeit der Vereinigungsmenge M über die *Hintikka-Eigenschaft* nachgewiesen, ebenso wie dies im Schlußschritt von **III** geschah. (Zugleich besteht jedoch auch gegenüber **III** der wesentliche Unterschied, daß in **III** die Hintikka-Eigenschaft einer Menge bewiesen wurde, von der zunächst gezeigt worden war, daß sie eine *maximale* Menge bestimmter Art, nämlich eine maximal konsistente Teilmenge von S^0, ist.)

9 Eine abstrakte Variante $\mathbf{II}'_{\mathbf{III}}$ dieses Beweises erhielte man durch die Ersetzung der Konsistenz durch eine *beliebige* junktorenlogische Konsistenzeigenschaft (unter der Voraussetzung, daß es solche Eigenschaften gibt).

Nachträglich nennen wir den einfachen Beweis in **9.1** die *Variante* **IV** und die Deduzierbarkeitsfassung von **9.2** die *Variante* **V**.

Insgesamt wurden in diesem Kapitel elf Beweisvarianten des Kompaktheitssatzes, welche zusätzlich zu dem Beweis in **4.2.4** hinzutreten, vorgeführt: die sechs analytischen Varianten $\mathbf{I}_1$, $\mathbf{I}_2$, $\mathbf{I}'_2$, $\mathbf{I}_3$, $\mathbf{I}'_3$ und **III**, sowie die synthetischen Varianten $\mathbf{II}_1$, $\mathbf{II}_{\mathbf{III}}$, $\mathbf{II}'_{\mathbf{III}}$, **IV** und **V**.

Neben der eingangs angekündigten Schilderung verschiedener Beweisstrategien für einen einfachen und daher stets durchsichtig zu gestaltenden Fall sollte dieses Kapitel dazu beitragen, eine deutlichere Vorstellung des Unterschiedes von analytischen und synthetischen Verfahren zu geben. Die Bedeutung dieses Unterschiedes wird bei der Übertragung auf den komplexeren quantorenlogischen Fall im elften Kapitel voll zutage treten.

Kapitel 10

Das Fundamentaltheorem der Quantorenlogik

10.1 Smullyans magische Mengen

10.1.1 Reguläre Mengen. Für viele der folgenden Überlegungen spielen zwei Arten von Formelmengen eine zentrale Rolle. Wir beginnen daher mit einer Charakterisierung dieser Mengen.

Dabei legen wir dem Folgenden die *vereinfachte Sprache* **Q** zugrunde, in der nicht nur die zweistellige Identitätskonstante = keine besondere Auszeichnung erfährt, sondern in der überdies auf Funktionsparameter, und damit natürlich auch generell auf Funktionsbezeichnungen, verzichtet wird. *Mit ‚u' bezeichnen wir daher jetzt stets Objektparameter.*

Unter einem *regulären Satz* soll stets ein *Satz* (also eine *geschlossene* Formel) von der Gestalt $\gamma \rightarrow \gamma(u)$ oder $\delta \rightarrow \delta(u)$ verstanden werden, wobei im zweiten Fall *u nicht in δ vorkommen* darf. Im ersten Fall sprechen wir von Sätzen vom *Typ C*, im zweiten Fall von Sätzen vom *Typ D*. Da gelegentlich der Unterschied zwischen diesen beiden Fällen keine Rolle spielen wird, soll der Buchstabe ‚Q' dazu dienen, entweder γ oder δ zu bezeichnen; $Q(u)$ bedeutet dann entweder $\gamma(u)$ oder $\delta(u)$.

(Es möge beachtet werden, daß $Q \rightarrow Q(u)$ die folgenden vier Satztypen umfaßt: $\bigwedge xA[x] \rightarrow A[u]$; $\neg \bigvee xA[x] \rightarrow \neg A[u]$; $\bigvee xA[x] \rightarrow A[u]$; $\neg \bigwedge xA[x] \rightarrow \neg A[u]$. Die ersten beiden Typen sind unproblematische Fälle von quantorenlogischer Gültigkeit; die beiden restlichen Typen repräsentieren keine Fälle von Gültigkeit, so daß Vorsicht in der Handhabung des Parameters u geboten erscheint.)

Als grundlegend für das Operieren mit regulären Sätzen erweist sich das folgende

Regularitätslemma *M sei eine (im quantorenlogischen Sinn) erfüllbare Satzmenge. Dann gilt:*

(1) $M \cup \{\gamma \rightarrow \gamma(u)\}$ *ist für jeden Parameter u erfüllbar.*

(2) $M \cup \{\delta \rightarrow \delta(u)\}$ *ist erfüllbar für jeden Parameter u, der weder in M noch in δ vorkommt.*

Das Lemma behauptet also, daß die Erweiterung jeder erfüllbaren Satzmenge um einen regulären Satz wieder zu einer erfüllbaren Satzmenge führt, sofern bei der Erweiterung um einen Satz vom Typ D zusätzlich die in (2) angegebene Parameterbedingung erfüllt ist.

Beweis: (1) gilt trivial; denn hier wird zu M der gültige Satz $\gamma \rightarrow \gamma(u)$ hinzugefügt.

(2) Es sei u ein weder in M noch in δ vorkommender Parameter. Angenommen, $M \cup \{\delta \rightarrow \delta(u)\}$ sei unerfüllbar. Dann wären auch die Mengen $M \cup \{\neg \delta\}$ sowie $M \cup \{\delta(u)\}$ unerfüllbar. (Denn sowohl $\neg \delta$ als auch $\delta(u)$ implizieren junktorenlogisch $\delta \rightarrow \delta(u)$.) Gemäß ($\mathbf{E}_4$) von 4.2.3 würde die Erfüllbarkeit von $M \cup \{\delta\}$ die von $M \cup \{\delta, \delta(u)\}$ zur Folge haben (da das jetzige u der dortigen Voraussetzung genügt, nicht in $M \cup \{\delta\}$ vorzukommen). Damit wäre auch die Teilmenge $M \cup \{\delta(u)\}$ erfüllbar, im Widerspruch zu unserem Zwischenresultat, daß $M \cup \{\delta(u)\}$ unerfüllbar ist. Also ist $M \cup \{\delta\}$ unerfüllbar.

Unter der obigen Annahme sind also sowohl $M \cup \{\delta\}$ als auch $M \cup \{\neg \delta\}$ unerfüllbar. Dann wäre, im Widerspruch zur Voraussetzung, auch M unerfüllbar. □

Eine *reguläre Folge* sei eine endliche oder unendliche Folge $Q_1 \rightarrow Q_1(u_1), \ldots, Q_n \rightarrow Q_n(u_n), (\ldots)$, wobei (1) jedes Glied der Folge $Q_i \rightarrow Q_i(u_i)$ ein regulärer Satz ist und (2) für jedes m und jedes i<m gilt: wenn Q_{i+1} ein δ-Satz ist, dann kommt u_{i+1} in keinem der vorangehenden Glieder $Q_1 \rightarrow Q_1(u_1), \ldots, Q_i \rightarrow Q_i(u_i)$ vor.

Eine *reguläre Menge* sei eine endliche Menge von Sätzen, deren Elemente zu einer regulären Folge angeordnet werden können.
Äquivalent dazu ist die folgende rekursive Definition:

R_0) Die leere Menge $\emptyset$ ist regulär.

R_1) Wenn R eine reguläre Menge ist, so auch $R \cup \{\gamma \rightarrow \gamma(u)\}$.

R_2) Wenn R eine reguläre Menge ist, so auch $R \cup \{\delta \rightarrow \delta(u)\}$, sofern u weder in R noch in δ vorkommt.

Anmerkung. Das Prädikat „regulär" hat drei Anwendungen, nämlich für Sätze, Satzfolgen und endliche Satzmengen.

Prinzipiell könnte man diese Regularitätsbegriffe für *beliebige*, also auch *unendliche* Formelmengen definieren und auch die folgenden Lehrsätze entsprechend allgemeiner formulieren.

Bereits an dieser Stelle führen wir einen Lehrsatz an, der später für den Beweis des Haupttheorems über magische Mengen benötigt wird.

Th. 10.1 *R sei eine reguläre Menge. M sei eine erfüllbare Satzmenge, so daß kein kritischer Parameter von R in M vorkommt. Dann ist $R \cup M$ erfüllbar.* (Daß u ein kritischer Parameter von R ist, muß dabei natürlich so verstanden werden, daß es mindestens eine Formel δ gibt, so daß $\delta \rightarrow \delta(u)$ Element von R ist.)

Der *Beweis* ergibt sich unmittelbar aus dem Regularitätslemma und der obigen rekursiven Definition einer regulären Menge. Denn erstens ist die leere Menge trivial regulär. Zweitens zerstören wir gemäß jenem Lemma an keiner Stelle die Erfüllbarkeit, wenn wir zu M sukzessive die Elemente von R hinzufügen, sofern nur die in Th. 10.1 angegebene Bedingung gilt, nämlich daß kein kritischer Parameter von R in M vorkommt. □

Korollar zu Th. 10.1 *Wenn $R^{\wedge} \to X$ gültig ist*[1] *und kein kritischer Parameter von R in X vorkommt, dann ist X gültig. (Insbesondere ist ein reiner Satz X gültig, sofern $R^{\wedge} \to X$ gültig ist.)*

Für den Beweis beachten wir die Gleichwertigkeit der Gültigkeit der Formel $R^{\wedge} \to X$ und der Unerfüllbarkeit der Menge $R \cup \{\neg X\}$. Da ersteres im Korollar vorausgesetzt ist, kann man aus der Unerfüllbarkeit von $R \cup \{\neg X\}$ mittels Th. 10.1 auf die Unerfüllbarkeit von $\{\neg X\}$ und damit auf die Gültigkeit von X schließen.

10.1.2 Magische Mengen. Im folgenden sei V stets der abzählbare Bereich der Parameter. $\mathbb{E}^V$ ist dann die Menge aller geschlossenen V-Formeln. Boolesche Bewertungen und q-Bewertungen werden sich stets auf die Menge $\mathbb{E}^V$ beziehen.

Im folgenden werden wir es des öfteren mit Booleschen Bewertungen zu tun haben, die sich nicht auf junktorenlogische, sondern auf quantorenlogische Formeln beziehen. Um dieser Redeweise einen präzisen Sinn zu verleihen, definieren wir die folgenden Begriffe. Wir nennen eine Formel von $\mathbb{E}^V$ *quantorenlogisch j-atomar*, wenn sie entweder die Gestalt $P^n t_1 \ldots t_n$ hat oder mit einem Quantor beginnt oder eine Termgleichung $t_i = t_j$ ist. Genau diese drei quantorenlogischen Formelarten sind nämlich junktorenlogisch nicht mehr weiter zerlegbar. Unter einer *quantorenlogisch j-atomaren Belegung* verstehen wir eine Zuordnung eines der beiden Wahrheitswerte zu jeder quantorenlogisch j-atomaren Formel. Eine *Boolesche Bewertung in der Quantorenlogik* ist die Boolesche Auswertung einer beliebigen Belegung der quantorenlogisch j-atomaren Formeln mit Wahrheitswerten (d. h. genauer: sie besteht erstens aus einer Belegung der quantorenlogisch j-atomaren Formeln mit Wahrheitswerten und zweitens aus der Booleschen Auswertung dieser Belegung).

Anmerkung. Es möge beachtet werden, daß z. B. die Bewertung $\varphi(\bigwedge x(Fx \wedge \neg Fx))$ den Wert **w** haben darf. Denn die Formel $\bigwedge x(Fx \wedge \neg Fx)$ ist zwar *quantorenlogisch* widerspruchsvoll; da sie jedoch zugleich quantorenlogisch j-atomar ist, kann man ihr bei einer Booleschen Bewertung in der Quantorenlogik einen beliebigen Wahrheitswert zuordnen.

---

1 Da eine reguläre Menge R endlich sein muß, ergibt $R^{\wedge}$ stets einen Sinn und ist bis auf die Reihenfolge der Konjunktionsglieder eindeutig festgelegt.

Wir kommen jetzt auf Formelmengen zu sprechen, die beinahe „magische" Eigenschaften besitzen.

Genauer soll unter einer *magischen Menge* eine Menge M von Sätzen (mit oder ohne Parametern) verstanden werden, welche die folgenden beiden Bedingungen erfüllt:

$\mathbf{M}_1$: Jede M erfüllende Boolesche Bewertung ist auch eine M erfüllende q-Bewertung (in gleichwertiger Sprechweise: Für jede M erfüllende Boolesche Bewertung $\mathfrak{b}$ ist die Menge der unter $\mathfrak{b}$ wahren Sätze eine quantorenlogische Wahrheitsmenge).

$\mathbf{M}_2$: Für jede endliche Menge S_0 von Sätzen und für jede endliche Teilmenge M_0 von M gilt: wenn S_0 q-erfüllbar ist, so auch $S_0 \cup M_0$.

Dem Skeptiker werden sofort Zweifel an der Existenz solcher Mengen aufkommen. Obwohl wir derartige Zweifel zerstreuen können (und werden), stellen wir dies für den Augenblick zurück, *fingieren* die Existenz magischer Mengen und untersuchen, was für Eigenschaften sie haben. Die Wendung ‚die Formel X ist aus der Formelmenge S *wahrheitsfunktionell deduzierbar*' besage dasselbe wie ‚es gibt eine endliche Teilmenge S_0 von S, so daß $S_0 \Vdash_j X$' (diese letzte Teilaussage, wonach S_0 die Formel X wahrheitsfunktionell impliziert, könnte natürlich auch so ausgedrückt werden, daß $S_0^{\wedge} \rightarrow X$ tautologisch ist).

Von einer Formelmenge B werde gesagt, daß sie eine *junktorenlogische* oder *wahrheitsfunktionelle Basis der Quantorenlogik* bildet gdw für jeden reinen Satz X gilt: X ist gültig gdw X ist wahrheitsfunktionell aus B deduzierbar. Es gilt:

Th. 10.2 *Jede magische Menge bildet eine junktorenlogische (wahrheitsfunktionelle) Basis der Quantorenlogik.*

Beweis: M sei eine magische Menge.

(*a*) X sei ein reiner gültiger Satz. Angenommen, $\mathfrak{b}$ sei eine Boolesche Bewertung, die M erfüllt. Gemäß $\mathbf{M}_1$ ist $\mathfrak{b}$ sogar eine q-Bewertung. X muß somit nach Voraussetzung bei $\mathfrak{b}$ wahr werden.

X ist also wahr bei allen Booleschen Bewertungen, die M erfüllen. Gemäß der Deduzierbarkeitsversion des Kompaktheitstheorems für die Junktorenlogik (vgl. 9.2) muß X aus M wahrheitsfunktionell deduzierbar sein.

(*b*) Es sei nun umgekehrt der parameterfreie Satz X wahrheitsfunktionell deduzierbar aus M. X wird dann junktorenlogisch von einer endlichen Teilmenge M_0 von M impliziert, oder, anders ausgedrückt: die Menge $M_0 \cup \{\neg X\}$ ist junktorenlogisch unerfüllbar. Diese Menge ist daher a fortiori q-unerfüllbar. Damit ist aber $\{\neg X\}$ q-unerfüllbar (denn gemäß der Eigenschaft $\mathbf{M}_2$ wäre bei Erfüllbarkeit von $\{\neg X\}$ auch $M_0 \cup \{\neg X\}$ erfüllbar). Dieses Resultat ist gleichwertig mit der Feststellung, daß X gültig ist. □

Das eben gewonnene merkwürdige Resultat dürfte den Verdacht des Skeptikers, daß es überhaupt keine magischen Mengen gibt, eher verstärken. Wir gehen daher dazu über, diesen Verdacht in der Weise zu entkräften, daß wir die Existenz solcher Mengen beweisen.

Zweckmäßigerweise schicken wir gewisse hinreichende Bedingungen dafür voraus, daß eine Boolesche Bewertung zu einer q-Bewertung erweitert werden kann.

Hilfssatz 1 (Version A) $\mathfrak{b}$ *sei eine Boolesche Bewertung, die für jedes* γ *und jedes* δ *die folgenden beiden Eigenschaften besitzt:*

(*a*) *falls* γ *bei* $\mathfrak{b}$ *wahr ist, so ist* $\gamma(u)$ *für jeden Parameter u wahr unter* $\mathfrak{b}$;

(*b*) *falls* δ *bei* $\mathfrak{b}$ *wahr ist, so ist* $\delta(u)$ *für mindestens einen Parameter wahr unter* $\mathfrak{b}$.

Dann gilt: $\mathfrak{b}$ *ist eine q-Bewertung.*

Beweis: Wir müssen zeigen, daß unter den genannten Voraussetzungen auch die Umkehrungen von (*a*) und (*b*) gelten.

(1) O.B.d.A. wählen wir als γ eine Formel der Gestalt $\bigwedge x A[x]$. Für jedes u sei $A[u]$ wahr unter $\mathfrak{b}$. Zu zeigen ist: $\bigwedge x A[x]$ ist wahr bei $\mathfrak{b}$. Dies ist äquivalent mit der Aussage: Wenn $\bigwedge x A[x]$ unter $\mathfrak{b}$ falsch ist, dann ist für mindestens einen Parameter u auch $A[u]$ falsch. Da $\mathfrak{b}$ eine Boolesche Bewertung ist, muß bei Falschheit von $\bigwedge x A[x]$ die Formel $\neg \bigwedge x A[x]$ bei $\mathfrak{b}$ wahr sein. Gemäß (*b*) existiert dann ein Parameter u, so daß $\neg A[u]$ wahr und daher $A[u]$ falsch ist. Damit ist bereits alles bewiesen.

(2) O.B.d.A. wählen wir als δ eine Formel der Gestalt $\bigvee x A[x]$. Falls $\bigvee x A[x]$ bei $\mathfrak{b}$ falsch ist, muß $\neg \bigvee x A[x]$ bei $\mathfrak{b}$ wahr sein; und daher muß bei $\mathfrak{b}$ gemäß (*a*) $\neg A[u]$ für *jeden* Parameter u wahr und somit $A[u]$ für *jeden* Parameter u falsch sein. Wenn $\mathfrak{b}$ also $A[u]$ für mindestens einen Parameter u wahr macht, so wird auch $\bigvee x A[x]$ bei $\mathfrak{b}$ wahr. Dies ist die gewünschte Umkehrung von (*b*). □

Der Hilfssatz kann offenbar auch in der folgenden Weise formuliert werden:

Hilfssatz 1 (Version B) *Es sei M eine Boolesche Wahrheitsmenge, die für jedes* γ *und jedes* δ *die folgenden beiden Eigenschaften besitzt:*

(*a*) *falls* $\gamma \in M$, *so ist für jeden Parameter u auch* $\gamma(u) \in M$;

(*b*) *falls* $\delta \in M$, *so ist für mindestens einen Parameter u auch* $\delta(u) \in M$.

Dann gilt: M ist eine quantorenlogische Wahrheitsmenge.

Wir formulieren jetzt das wichtige

Th. 10.3 (Haupttheorem über magische Mengen) *Es existiert eine Menge, die zugleich regulär und magisch ist.*

Beweis: Wir benützen einen einfachen Kunstgriff. In einem ersten Schritt beginnen wir mit einer Aufzählung *aller* δ-Sätze unserer formalen Sprache in einer festen abzählbaren Folge: $\delta_1, \delta_2, \ldots, \delta_n, \ldots$ sowie einer Aufzählung *aller* Parameter, ebenfalls in einer festen abzählbaren Folge: $v_1, v_2, \ldots, v_n, \ldots$. Nun werden in allen δ-Formeln die Indizes der v_i verdoppelt. (Der Grund für diese Maßnahme wird sofort zutage treten.)

In einem zweiten Schritt *definieren* wir rekursiv eine neue Folge von Parametern, die sich für die Konstruktion einer regulären Menge eignen. Und zwar sei w_1 der erste gerade Parameter der Folge v_i, der nicht in δ_1 vorkommt; w_2 sei der erste gerade Parameter nach w_1 (wieder in der Folge der v_i), der weder in δ_1 noch in δ_2 vorkommt; w_3 sei der erste gerade Parameter nach w_2, der weder in δ_1 noch in δ_2 noch in δ_3 vorkommt; ...; w_{n+1} sei der erste gerade Parameter nach $w_1, \ldots, w_n$, der in keiner der Formeln $\delta_1, \delta_2, \ldots, \delta_{n+1}$ vorkommt usw. Es sei R_1 die Menge der Formeln:

$$\delta_1 \rightarrow \delta_1(w_1), \quad \delta_2 \rightarrow \delta_2(w_2), \quad \delta_3 \rightarrow \delta_3(w_3), \ldots, \delta_n \rightarrow \delta_n(w_n), \ldots.$$

R_1 ist offenbar regulär (denn jedes endliche Anfangsstück der angedeuteten Folge ist regulär).

R_2 sei die Menge aller Sätze $\gamma \rightarrow \gamma(u)$ für alle γ und alle Parameter u. Dann ist auch die Menge $R_1 \cup R_2$ regulär. (Für die Konstruktion einer regulären Folge kommt es nur auf die Reihenfolge der Elemente von R_1 an. Dagegen ist es unwesentlich, ob Elemente von R_2 in dieser Folge an den Anfang oder an das Ende gestellt oder ganz bzw. teilweise zwischen die Formeln $\delta_j \rightarrow \delta_j(w_j)$ verstreut werden. Der obige Kunstgriff garantiert, daß in jedem Fall hinreichend viele Beispielsparameter für die δ-Formeln verfügbar sind.)

Eine auf diese Weise eingeführte Menge $R_1 \cup R_2$ ist es, welche die Existenzbehauptung unseres Theorems erfüllt. Da diese Mengen auch außerhalb des gegenwärtigen Beweises eine wichtige Rolle spielen werden, nennen wir sie *regulär-magische Standardmengen*, abgekürzt: *r-m-st-Mengen.*

Davon, daß $R_1 \cup R_2$ regulär ist, haben wir uns eben schon überzeugt. Was noch übrig bleibt, ist der Nachweis dafür, daß diese Menge die obigen Bedingungen $\mathbf{M}_1$ und $\mathbf{M}_2$ erfüllt.

Zu $\mathbf{M}_1$: $\mathfrak{b}$ sei eine $R_1 \cup R_2$ erfüllende Boolesche Bewertung. Angenommen, γ sei wahr unter $\mathfrak{b}$. Für jedes u ist $\gamma \rightarrow \gamma(u)$ wahr unter $\mathfrak{b}$; denn $\gamma \rightarrow \gamma(u)$ ist Element von R_2 und damit von $R_1 \cup R_2$. Da also $\mathfrak{b}$ eine Boolesche Bewertung ist, unter der sowohl γ als auch $\gamma \rightarrow \gamma(u)$ wahr sind, muß auch $\gamma(u)$ für alle u unter $\mathfrak{b}$ wahr sein. Damit ist die Bedingung (a) von Hilfssatz 1 erfüllt.

Wir zeigen, daß auch die Bedingung (b) dieses Hilfssatzes erfüllt ist. Angenommen, δ sei wahr unter $\mathfrak{b}$. Da $\delta \rightarrow \delta(u)$ für mindestens ein u zu

(R_1 und damit auch zu) $R_1 \cup R_2$ gehört, ist $\delta \rightarrow \delta(u)$ für dieses u wahr bei $\mathfrak{b}$. Also ist $\delta(u)$ wahr bei $\mathfrak{b}$. Damit ist auch die zweite Bedingung von Hilfssatz 1 erfüllt.

Die Konklusion des Hilfssatzes gilt also und $\mathfrak{b}$ ist eine quantorenlogische Bewertung. Damit ist die Gültigkeit von $\mathbf{M}_1$ für $R_1 \cup R_2$ erwiesen.

Zu $\mathbf{M}_2$: Jede endliche Teilmenge R unserer r-m-st-Menge ist regulär. Wenn daher S eine endliche q-erfüllbare Menge reiner Formeln ist, dann ist nach Th. 10.1 auch $R \cup S$ q-erfüllbar[2]. Damit ist gezeigt, daß auch die zweite Bedingung von ‚magisch' für $R_1 \cup R_2$ gilt. □

Aus Th. 10.3 ergibt sich fast unmittelbar das folgende

Korollar *M sei eine magische Menge. S sei eine Obermenge von M, die wahrheitsfunktionell erfüllbar ist. Dann ist S auch q-erfüllbar in einem abzählbaren Bereich.*

Beweis: Wir arbeiten mit der Formelmenge $\mathbb{E}^V$. Dabei sei V hier eine abzählbare Menge von Parametern. Nach Voraussetzung existiert eine Boolesche Bewertung $\mathfrak{b}$, die S erfüllt. A fortiori erfüllt $\mathfrak{b}$ auch M. Damit aber muß $\mathfrak{b}$ eine quantorenlogische Bewertung sein (denn M ist magisch!). S wird also von der quantorenlogischen Bewertung $\mathfrak{b}$ (der abzählbaren Menge $\mathbb{E}^V$) erfüllt. □

In den folgenden Abschnitten soll gezeigt werden, daß einige grundlegende Theoreme der Quantorenlogik aus Th. 10.3 gewonnen werden können.

10.1.3 Kompaktheitstheorem. Löwenheim-Skolem-Theorem. Die Gültigkeit des junktorenlogischen Kompaktheitstheorems werde hier vorausgesetzt. Mit seiner Hilfe sowie der Ergebnisse des vorigen Abschnittes läßt sich ein einfacher Beweis des *quantorenlogischen Kompaktheitstheorems* liefern.

Es sei S eine Menge reiner Sätze, so daß jede endliche Teilmenge von S q-erfüllbar ist. M sei eine magische Menge. Man erkennt leicht die Richtigkeit der folgenden

Behauptung *S sowie jede endliche Teilmenge N von $M \cup S$ ist q-erfüllbar in einem abzählbaren Bereich.*

N ist nämlich die Vereinigung einer endlichen Teilmenge M_0 von M mit einer endlichen Teilmenge S_0 von S. S_0 ist nach Voraussetzung q-erfüllbar. Gemäß der Eigenschaft $\mathbf{M}_2$ von magischen Mengen ist daher auch $M_0 \cup S_0 = N$ q-erfüllbar. N ist somit a fortiori j-erfüllbar.

---

2 Die Endlichkeit von S wird hier gar nicht benötigt, wie die Formulierung von Th. 10.1 zeigt.

Wir haben also gezeigt, daß jede endliche Teilmenge von $M \cup S$ *wahrheitsfunktionell* erfüllbar ist, sofern für S die obige Voraussetzung gilt (nämlich daß jede endliche Teilmenge von S q-erfüllbar ist). Nach dem *junktorenlogischen* Kompaktheitstheorem ist dann die *ganze* Menge $M \cup S$ j-erfüllbar. Aufgrund des Korollars zu Th. 10.3 ist $M \cup S$ sogar *q-erfüllbar* in einem *abzählbaren* Bereich. Dasselbe gilt trivialerweise von den Teilmengen N und S dieser Menge. □

Die Bezugnahme auf das Korollar ermöglichte also einen simultanen Nachweis des q-Kompaktheitstheorems sowie des Löwenheim-Skolem-Theorems.

10.2 Das Fundamentaltheorem der Quantorenlogik (Abstrakte Fassung des Satzes von Herbrand)

Es existiert ein grundlegendes Theorem der Quantorenlogik, das auf Gedanken von HERBRAND zurückgeht. Andere Logiker, wie GÖDEL, GENTZEN, HENKIN, HASENJÄGER und BETH haben daran Verbesserungen und Vereinfachungen vorgenommen. Die endgültige und hier vorgelegte Gestalt hat das Theorem durch SMULLYAN erhalten. Der „Herbrandsche Charakter" des Theorems tritt darin zutage, daß mit jedem *q-gültigen* Satz in interessanter Weise ein junktorenlogischer Satz verknüpft werden kann, der eine *Tautologie* ist.

Daß es sich wirklich um ein tiefliegendes Theorem handelt, werden wir im folgenden Abschnitt dadurch demonstrieren, daß wir mit seiner Hilfe einen direkten Nachweis der Vollständigkeit üblicher Axiomatisierungen der Quantorenlogik liefern – einen Nachweis, der wesentlich einfacher und kürzer ist als die bekannten Vollständigkeitsbeweise dieser Art –, ohne in irgendeiner Weise auf das analoge Resultat für den Baumkalkül zurückzugreifen.

Wir beginnen mit der Formulierung der schwachen Form des Herbrand-Theorems in der Smullyanschen Fassung:

Th. 10.4 (Schwache Form des Fundamentaltheorems der Quantorenlogik) *Jeder q-gültige reine Satz wird junktorenlogisch impliziert von einer endlichen regulären Menge R.*

Beweis: X sei rein und q-gültig. M sei eine reguläre und magische Menge. Solche Mengen existieren nach Th. 10.3. Aufgrund von Th. 10.2 sowie der Definition von ‚wahrheitsfunktionelle Basis' existiert eine endliche Teilmenge R von M, die X wahrheitsfunktionell impliziert. R ist endlich und regulär (da ja sogar M regulär ist). Damit ist bereits alles bewiesen. □

Th. 10.5 (Starke Form des Fundamentaltheorems der Quantorenlogik) *Jeder q-gültige reine Satz X wird junktorenlogisch impliziert von einer endlichen regulären Menge R, welche die zusätzliche Eigenschaft besitzt, daß für jedes Element $Q \rightarrow Q(u)$ von R die Formel Q eine schwache Teilformel von X ist.*

Wir formulieren zunächst den

Hilfssatz 2 *Es sei M eine r-m-st-Menge $R_1 \cup R_2$. (R_1 und R_2 haben die im Beweis von Th. 10.3 beschriebenen Bedeutungen.) Für einen gegebenen Satz X sei M_X die Menge all derjenigen Elemente $Q \rightarrow Q(u)$ von M, so daß Q eine schwache Teilformel von X ist.* $\mathfrak{b}$ *sei eine Boolesche Bewertung, bei der M_X wahr ist. Dann bildet die Menge W_X all derjenigen schwachen Teilformeln von X, die bei* $\mathfrak{b}$ *wahr sind, eine q-Hintikka-Menge.*

Beweis: Daß W_X die ersten drei Eigenschaften von Hintikka-Mengen besitzt (d.h. bezüglich der atomaren Formeln sowie der α- und der β-Formeln), folgt unmittelbar aus der Voraussetzung, wonach $\mathfrak{b}$ eine Boolesche Bewertung ist, bei der W_X wahr wird. Zur Verifikation von H_3 nehmen wir an, daß $\gamma \in W_X$. γ ist dann eine schwache Teilformel von X und wahr bei $\mathfrak{b}$. Nach Voraussetzung ist $\gamma \rightarrow \gamma(u)$ für alle u ein Element von M_X. Damit sind alle diese Formeln wahr bei $\mathfrak{b}$ und damit auch alle Formeln $\gamma(u)$. Da mit γ auch alle $\gamma(u)$ schwache Teilformeln von X sind, gilt für alle $u : \gamma(u) \in W_X$.

Zur Verifikation von H_4 nehmen wir an, daß $\delta \in W_X$. Wie soeben schließt man auch hier, daß δ bei $\mathfrak{b}$ wahr und schwache Teilformel von X ist. Dann muß für mindestens ein u $\delta \rightarrow \delta(u)$ wahr bei $\mathfrak{b}$ sein und daher auch $\delta(u)$. Da ferner auch $\delta(u)$ eine schwache Teilformel von X ist, gilt: $\delta(u) \in W_X$. □

Jetzt gehen wir über zum *Beweis von* Th. 10.5: M sei wieder eine *r-m-st*-Menge. X sei ein beliebiger gültiger reiner Satz. M_X sei so definiert wie in Hilfssatz 2. (Von dieser Menge sagen wir auch, daß sie die „*schwache Teilformel-Eigenschaft*" bezüglich X erfülle.) $\mathfrak{b}$ sei eine M_X erfüllende Boolesche Bewertung. Wir wollen zeigen, daß X bei $\mathfrak{b}$ wahr wird.

W_X sei die Menge der schwachen Teilformeln von X, die bei $\mathfrak{b}$ wahr werden. Wir müssen zeigen, daß X Element von W_X ist. Nun sind sowohl X als auch $\neg X$ schwache Teilformeln von X. Da genau eine dieser Formeln bei $\mathfrak{b}$ wahr ist, liegt genau eine in W_X. Nach Hilfssatz 2 ist W_X eine q-Hintikka-Menge; also ist jedes Element von W_X q-erfüllbar[3].

3 Nach dem Lemma von HINTIKKA ist W_X sogar *simultan* q-erfüllbar.

$\neg X$ kann aber nicht q-erfüllbar sein, da X gültig ist. Somit ist $\neg X$ kein Element von W_X; also liegt X in W_X, d.h. X ist wahr bei b.

Diese Überlegung hat folgendes gezeigt: Jeder gültige reine Satz X wird wahrheitsfunktionell impliziert von M_X. Nach dem Kompaktheitstheorem der Junktorenlogik (in der Deduzierbarkeitsfassung) wird X somit auch von einer *endlichen Teilmenge* R von M_X wahrheitsfunktionell impliziert.

Da M_X (und damit jede Teilmenge davon) die schwache Teilformel-Eigenschaft bezüglich X erfüllt, ist bereits alles bewiesen. □

Daß der Nachweis der beiden Fassungen des Fundamentaltheorems relativ einfach und zwanglos erfolgen konnte, ist offenbar eine Folge der raffinierten Smullyanschen Definition der magischen Mengen.

10.3 Ein Beweis des Fundamentaltheorems auf der Grundlage des Baumverfahrens

Die in **10.2** erbrachten Beweise setzten nur die vorangehenden Resultate dieses Kapitels über reguläre und magische Mengen voraus, nicht jedoch irgendwelche Resultate über Kalküle.

Wenn wir aber die Gödelsche Vollständigkeit des *adjunktiven Baumkalküls* **B** voraussetzen, so können wir einen weiteren, und zwar recht anschaulichen Nachweis für das Fundamentaltheorem liefern. Dabei benützen wir die folgenden beiden bereits bekannten Fakten:

(*a*) Die metatheoretische Aussage ‚$R \Vdash_j A$' ist gleichwertig mit der Aussage ‚$R \cup \{\neg A\}$ ist junktorenlogisch unerfüllbar'.

(*b*) Der modus ponens ist eine zulässige Schlußregel in **B**.

Es sei X ein reiner gültiger Satz. Nach Voraussetzung existiert ein geschlossener Baum für $\neg X$. In diesem Baum eliminieren wir *sämtliche* Anwendungen der Regeln C und D dadurch, daß wir für jedes aus einem Q erschlossenen $Q(u)$ die Formel $Q \rightarrow Q(u)$ an den Anfang des Baumes setzen und $Q(u)$ aus Q und $Q \rightarrow Q(u)$ mittels modus ponens erschließen, was nach (*b*) zulässig ist. Wenn wir die Klasse der an den Anfang gestellten Formeln $Q \rightarrow Q(u)$ mit R bezeichnen, wobei R regulär ist, so erhalten wir einen junktorenlogisch (!) geschlossenen Baum, der einen Beweis für die Unerfüllbarkeit von $R \cup \{\neg X\}$ darstellt. Nach (*a*) ist damit die schwache Form des Fundamentaltheorems bereits als richtig erkannt. Daß auch die starke Form gilt, folgt aus der weiteren Tatsache, daß ganz allgemein Beweise des Baumkalküls die schwache Teilformel-Eigenschaft besitzen.

10.4 Direkter und verschärfter Vollständigkeitsbeweis des axiomatischen Kalküls A

Daß es sich bei einem metatheoretisch nachweisbaren Satz um ein tiefliegendes Theorem handelt, erkennt man am besten an der *Leistungsfähigkeit* dieses Satzes. Wir werden uns von der Leistungsfähigkeit des Fundamentaltheorems der Quantorenlogik dadurch überzeugen, daß wir mit seiner Hilfe einen direkten Nachweis der Vollständigkeit des Kalküls **A** erbringen. Während die üblichen Vollständigkeitsbeweise für Hilbert-Kalküle mehr oder weniger aufwendig sind, wird sich der vorliegende als überraschend einfach erweisen. (Der früher in Kap. 4 erbrachte Vollständigkeitsbeweis war demgegenüber ein *indirekter*, der auf das analoge Resultat für den Sequenzenkalkül Bezug nahm, welches sich seinerseits auf die bereits erwiesene Vollständigkeit des Baumkalküls stützte.)

Der Vollständigkeitsnachweis wird sogar in dem Sinn ein (psychologisch) *verschärfter* sein, als sich der Nachweis auf einen gegenüber **A** *scheinbar* schwächeren Kalkül bezieht. Der Einfachheit halber beschränken wir uns auf die Gödelsche Vollständigkeit, d. h. auf die Gültigkeitsvollständigkeit.

In einem ersten Schritt formulieren wir triviale Varianten von **A**, die nur die beiden Zwecke haben, erstens einen systematischen Gebrauch von der γ-δ-Symbolik zu machen und zweitens eine Symmetrie in den quantorenlogischen Teil einzuführen.

Dabei schicken wir ein einfaches Metatheorem der Junktorenlogik voraus, nämlich das

Theorem von Post *Jeder axiomatische Kalkül, der alle Tautologien als Theoreme und den modus ponens als zulässige Regel enthält, ist bezüglich junktorenlogischer Implikation abgeschlossen.* (Letzteres ist in folgendem Sinne zu verstehen: Wenn $X_1, \ldots, X_n$ im Kalkül beweisbar sind und Y ein junktorenlogisches Implikat von $\{X_1, \ldots, X_n\}$ ist, dann ist Y eine im Kalkül beweisbare Formel.)

Aus diesem Theorem geht hervor, daß unter der gegebenen Voraussetzung (d. h. Zulässigkeit des modus ponens) jede Regel zulässig ist, welche Fälle von junktorenlogischer Implikation repräsentiert.

Der *Beweis* ist höchst einfach: Falls $X_1, \ldots, X_n$ Theoreme sind und Y aus diesen Formeln junktorenlogisch folgt, so ist $X_1 \rightarrow (X_2 \rightarrow (X_3 \rightarrow \ldots (X_n \rightarrow Y) \ldots))$ eine Tautologie und damit ein Theorem. n-malige Anwendung des modus ponens liefert Y als Theorem des Kalküls. □

Der Kalkül **A'** entstehe aus **A** dadurch, daß wir erstens statt des Axiomenschemas (E) das folgende wählen:

(E') $\neg \bigvee x A[x] \rightarrow \neg A[u]$

und zweitens die Regel (AG) ersetzen durch:

$$(AG') \quad \frac{\neg A[u] \rightarrow B}{\neg \bigwedge x A[x] \rightarrow B} \quad \text{(mit derselben Parameterbedingung).}$$

In der vereinheitlichenden γ-δ-Notation können die Postulate von $\mathbf{A}'$ folgendermaßen formuliert werden:

(J) $\quad A$, sofern $\Vdash_j A$

$$(MP) \quad \frac{A \quad A \rightarrow B}{B}$$

$(A'), (E')$ $\quad \gamma \rightarrow \gamma(u)$

$$(AG'), (EG') \quad \frac{\delta(u) \rightarrow B}{\delta \rightarrow B}, \quad \text{falls } u \text{ weder in } B \text{ noch in } \delta \text{ vorkommt.}$$

Zwei Kalküle mögen *beweisäquivalent*, oder kurz: *äquivalent*, genannt werden, wenn sie dieselben Theoreme enthalten. Mit Hilfe des Postschen Theorems ergibt sich unmittelbar, daß $\mathbf{A}$ und $\mathbf{A}'$ äquivalent sind.

Das System $\mathbf{A}''$ entstehe aus $\mathbf{A}'$ dadurch, daß das Axiomenschema $\gamma \rightarrow \gamma(u)$ durch die folgende *Schlußregel* ersetzt wird:

$$\frac{\gamma(u) \rightarrow B}{\gamma \rightarrow B}.$$

Man erkennt leicht, daß $\mathbf{A}''$ beweisäquivalent ist mit $\mathbf{A}'$:

(1) Jedes Theorem von $\mathbf{A}'$ ist Theorem von $\mathbf{A}''$: $\gamma(u) \rightarrow (\gamma \rightarrow \gamma(u))$ ist tautologisch, also Theorem (und sogar Axiom) von $\mathbf{A}''$. Wenn wir innerhalb der obigen Schlußregel $\gamma \rightarrow \gamma(u)$ für B wählen, ist daher nach dieser Regel $\gamma \rightarrow (\gamma \rightarrow \gamma(u))$ Theorem von $\mathbf{A}''$. $\gamma \rightarrow \gamma(u)$ wird von dieser letzten Formel junktorenlogisch impliziert, ist also gemäß dem Theorem von Post ebenfalls Theorem von $\mathbf{A}''$. Damit umfaßt $\mathbf{A}''$ alle $\mathbf{A}'$-Axiome vom Typ (A'), (E').

(2) Jedes Theorem von $\mathbf{A}''$ ist Theorem von $\mathbf{A}'$. Es genügt, zu zeigen, daß die obige Schlußregel von $\mathbf{A}''$ in $\mathbf{A}'$ zulässig ist. Angenommen also, $\gamma(u) \rightarrow B$ sei in $\mathbf{A}'$ beweisbar. Nun ist $\gamma \rightarrow \gamma(u)$ Axiom von $\mathbf{A}'$. Da $\gamma \rightarrow B$ junktorenlogisch aus $\{\gamma \rightarrow \gamma(u), \gamma(u) \rightarrow B\}$ folgt, ist diese Formel $\gamma \rightarrow B$ nach dem Theorem von Post somit ebenfalls in $\mathbf{A}'$ beweisbar.

Der Nachweis der Beweisäquivalenz von $\mathbf{A}$, $\mathbf{A}'$ und $\mathbf{A}''$ ist damit beendet. □

$\mathbf{A}^*$ sei der folgende axiomatische Kalkül, der aus einem Axiomenschema und zwei Schlußregeln besteht:

(J) $\quad A$, falls $\Vdash_j A$

$$(Q_1) \quad \frac{[\gamma \rightarrow \gamma(u)] \rightarrow B}{B}$$

$$(Q_2) \quad \frac{[\delta \rightarrow \delta(u)] \rightarrow B}{B}, \quad \text{vorausgesetzt, daß } u \text{ weder in } \delta \text{ noch in } B \text{ vorkommt}$$

Die beiden quantorenlogischen Schlußregeln (Q_1), (Q_2) sind Ein-Prämissen-Regeln! Der modus ponens ist *keine* Regel dieses Kalküls. (Daher läßt sich auch das Theorem von Post nicht auf **A*** übertragen.)

Dagegen zeigt man leicht die Richtigkeit der folgenden

Behauptung **A*** *ist ein Teilkalkül von* **A″** *(und damit von* **A** *bzw. von* **A′***), d. h. alles, was in* **A*** *beweisbar ist, ist auch in* **A″** *beweisbar.*

Beweis: Die beiden Regeln von **A*** können nochmals zu einer Regel zusammengefaßt werden, nämlich:

(S) $\dfrac{[Q \rightarrow Q(u)] \rightarrow B}{B}$, wobei, falls Q vom δ-Typ ist, vorausgesetzt sei, daß u weder in Q noch in B vorkommt.

Es ist zu zeigen, daß (S) in **A″** zulässig ist. Es sei also $[Q \rightarrow Q(u)] \rightarrow B$ in **A″** beweisbar, mit Parameterbedingung im δ-Fall. Dann gilt auch die Parameterbedingung für die δ-Regel von **A″**. Wegen des Theorems von Post sind, da **A″** den modus ponens als Regel enthält, mit $[Q \rightarrow Q(u)] \rightarrow B$ auch $Q(u) \rightarrow B$ sowie $\neg Q \rightarrow B$ Theoreme von **A″**. Im ersten Fall kommt u weder in B noch in Q vor, sofern Q vom Typ δ ist. Nach den Regeln von **A″** ist daher mit $Q(u) \rightarrow B$ auch $Q \rightarrow B$ Theorem von **A″**. Gemäß dem Postschen Theorem ist mit $\neg Q \rightarrow B$ und $Q \rightarrow B$ auch B Theorem von **A″**. □

Prima facie würde man erwarten, daß sich **A*** als echter Teilkalkül von **A** erweist. Überraschenderweise gilt folgendes:

Th. 10.6 (Verschärftes Gödelsches Vollständigkeitstheorem) *Jeder reine q-gültige Satz X ist beweisbar in* **A***.

Beweis: Nach Th. 10.4, dem Fundamentaltheorem in schwacher Form, wird der q-gültige Satz X junktorenlogisch von einer endlichen regulären Menge R impliziert. Die R entsprechende reguläre Folge $Y_1, \ldots, Y_n$ besteht aus Formeln $Q_i \rightarrow Q_i(u_i)$, so daß u_i in den vorangehenden Formeln nicht vorkommt und auch nicht in Q_i, falls Q_i ein δ ist.

Wir kehren nun die Reihenfolge der Glieder der regulären Folge um, betrachten also die Folge $Y_n, \ldots, Y_1$ – der Sinn dieser Umkehrung ist, wie sich sofort zeigen wird, die Regel (S) für den Beweis von X anwendbar zu machen –, und bilden die Formel

$$(*) \quad Y_n \rightarrow (Y_{n-1} \rightarrow \ldots \rightarrow (Y_1 \rightarrow X) \ldots).$$

Nach Voraussetzung ist dies eine Tautologie; und für jede der Formeln Y_i, d. h. $Q_i \rightarrow Q_i(u_i)$, gilt bezüglich des Parameters u_i die eben formulierte Aussage, mit dem einen entscheidenden Unterschied, daß (wegen der Umkehrung der Reihenfolge) dieser Parameter in keiner *späteren* Teilformel $Y_{i-1}, Y_{i-2}, \dots, Y_1$ von (*) und ebenso natürlich nicht in X vorkommt.

Dies gewährleistet die sukzessive Anwendbarkeit der Regel (S) von **A*** auf die Formel (*), so daß man in **A*** einen Beweis von X erhält, der, anschaulich geschrieben, folgendermaßen aussieht:

$$Y_n \to (Y_{n-1} \to \dots \to (Y_1 \to X)\dots)$$
$$Y_{n-1} \to (\dots \to (Y_1 \to X)\dots)$$
$$Y_1 \to X$$
$$X \quad \square.$$

A* kann nochmals zu dem *scheinbar* schwächeren Kalkül **A**** umgeformt werden, der dasselbe Axiomenschema und Schlußschema enthält wie **A***, zusätzlich aber die folgende Forderung bezüglich der Regel (S): *Q ist eine schwache Teilformel von B.* Für diesen „*axiomatischen Kalkül mit Teilformel-Eigenschaft*" gilt das

Th. 10.7 (Wesentlich verschärftes Gödelsches Vollständigkeitstheorem) *Jeder reine q-gültige Satz X ist beweisbar in* **A****.

Da die starke Form des Fundamentaltheorems (**Th. 10.5**) die Existenz einer regulären Formelfolge mit der schwachen Teilformel-Eigenschaft garantiert, läßt sich der vorangehende Beweis unmittelbar auf den Kalkül **A**** übertragen. □

Die Korrektheit und Vollständigkeit der fünf Kalküle **A**, **A**′, **A**″, **A*** und **A**** stützt sich auf das folgende einfache Metatheorem, wobei ‚$\leqq$' die Relation ‚ist Teilkalkül von' ausdrücke:

Wenn $K_n \leqq K_{n-1} \leqq \dots \leqq K_1$, ferner K_1 korrekt und K_n vollständig ist, so sind alle $K_i (1 \leqq i \leqq n)$ korrekt und vollständig. (In unserem Beispiel ist K_1 der Kalkül **A** und K_n der Kalkül **A****.)

Abschließend sei noch auf die unterschiedliche Relevanz der beiden Beweise des Fundamentaltheorems (in der schwächeren und in der stärkeren Variante) für die Gödelsche Vollständigkeit der axiomatischen Kalküle hingewiesen.

Der erste der beiden Beweise (in **10.2**) verlief direkt über die Theorie der magischen Mengen und nahm auf keinen Kalkül Bezug. Unter Berufung auf *diesen* Beweis konnten wir sagen, daß das Fundamentaltheorem einen Vollständigkeitsnachweis der Hilbert-Kalküle ermöglicht, der wesentlich einfacher ist als die anderen bekannten Beweise dieser Art.

Der zweite Beweis (in **10.3**) verlief dagegen über die als bekannt vorausgesetzte Vollständigkeit des Baumkalküls **B**. Behält man dies im Auge, so folgt sofort, daß man die Gödel-Vollständigkeit von **A*** bzw.

A** (und damit die aller übrigen angeführten axiomatischen Hilbert-Kalküle) aus der entsprechenden Vollständigkeit von **B** erschließen kann. Wir halten dies ausdrücklich fest im folgenden

Übertragungslemma *Die Gödel-Vollständigkeit von* **B** *überträgt sich auf* **A*** *und* **A**** *(und damit a fortiori auf* **A**, **A′** *und* **A″***).*

Dazu hat man nur den Beweis des Fundamentaltheorems aus **10.3** mit dem Nachweis von Th. 10.6 bzw. von Th. 10.7 zu vergleichen. (Der Leser verdeutliche sich den Übergang im Detail durch Kombination der in **10.3** beschriebenen Methode mit dem Beweisverfahren für Th. 10.6 bzw. Th. 10.7.)

Wenn man bedenkt, daß der Baumkalkül auf der einen Seite und die Hilbert-Kalküle auf der anderen Seite *die strukturell verschiedenartigsten Kalkültypen* repräsentieren, so tritt von neuem der tiefliegende Charakter des Fundamentaltheorems zutage. Denn diesem Theorem allein verdanken wir ja den fast zwanglosen Übergang von der Vollständigkeit von **B** zu der von **A*** und **A****.

Kapitel 11

Analytische und synthetische Konsistenz. Zwei Typen von Vollständigkeitsbeweisen: solche vom Gödel-Gentzen-Typ und solche vom Henkin-Typ

11.1 Formale Konsistenz in axiomatischen Kalkülen und analytische Konsistenz

‚Menge' soll wieder stets gleichbedeutend sein mit ‚Menge von Sätzen'. Unter den Mengeneigenschaften spielen die *analytischen Konsistenzeigenschaften*, die wir jetzt definieren werden, eine wichtige Rolle. Zum Zwecke größerer Übersichtlichkeit formulieren wir die Definition, und zwar in zwei verschiedenen gleichwertigen Varianten, in der *formalen* Metasprache. (Analoges gilt für die später folgende Definition des Begriffs der synthetischen Konsistenzeigenschaft.) Da wir den Ausdruck ‚Eigenschaft', wie immer, rein extensional verstehen, läuft in der nun folgenden Definition die Eigenschaftsvariable ‚$\mathfrak{R}$' über die Mengen von Formelmengen.

D1 Eine Menge $\mathfrak{R}$ von Formelmengen (der Quantorenlogik erster Stufe) ist eine *analytische Konsistenzeigenschaft* gdw die folgenden fünf Bedingungen gelten:

A_0 $\bigwedge N(N \in \mathfrak{R} \Rightarrow \bigwedge F(F \text{ ist atomar} \Rightarrow \{F, \neg F\} \nsubseteq N))$,

A_1 $\bigwedge N(N \in \mathfrak{R} \Rightarrow \bigwedge \alpha(\alpha \in N \Rightarrow N \cup \{\alpha_1, \alpha_2\} \in \mathfrak{R}))$,

A_2 $\bigwedge N(N \in \mathfrak{R} \Rightarrow \bigwedge \beta(\beta \in N \Rightarrow N \cup \{\beta_1\} \in \mathfrak{R} \vee N \cup \{\beta_2\} \in \mathfrak{R}))$,

A_3 $\bigwedge N(N \in \mathfrak{R} \Rightarrow \bigwedge \gamma(\gamma \in N \Rightarrow \bigwedge u(N \cup \{\gamma(u)\} \in \mathfrak{R})))$,

A_4 $\bigwedge N(N \in \mathfrak{R} \Rightarrow \bigwedge \delta(\delta \in N \Rightarrow \bigwedge u(u \text{ tritt nicht in } N \text{ auf} \Rightarrow N \cup \{\delta(u)\} \in \mathfrak{R})))$.

Bisweilen ist es bequemer, die Bedingungen A_0–A_4 in den folgenden äquivalenten Fassungen zu benützen:

A_0' $\bigwedge N(\bigvee F(F \text{ ist atomar} \wedge \{F, \neg F\} \subseteq N) \Rightarrow N \notin \mathfrak{R})$,

A_1' $\bigwedge N(\bigwedge \alpha(N \cup \{\alpha, \alpha_1, \alpha_2\} \notin \mathfrak{R} \Rightarrow N \cup \{\alpha\} \notin \mathfrak{R}))$,

A'_2 $\bigwedge N(\bigwedge\beta(N\cup\{\beta,\beta_1\}\notin\mathfrak{N} \wedge N\cup\{\beta,\beta_2\}\notin\mathfrak{N} \Rightarrow N\cup\{\beta\}\notin\mathfrak{N}))$,

A'_3 $\bigwedge N(\bigwedge\gamma\bigwedge u(N\cup\{\gamma,\gamma(u)\}\notin\mathfrak{N} \Rightarrow N\cup\{\gamma\}\notin\mathfrak{N}))$,

A'_4 $\bigwedge N\bigwedge\delta\bigwedge u(N\cup\{\delta, \delta(u)\}\notin\mathfrak{N} \wedge u$ tritt nicht in $N\cup\{\delta\}$ auf $\Rightarrow N\cup\{\delta\}\notin\mathfrak{N})$.

Wir überzeugen uns von der Gleichwertigkeit dieser beiden Formulierungen der Bedingungen:

$A_0 \Rightarrow A'_0$: (F ist atomar $\wedge$ $\{F, \neg F\}\subseteq N$) möge gelten. Dann $N\in\mathfrak{N} \Rightarrow \{F, \neg F\}\subseteq N$ ↯. Also $N\notin\mathfrak{N}$.

$A'_0 \Rightarrow A_0$: Sei $N\in\mathfrak{N}$ und F atomar. Dann $\{F, \neg F\}\subseteq N \Rightarrow N\notin\mathfrak{N}$ ↯. Also $\{F, \neg F\}\nsubseteq N$.

$A_1 \Rightarrow A'_1$: Sei $N\cup\{\alpha, \alpha_1, \alpha_2\}\notin\mathfrak{N}$. Mit $M:=N\cup\{\alpha\}$ gilt dann: $M\cup\{\alpha_1, \alpha_2\}\notin\mathfrak{N}$. Da $\alpha\in M$, gilt somit wegen A_1 auch: $M\notin\mathfrak{N}$, d. h. $N\cup\{\alpha\}\notin\mathfrak{N}$.

$A'_1 \Rightarrow A_1$: Sei $N\in\mathfrak{N}$, $\alpha\in N$. Trivial gilt dann: $N\cup\{\alpha\}\in\mathfrak{N}$, wegen A'_1 also auch: $N\cup\{\alpha, \alpha_1, \alpha_2\}\in\mathfrak{N}$. Da $\alpha\in N$, ist dies aber dasselbe wie: $N\cup\{\alpha_1, \alpha_2\}\in\mathfrak{N}$.

$A_2 \Rightarrow A'_2$: sei $N\cup\{\beta, \beta_1\}\notin\mathfrak{N}$, $N\cup\{\beta, \beta_2\}\notin\mathfrak{N}$. Mit $M:=N\cup\{\beta\}$ gilt also: $\neg(M\cup\{\beta_1\}\in\mathfrak{N} \vee M\cup\{\beta_2\}\in\mathfrak{N})$. Unter der Annahme $M\in\mathfrak{N}$ folgt daraus wegen A_2: $\beta\notin M$ ↯. Also $M\notin\mathfrak{N}$, d. h. $N\cup\{\beta\}\notin\mathfrak{N}$.

$A'_2 \Rightarrow A_2$: Sei $N\in\mathfrak{N}$, $\beta\in N$. Dann ist $N=N\cup\{\beta\}\in\mathfrak{N}$. Angenommen, es gelte:
$\neg(N\cup\{\beta_1\}\in\mathfrak{N} \vee N\cup\{\beta_2\}\in\mathfrak{N})$
$\Rightarrow N\cup\{\beta, \beta_1\}\notin\mathfrak{N} \wedge N\cup\{\beta, \beta_2\}\notin\mathfrak{N}$. Gemäß A'_2:
$\Rightarrow N\cup\{\beta\}\notin\mathfrak{N}$ ↯. Also gilt: $N\cup\{\beta_1\}\in\mathfrak{N} \vee N\cup\{\beta_2\}\in\mathfrak{N}$.

$A_3 \Rightarrow A'_3$: Sei $N\cup\{\gamma, \gamma(u)\}\notin\mathfrak{N}$. Mit $M:=N\cup\{\gamma\}$ gilt: $M\cup\{\gamma(u)\}\notin\mathfrak{N}$, also nach A_3 auch: $M\notin\mathfrak{N}$, da ja $\gamma\in M$. Nach der Definition ist damit die zu zeigende Behauptung $N\cup\{\gamma\}\notin\mathfrak{N}$ bereits gewonnen.

$A'_3 \Rightarrow A_3$: Sei $N\in\mathfrak{N}$, $\gamma\in N$. Da $N=N\cup\{\gamma\}$, folgt aus A'_3: $\bigwedge u(N\cup\{\gamma, \gamma(u)\}\in\mathfrak{N}$, d. h. $\bigwedge u(N\cup\{\gamma(u)\}\in\mathfrak{N})$.

$A_4 \Rightarrow A'_4$: Sei $N\cup\{\delta, \delta(u)\}\notin\mathfrak{N}$ und u trete nicht in $N\cup\{\delta\}$ auf. Mit $M:=N\cup\{\delta\}$ gilt: $M\cup\{\delta(u)\}\notin\mathfrak{N}$. Nach A_4 folgt daraus (da $\delta\in M$ und u nicht in M auftritt): $M\notin\mathfrak{N}$. Also $N\cup\{\delta\}\notin\mathfrak{N}$.

$A'_4 \Rightarrow A_4$: Sei $N\in\mathfrak{N}$, $\delta\in N$ und u trete nicht in N auf. Nach A'_4 folgt wegen $N=N\cup\{\delta\}$ (und da u nicht in $N=N\cup\{\delta\}$ auftritt): $N\cup\{\delta, \delta(u)\}\in\mathfrak{N}$, und somit wegen $\delta\in N$: $N\cup\{\delta(u)\}\in\mathfrak{N}$. □

Die *semantische Konsistenz* einer Menge M – d. h. diejenige Eigenschaft, die M genau dann zukommt, wenn alle endlichen Teilmengen von M erfüllbar sind – ist eine analytische Konsistenzeigenschaft, wie man leicht verifiziert (Übungsaufgabe). Ein anderes Beispiel ist folgendes: Eine Menge M werde **B**-*konsistent* genannt, wenn es keinen geschlossenen adjunktiven Baum für M gibt. Es folgt unmittelbar aus den Definitionen, daß die **B**-Konsistenz eine analytische Konsistenzeigenschaft ist.

Anmerkung 1. Wir konnten hier *nicht* die Definition der analytischen Konsistenz von SMULLYAN, [5], S. 66, übernehmen; denn die beiden von SMULLYAN gegebenen Varianten seiner Definition sind *nicht äquivalent.* So ist a.a.O. die Bestimmung A'_2 nachweislich stärker als die Bestimmung A_2; ebenso ist A'_4 nachweislich stärker als A_4. (Vorschlag von R. ENDERS.)

Diese Tatsache allein zeigt, daß es verschiedene Möglichkeiten gibt, den Begriff der analytischen Konsistenzeigenschaft festzulegen. Wir haben uns für eine Fassung entschieden, in der eine möglichst einfache und anschauliche Formulierung der Definition mit optimaler Brauchbarkeit für die folgenden Zwecke vereinigt ist.

Wir definieren jetzt in naheliegender Weise für den axiomatischen Kalkül **A** (bzw. **A**′, **A**″) einen *formalen* Konsistenzbegriff. Dabei beschränken wir uns auf *endliche* Mengen. Eine endliche Formelmenge $\{X_1, \ldots, X_n\}$, mit den Formeln X_i als Elementen dieser Menge, soll *formal widerlegbar* oder *formal inkonsistent in* **A** (*bzw. in* **A**′, *in* **A**″) genannt werden gdw $\neg(X_1 \wedge \ldots \wedge X_n)$ in **A** (bzw. in **A**′, in **A**″) beweisbar ist. Eine endliche Formelmenge heiße *formal konsistent in* **A** (*bzw. in* **A**′, *in* **A**″) gdw sie nicht formal inkonsistent ist (d. h. also, wenn die negierte Konjunktion ihrer Glieder in dem axiomatischen Kalkül nicht bewiesen werden kann). Eine Formel X ist formal konsistent in **A**, wenn $\{X\}$ formal konsistent in **A** ist.

Der Zusammenhang zwischen diesem formalen Konsistenzbegriff und dem abstrakteren Begriff der analytischen Konsistenz findet seinen Niederschlag in dem folgenden

Satz 1 *Die formale Konsistenz in* **A** *(bzw. in* **A**′, *in* **A**″*) ist eine analytische Konsistenzeigenschaft endlicher Mengen.*

Für den Nachweis genügt es, sich auf den Kalkül **A** zu beschränken (denn die trivialen Varianten **A**′ und **A**″ von **A** sind mit **A** beweisäquivalent). Von folgender Abkürzung soll Gebrauch gemacht werden: Für eine Menge N schreiben wir ‚$\neg N$‘ für ‚$\neg(Y_1 \wedge \ldots \wedge Y_k)$‘, wobei $Y_1, \ldots, Y_k$ eine beliebige Aufzählung der Elemente von N ist. (Da im gegenwärtigen Kontext nur endliche Mengen betrachtet werden, ist diese Abkürzung immer zulässig.) Ebenso stehe ‚$\neg(N \wedge X)$‘ für ‚$\neg(N \cup \{X\})$‘ usw.

Wir müssen zeigen, daß das Definiens von ‚formal konsistent‘ die fünf Bedingungen A_0–A_4 der analytischen Konsistenz erfüllt.

Zu A_0: Diese Bedingung ist trivial erfüllt. Würde nämlich ein formal konsistentes N eine Atomformel zusammen mit deren Negation enthalten, so wäre $\neg N$ eine Tautologie und aufgrund des ersten Axiomenschemas würde gelten: $\vdash_{\mathbf{A}} \neg N$, im Widerspruch zur Annahme der formalen Konsistenz von N.

Zu A_1: Benütze A'_1! Es gelte: $\vdash_{\mathbf{A}} \neg(N \wedge \alpha \wedge \alpha_1 \wedge \alpha_2)$ (1). Wegen $\Vdash_j \alpha \rightarrow \alpha_i$ für $i = 1, 2$ gilt aufgrund des ersten Axiomenschemas $\vdash_{\mathbf{A}} \alpha \rightarrow \alpha_i$ (2), (3) und daher gemäß (1), (2), (3) und dem Theorem von Post: $\vdash_{\mathbf{A}} \neg(N \wedge \alpha)$.

Zu A_2: Benütze A'_2! Es gelte: $\vdash_{\mathbf{A}} \neg(N \wedge \beta \wedge \beta_1)$ (1), sowie $\vdash_{\mathbf{A}} \neg(N \wedge \beta \wedge \beta_2)$ (2). Nach dem Theorem von Post folgt aus (1) und (2): $\vdash_{\mathbf{A}} \neg(N \wedge \beta) \vee \neg \beta_1$ (3) und $\vdash_{\mathbf{A}} \neg(N \wedge \beta) \vee \neg \beta_2$ (4). Ferner gilt: $\vdash_{\mathbf{A}} \beta \rightarrow (\beta_1 \vee \beta_2)$ (5), so daß aus (3)–(5) nach dem Theorem von Post folgt: $\vdash_{\mathbf{A}} \neg(N \wedge \beta)$.

Zu A_3: Benütze A'_3! Es gelte: $\vdash_{\mathbf{A}} \neg(N \wedge \gamma \wedge \gamma(u))$. Da $\Vdash_j \gamma \rightarrow \gamma(u)$, ergibt sich unmittelbar: $\vdash_{\mathbf{A}} \neg(N \wedge \gamma)$.

Zu A_4: Benütze A'_4! Es gelte: $\vdash_{\mathbf{A}} \neg(\delta \wedge \delta(u) \wedge N)$ (1), wobei u nicht in $N \cup \{\delta\}$ vorkommt. Einfachheitshalber behandeln wir nur den Fall, in dem δ mit einem Existenzquantor beginnt. Wegen der junktorenlogischen Abgeschlossenheit folgt aus (1):

$$\vdash_{\mathbf{A}} (\delta \wedge \delta(u)) \rightarrow (N \rightarrow (X \wedge \neg X)) \text{ (2)}$$

mit einer Formel X, die u nicht enthält. Da u in (2) in keiner Teilformel außer $\delta(u)$ vorkommt, folgt aus (2) mittels der Regel (EG) sowie dem Theorem von Post (d. h. junktorenlogisch im Rahmen der Quantorenlogik):

$$\vdash_{\mathbf{A}} \delta \rightarrow (N \rightarrow (X \wedge \neg X)) \text{ (3)}$$

und daraus in analoger Weise wie in den vorangehenden Fällen:

$$\vdash_{\mathbf{A}} \neg(\delta \wedge N).$$

Damit ist gezeigt, daß die formale Konsistenz einer endlichen Menge N in **A** tatsächlich eine analytische Konsistenzeigenschaft ist. □

11.2 Analytisches Konsistenz-Erfüllbarkeitstheorem und Gödelsche Vollständigkeit

Den entscheidenden Übergang zur Vollständigkeitsbehauptung bildet das Konsistenz-Erfüllbarkeitstheorem, welches die Erfüllbarkeit jeder Menge behauptet, die eine analytische Konsistenzeigenschaft besitzt. Zwecks terminologischer Unterscheidung von einem analogen Theorem in 11.3 sprechen wir im gegenwärtigen Fall vom *analytischen* Konsistenz-Erfüllbarkeitstheorem. Der Nachweis für dieses Theorem wird erleichtert durch zwei Hilfssätze.

Hilfssatz 2 *Zu jeder Formelmenge N existiert ein vollständiger Baum für N.*

Dabei wird unter einem vollständigen Baum für N ein Baum für N verstanden, bei dem jeder offene Ast erstens eine Hintikka-Menge ist und zweitens sämtliche Elemente von N enthält. (Ein geschlossener Baum für N ist natürlich immer ein vollständiger Baum für N.)

Beweis: Die Elemente von N werden zunächst in eine abzählbare Folge $X_1, X_2, \ldots, X_n, \ldots$ angeordnet. Dann wird das systematische Baumverfahren geringfügig modifiziert. Im ersten Schritt wird der Ursprung mit X_1 gebildet. Nach dem n-ten Schritt wird wie bei der Konstruktion eines systematischen Baumes für eine Formel verfahren. Vor Beendigung des $(n+1)$-ten Schrittes wird jedem offenen Ast die Formel X_{n+1} angefügt. □

Aus diesem Hilfssatz sowie dem Hintikka-Lemma folgt sofort das

Korollar *Wenn kein Baum für N geschlossen ist, so ist N in einem abzählbaren Bereich erfüllbar.*

Hilfssatz 3 *Wenn eine reine Menge N eine analytische Konsistenzeigenschaft $\mathfrak{R}$ besitzt, dann existiert kein geschlossener Baum für N.*

Beweis: N besitze die analytische Konsistenzeigenschaft $\mathfrak{R}$. Wir sagen, daß ein Ast $\mathfrak{A}$ eines endlichen Baumes $\mathfrak{B}$ mit N *$\mathfrak{R}$-verträglich* ist, wenn die Vereinigung von N und der Menge der Glieder von $\mathfrak{A}$ ebenfalls die Eigenschaft $\mathfrak{R}$ hat.

$\mathfrak{B}$ sei ein endlicher Baum, der einen mit N $\mathfrak{R}$-verträglichen Ast $\mathfrak{A}$ besitzt. Wenn $\mathfrak{A}$ durch Anwendung einer der Regeln A, C oder D zu einem Ast $\mathfrak{A}^*$ erweitert wird, dann ist $\mathfrak{A}^*$ gemäß A_1, A_2, A_4 von **D1** mit N $\mathfrak{R}$-verträglich. Wenn $\mathfrak{A}$ durch Anwendung von Regel B zu den zwei Ästen $\mathfrak{A}_1$ und $\mathfrak{A}_2$ erweitert wird, dann ist gemäß A_2 mindestens einer davon $\mathfrak{R}$-verträglich mit N. (Wenn dagegen ein anderer Ast mittels einer dieser Regeln erweitert wird, dann enthält $\mathfrak{B}$ weiterhin den bereits verfügbaren, mit N $\mathfrak{R}$-verträglichen Ast $\mathfrak{A}$.)

Durch Induktion schließt man, daß für eine Menge N mit einer analytischen Konsistenzeigenschaft $\mathfrak{R}$ ein Baum für N mindestens einen Ast $\mathfrak{A}$ besitzt, der mit N $\mathfrak{R}$-verträglich ist. Wegen der Bedingung A_0 muß $\mathfrak{A}$ offen sein. □

Aus diesem Hilfssatz 3 und dem Korollar zum vorangehenden Hilfssatz 2 folgt bereits unmittelbar das

Th. 11.1 (Analytisches Konsistenz-Erfüllbarkeitstheorem) *Eine reine Menge, die eine analytische Konsistenzeigenschaft besitzt, ist in einem abzählbaren Bereich erfüllbar.*

Der weiter oben bewiesene **Satz 1** liefert jetzt sofort einen *Beweis des Gödelschen Vollständigkeitstheorems für* **A**: X sei gültig. Angenommen,

$\neg X$, d.h. genauer: $\{\neg X\}$, sei formal konsistent in **A**. Da die formale Konsistenz eine analytische Konsistenzeigenschaft ist, wäre $\neg X$ in einem abzählbaren Bereich erfüllbar. Dies widerspricht der vorausgesetzten Gültigkeit von X. Also ist $\neg X$ formal inkonsistent in **A**, d.h. formal widerlegbar: $\vdash_{\mathbf{A}} \neg\neg X$. Wegen des Theorems von POST folgt daraus: $\vdash_{\mathbf{A}} X$. □

11.3 Formale Konsistenz in axiomatischen Kalkülen und synthetische Konsistenz

Wir beginnen mit einer Definition von ‚synthetische Konsistenzeigenschaft', wobei wieder die Variable ‚$\mathfrak{R}$' über die entsprechenden Eigenschaften von Formelmengen laufe.

Ferner erinnern wir an den Begriff ‚von endlichem Charakter' aus 9.4: Eine Eigenschaft $\mathfrak{R}$ von Formelmengen ist von endlichem Charakter, sofern eine Formelmenge S diese Eigenschaft $\mathfrak{R}$ besitzt (d.h. $S \in \mathfrak{R}$) gdw die Eigenschaft allen endlichen Teilmengen von S zukommt.

D2 Eine Menge $\mathfrak{R}$ von Formelmengen (der Quantorenlogik erster Stufe) ist eine *synthetische Konsistenzeigenschaft* gdw die folgenden fünf Bedingungen gelten:

EC $\mathfrak{R}$ ist von endlichem Charakter,

B_0 $\bigwedge N(N \in \mathfrak{R} \Rightarrow \bigwedge M(M \subset_{\text{fin}} N \Rightarrow M$ ist junktorenlogisch erfüllbar)),

$B_3 = A_3$,

$B_4 = A_4$,

B_5 $\bigwedge N(N \in \mathfrak{R} \Rightarrow \bigwedge F(N \cup \{F\} \in \mathfrak{R} \vee N \cup \{\neg F\} \in \mathfrak{R}))$.

(Die dritte und vierte Bestimmung B_3 und B_4 sollen wörtlich mit A_3 und A_4 von **D1** übereinstimmen.)

Dabei stehe ‚$M \subset_{\text{fin}} N$' für ‚M ist endliche Teilmenge von N'.

B_5 soll als *Schnittbedingung* bezeichnet werden; denn B_5 besagt: Wenn für beliebiges F weder $N \cup \{F\}$ noch $N \cup \{\neg F\}$ die Eigenschaft $\mathfrak{R}$ hat, so hat auch N nicht die Eigenschaft $\mathfrak{R}$. Diese Bedingung hat kein Analogon im Begriff der analytischen Konsistenz. Das Fehlen von B_5 in **D1** sowie sein Vorkommen in **D2** rechtfertigen es, die Attribute ‚analytisch' bzw. ‚synthetisch' zu verwenden.

B_0 ist eine triviale Verschärfung von A'_0. Das Fehlen von B_1 und B_2, *die mit A_1 und A_2 identifiziert werden sollen*, macht nichts aus. Denn man verifiziert leicht die Aussage, *daß jede synthetische Konsistenzeigenschaft auch eine analytische Konsistenzeigenschaft ist.* (Übungsaufgabe.)

Gelegentlich ist auch die folgende Bedingung von Nutzen, die aus den bisherigen Bedingungen folgt:

B_6 $\bigwedge N(N \in \mathfrak{R} \Rightarrow \bigwedge M(M \subset_{\text{fin}} N \Rightarrow \bigwedge F(M \Vdash_j F \Rightarrow N \cup \{F\} \in \mathfrak{R})))$ (dies bedeutet, daß synthetisch konsistente Mengen um junktorenlogische Implikate ihrer endlichen Teilmengen unter Erhaltung der synthetischen Konsistenz erweitert werden können).

Tatsächlich ist B_6 ein Implikat von B_0 und B_5 allein: N habe die Eigenschaft $\mathfrak{R}$ und X folge junktorenlogisch aus einer endlichen Teilmenge von N. Hätte $N \cup \{X\}$ nicht die Eigenschaft $\mathfrak{R}$, so müßte die letztere wegen B_5 der Menge $N \cup \{\neg X\}$ zukommen. Nach Voraussetzung von B_6 wäre dann eine endliche Teilmenge von $N \cup \{\neg X\}$ junktorenlogisch unerfüllbar, was B_0 widerspricht.

Die in 11.1 definierte formale Konsistenz ist nicht nur, wie dort bewiesen, eine analytische, sondern darüber hinaus eine synthetische Konsistenzeigenschaft, was wir festhalten wollen im folgenden Satz:

Satz 2 *Die formale Konsistenz in* **A** *(bzw. in* **A'**, *in* **A''***) ist eine synthetische Konsistenzeigenschaft endlicher Mengen.*

Abermals beschränken wir uns o.B.d.A. auf den Kalkül **A**. Die Bedingungen EC und B_0 sind trivial erfüllt. Die Bedingungen B_3 $(=A_3)$ sowie B_4 $(=A_4)$ wurden bereits für den Satz 1 verifiziert; B_1 $(=A_1)$ und B_2 $(=A_2)$ folgen aus der Bemerkung weiter oben. Es bleibt B_5 zu verifizieren. Nach Voraussetzung soll gelten: $\vdash_{\mathbf{A}} \neg(S \wedge X)$ sowie $\vdash_{\mathbf{A}} \neg(S \wedge \neg X)$. Wegen des ersten Axiomenschemas und des Theorems von Post aus 10.4 folgt: $\vdash_{\mathbf{A}} \neg S$.

11.4 Synthetisches Konsistenz-Erfüllbarkeitstheorem und Henkinsche Vollständigkeit

Das weitere Vorgehen ist etwas komplizierter als im analytischen Fall. Wir benötigen diesmal einen Satz, der es gestattet, von der Existenz einer Menge, die eine synthetische Konsistenzeigenschaft $\mathfrak{R}$ besitzt, auf die Existenz einer *maximalen* Menge mit dieser Eigenschaft zu schließen. (Eine Formelmenge wird dabei *maximal konsistent* genannt, wenn jede echte Erweiterung dieser Menge die Konsistenz zerstört.) Wie wir bereits wissen (vgl. 9.4), liefert das Lemma von Tukey das gewünschte Resultat.

Es soll nun *Henkins Methode des Vollständigkeitsbeweises* geschildert werden. Der Hauptgedanke dieser Methode besteht in dem Nachweis dafür, daß eine reine Formelmenge S, die eine synthetische Konsistenzeigenschaft $\mathfrak{R}$ besitzt, zu einer q-Wahrheitsmenge erweitert werden kann. Die Erweiterung von S zu einer *maximalen* Menge mit der Eigenschaft $\mathfrak{R}$ ist zwar Bestandteil des Beweises, genügt aber allein nicht. Es muß außerdem gezeigt werden, daß die gewonnene Menge „existentiell vollständig" ist.

Dabei wird eine Menge S *existentiell vollständig*, oder kurz: *E-vollständig*, genannt gdw für jede Formel δ aus S mindestens ein Parameter u existiert, so daß $\delta(u) \in S$.

Daß *beide Bedingungen zusammen* tatsächlich das Gewünschte liefern, zeigen wir im folgenden

Hilfssatz 4 *Wenn die Menge M sowohl E-vollständig als auch eine maximale Menge mit einer synthetischen Konsistenzeigenschaft $\mathfrak{R}$ ist, dann ist M eine q-Wahrheitsmenge (und damit in einem abzählbaren Bereich erfüllbar).*

Beweis: M erfülle die Bedingungen dieses Satzes. Wir zeigen zunächst, *daß M eine Boolesche Wahrheitsmenge ist.* Dazu benötigen wir die folgenden drei Feststellungen:

(*a*) Jede endliche Teilmenge von M ist junktorenlogisch erfüllbar.

(*b*) X sei eine beliebige Formel. Dann ist entweder jede endliche Teilmenge von $M \cup \{X\}$ oder jede endliche Teilmenge von $M \cup \{\neg X\}$ junktorenlogisch erfüllbar.

(*c*) Für jede Formel X gilt entweder $X \in M$ oder $\neg X \in M$.

(*a*) folgt unmittelbar aus B_0. (*b*) folgt aus B_5 und B_0. Schließlich folgt (*c*) aus B_5 sowie der Voraussetzung, daß M eine *maximale* Menge mit der synthetischen Konsistenzeigenschaft $\mathfrak{R}$ ist.

Gemäß (*a*) kann für eine beliebige Formel X entweder X oder $\neg X$ nicht in M liegen. Andererseits muß nach (*c*) mindestens eine dieser Formeln X bzw. $\neg X$ in M liegen. Also liegt *genau eine* dieser Formeln (für beliebiges X) in M. Damit ist die erste Definitionsbedingung von ‚Boolesche Wahrheitsmenge' erfüllt. Es genügt, außerdem zu zeigen, daß eine Formel α zu M gehört gdw sowohl α_1 als auch α_2 zu M gehören. Angenommen, $\alpha \in M$. Dann gilt nach B_0: $\neg \alpha_1 \notin M$, da $\{\alpha, \neg \alpha_1\}$ unerfüllbar ist. Also gilt gemäß (*c*): $\alpha_1 \in M$. Aufgrund derselben Überlegung ergibt sich: $\alpha_2 \in M$. Angenommen, sowohl α_1 als auch α_2 seien Elemente von M. Dann gilt nach B_0: $\neg \alpha \notin M$; denn $\{\alpha_1, \alpha_2, \neg \alpha\}$ ist unerfüllbar. Also gilt nach (*c*): $\alpha \in M$. Damit ist gezeigt, daß M eine Boolesche Wahrheitsmenge ist.

In einem zweiten Schritt zeigen wir, daß die beiden Bedingungen von Hilfssatz 1 in der Version B von 10.1.2 erfüllt sind. Es sei also $\gamma \in M$. Dann hat $M \cup \{\gamma\} = M$ die Eigenschaft $\mathfrak{R}$. Nach B_3 besitzt also für jeden Parameter u auch $M \cup \{\gamma, \gamma(u)\} = M \cup \{\gamma, \gamma(u)\}$ die Eigenschaft $\mathfrak{R}$. Da M eine *maximale* Menge mit dieser Eigenschaft $\mathfrak{R}$ ist, gilt: $\gamma(u) \in M$. Die Annahme $\gamma \in M$ hat somit für jeden Parameter u zur Folge, daß $\gamma(u) \in M$. Dies ist genau die erste Bedingung des Hilfssatzes 1. Die zweite Bedingung jenes Hilfssatzes fällt mit der hier vorausgesetzten E-Vollständigkeit zusammen. Also ist gemäß Hilfssatz 1 von 10.1.2 M eine quantorenlogische Wahrheitsmenge. □

HENKINS Gedanke bestand darin, *das „synthetische“ Analogon zum analytischen Konsistenz-Erfüllbarkeitstheorem* zu beweisen. Dazu wird zunächst gezeigt, daß eine reine Menge, welche eine synthetische Konsistenzeigenschaft $\mathfrak{R}$ besitzt, zu einer Menge erweitert werden kann, die sowohl E-vollständig als auch eine maximale Menge mit der Eigenschaft $\mathfrak{R}$ ist. Auf dieses Resultat wird dann der Hilfssatz 4 angewendet.

Für seinen Gedankengang verwendet HENKIN die Tatsache, daß jede abzählbare Menge als abzählbare Menge *von abzählbaren Mengen* aufgefaßt werden kann. Und zwar wird dies auf die Menge der Parameter angewendet. Genauer werden die Parameter vollständig erfaßt durch eine wiederholungsfreie abzählbare Folge $P_1, P_2, \ldots, P_n, \ldots$, wobei jedes P_i der Folge eine wiederholungsfreie abzählbare Folge $u_1^i, u_2^i, \ldots, u_n^i, \ldots$ von Parametern darstellt.

S_0 sei die Menge aller *reinen* Sätze; und für jedes $n>0$ sei S_n die Menge aller Sätze, in denen nur Parameter aus $P_1 \cup P_2 \cup \ldots \cup P_n$ – die P_i jetzt als Mengen ihrer Glieder statt als Folgen aufgefaßt – vorkommen. S_ω sei die Menge *aller* Sätze. S_ω ist identisch mit der unendlichen Vereinigung $S_0 \cup S_1 \cup \ldots \cup S_n \cup \ldots$.

Wir führen zwei sprachliche Abkürzungen ein. Statt ‚Menge mit einer analytischen oder synthetischen Konsistenzeigenschaft $\mathfrak{R}$‘ sagen wir ‚*$\mathfrak{R}$-konsistente Menge*‘. Und wir bezeichnen eine Menge M als *E-vollständig relativ zu einer Teilmenge* M^* von M gdw für jedes δ aus M^* ein Parameter u existiert, so daß $\delta(u) \in M$.

Für den Rest dieses Kapitels sei $\mathfrak{R}$ eine synthetische Konsistenzeigenschaft, wenn nicht ausdrücklich anders betont.

Die Henkinsche Konstruktion wird durchsichtiger, wenn man ein Zwischenresultat, betreffend die Erweiterung einer $\mathfrak{R}$-konsistenten Menge zu einer $\mathfrak{R}$-konsistenten *und relativ zur ersten E-vollständigen* festhält im folgenden

Hilfssatz 5 *Jede $\mathfrak{R}$-konsistente Teilmenge M der Satzmenge S_n kann zu einer ebenfalls $\mathfrak{R}$-konsistenten Teilmenge von S_{n+1} erweitert werden, die außerdem E-vollständig relativ zu M ist.*

Dazu ordne man alle Elemente aus M vom Typ δ in eine abzählbare Folge: $\delta_1, \delta_2, \ldots, \delta_n, \ldots$ (bzw. in eine endliche Folge, sofern M nur endlich viele Formeln vom Typ δ enthält). Alle in P_{n+1} vorkommenden Parameter sind neu bezüglich M. P_{n+1} besteht aus der Folge $u_1^{n+1}, u_2^{n+1}, \ldots, u_m^{n+1}, \ldots$. Also ist u_i^{n+1} stets neu bezüglich $M \cup \{u_1^{n+1}, \ldots, u_{i-1}^{n+1}\}$. Nach B_4 ist mit M auch die Menge $M \cup \{\delta_1(u_1^{n+1})\}$ $\mathfrak{R}$-konsistent. Mit Induktion ist dann für jedes $m>0$ die Menge $M \cup \{\delta_1(u_1^{n+1}), \ldots, \delta_m(u_m^{n+1})\}$ $\mathfrak{R}$-konsistent. Da $\mathfrak{R}$ eine Eigenschaft von endlichem Charakter ist, folgt daraus, daß selbst die Menge $M \cup \{\delta_1(u_1^{n+1}), \ldots, \delta_m(u_m^{n+1}), \ldots\}$ $\mathfrak{R}$-konsistent ist. Außerdem aber ist diese Menge sogar E-vollständig relativ zu M (denn für jedes δ_k

aus M kommt ja $\delta_k(u_k^{n+1})$ in dieser Menge vor). Da in dieser Menge zusätzliche Parameter nur aus P_{n+1} vorkommen, ist sie schließlich eine Teilmenge von S_{n+1}. □

Wir kommen jetzt zur Formulierung der von HENKIN stammenden synthetischen Analogie zu Th. 11.1, nämlich zu

Th. 11.2 (Synthetisches Konsistenz-Erfüllbarkeitstheorem) *Eine reine Menge, die eine synthetische Konsistenzeigenschaft besitzt, ist in einem abzählbaren Bereich erfüllbar.*

Beweis: M_0 sei eine $\mathfrak{R}$-konsistente reine Menge. Nach Hilfssatz 5 kann M_0 zu einer $\mathfrak{R}$-konsistenten Teilmenge M_1 von S_1 erweitert werden, wobei M_1 außerdem E-vollständig relativ zu M ist.

M_1 braucht keine *maximal* $\mathfrak{R}$-konsistente Teilmenge von S_1 zu sein (d. h. keine maximale Teilmenge von S_1 mit der synthetischen Konsistenzeigenschaft $\mathfrak{R}$). Nach dem in 9.4 bewiesenen Lemma von TUKEY (Konstruktion von LINDENBAUM) kann jedoch M_1 zu einer maximal $\mathfrak{R}$-konsistenten Teilmenge M_1^+ von S_1 erweitert werden.

Allerdings braucht M_1^+ nicht mehr E-vollständig relativ zu M zu sein, da bei der Erweiterung von M_1 zu M_1^+ ein δ hinzugefügt worden sein kann, ohne daß für mindestens einen Parameter u auch $\delta(u)$ hinzugefügt werden mußte. Hilfssatz 5 gestattet jedoch die Erweiterung von M_1^+ zu einer $\mathfrak{R}$-konsistenten Teilmenge M_2 von S_2, die außerdem E-vollständig relativ zu M_1^+ ist.

Allerdings braucht M_2, obzwar $\mathfrak{R}$-konsistent, keine maximal $\mathfrak{R}$-konsistente Teilmenge von S_2 zu sein. Abermals können wir jedoch das Lemma von TUKEY anwenden und dadurch diesmal M_2 zu einer maximal $\mathfrak{R}$-konsistenten Teilmenge M_2^+ von S_2 erweitern.

Somit können wir, indem wir abwechselnd das Verfahren des Hilfssatzes 5 und die Konstruktion von LINDENBAUM (im Beweis des Lemmas von TUKEY) benützen, eine abzählbare aufsteigende Folge von Satzmengen

$$M_0, M_1, M_1^+, M_2, M_2^+, \ldots, M_i, M_i^+, \ldots$$

erzeugen, so daß M_1 E-vollständig ist relativ zu M_0 und für jedes $i \geqq 1$ M_{i+1} E-vollständig relativ zu M_i^+ und außerdem M_i^+ eine maximal $\mathfrak{R}$-konsistente Teilmenge von S_i ist. (Aufsteigend ist die Folge in dem Sinn, daß die Einschlußrelationen gelten:

$$M_0 \subseteqq M_1 \subseteqq M_1^+ \subseteqq M_2 \subseteqq M_2^+ \subseteqq \ldots \subseteqq M_i \subseteqq M_i^+ \subseteqq \ldots.)$$

Schließlich bilden wir die unendliche Vereinigung all dieser Mengen:

$$Z = M_0 \cup M_1 \cup M_1^+ \cup \ldots \cup M_i \cup M_i^+ \ldots.$$

Z ist E-vollständig und maximal $\mathfrak{R}$-konsistent, d. h. Z ist eine maximal $\mathfrak{R}$-konsistente Teilmenge von S_ω. (Ersteres deshalb, weil jede δ-Formel entweder in M_0 oder in einem M_i^+ vorkommt und die auf diese folgende Menge M_1 bzw. M_{i+1} für einen Parameter u $\delta(u)$ enthält. Letzteres aus demselben Grund wie die analoge Behauptung für M im Beweis des Lemmas von TUKEY.)

Nach Hilfssatz 4 ist Z somit eine quantorenlogische Wahrheitsmenge und daher in einem abzählbaren Bereich erfüllbar. □

Das Gödelsche Vollständigkeitstheorem für **A** folgt jetzt vollkommen analog zu der Überlegung im Anschluß an Th. 11.1, da die formale Konsistenz nicht nur eine analytische, sondern gemäß Satz 2 auch eine synthetische Konsistenzeigenschaft ist.

Als erster hat HASENJAEGER eine Vereinfachung des Henkinschen Gedankenganges vorgelegt, in welcher es vermieden wird, ständig zwischen dem Verfahren der E-Vervollständigung und der Lindenbaumschen Konstruktion zu alternieren. Die vereinfachte Methode wird überschaubarer durch den folgenden

Hilfssatz 6 *M besitze die synthetische Konsistenzeigenschaft $\mathfrak{R}$. Dann gilt dasselbe auch von den Erweiterungen $M \cup \{\gamma \rightarrow \gamma(u)\}$ und $M \cup \{\delta \rightarrow \delta(u)\}$ von M, sofern im zweiten Fall u nicht in $M \cup \{\delta\}$ vorkommt.*

Beweis: Wir benützen zur Abkürzung wieder das Prädikat ‚$\mathfrak{R}$-konsistent'. Nach Voraussetzung ist M $\mathfrak{R}$-konsistent. Es ist zu zeigen, daß auch $M \cup \{Q \rightarrow Q(u)\}$ $\mathfrak{R}$-konsistent ist, wobei Q entweder ein γ oder ein δ und u im zweiten Fall gegenüber $M \cup \{Q\}$ neu ist.

Aufgrund der Voraussetzung ist nach B_5 entweder $M \cup \{Q\}$ oder $M \cup \{\neg Q\}$ $\mathfrak{R}$-konsistent. Im letzteren Fall ist nach B_6 auch $M \cup \{Q \rightarrow Q(u)\}$ $\mathfrak{R}$-konsistent. Sofern $M \cup \{Q\}$ $\mathfrak{R}$-konsistent ist, gilt dasselbe nach B_3 oder B_4 auch für $M \cup \{Q, Q(u)\}$. Die Teilmenge $M \cup \{Q(u)\}$ ist daher ebenfalls $\mathfrak{R}$-konsistent. Dann ist nach B_6 abermals auch $M \cup \{Q \rightarrow Q(u)\}$ $\mathfrak{R}$-konsistent. Die Behauptung gilt also tatsächlich in jedem Fall. □

Der vereinfachte Beweis von Th. 11.2 verläuft nun folgendermaßen: M sei eine $\mathfrak{R}$-konsistente reine Menge. Dann ordnen wir *alle* Sätze vom Typ δ – und nicht bloß die aus M, wie in Hilfssatz 5! – in eine abzählbare Folge $\delta_1, \delta_2, \ldots, \delta_n, \ldots$. Auch alle Parameter sollen in einer vorgeschriebenen Weise geordnet werden.

Wir wählen den ersten Parameter u_1 dieser Folge, der nicht in $M \cup \{\delta_1\}$ vorkommt, und erweitern M zu $M_1 = M \cup \{\delta_1 \rightarrow \delta_1(u_1)\}$. Nach Hilfssatz 6 ist auch M_1 $\mathfrak{R}$-konsistent. Dann wählen wir den ersten Parameter u_2 der Folge, der nicht in $M_1 \cup \{\delta_2\}$ vorkommt, und bilden die

Menge $M_2 = M_1 \cup \{\delta_2 \rightarrow \delta_2\{u_2\}$, die ebenfalls $\mathfrak{R}$-konsistent ist usw. Genau gesprochen, definieren wir induktiv die Folge $M_0, M_1, \ldots, M_i, \ldots$ durch die beiden Bedingungen:

(1) $M_0 = M$;

(2) $M_{i+1} = M_i \cup \{\delta_{i+1} \rightarrow \delta_{i+1}(u_{i+1})\}$, wobei u_{i+1} der erste Parameter der vorgegebenen Parameterfolge ist, welcher nicht in $M_i \cup \{\delta_{i+1}\}$ vorkommt.

Jedes M_i dieser Folge ist $\mathfrak{R}$-konsistent und damit auch deren Vereinigung $M^{\cup}$.

$M^{\cup}$ besitzt die folgende wichtige Eigenschaft: Jede Obermenge N von $M^{\cup}$, die abgeschlossen ist bezüglich junktorenlogischer Implikation, ist E-vollständig. Aus der Annahme $\delta \in N$ folgt nämlich für einen Parameter u: $\delta \rightarrow \delta(u) \in M^{\cup} \subseteqq N$. Wegen der Abgeschlossenheit von N bezüglich junktorenlogischer Implikation gilt also: $\delta(u) \in N$.

Mit Hilfe des Lemmas von Tukey bilden wir eine *maximal* $\mathfrak{R}$-konsistente Erweiterung M^{max} von $M^{\cup}$. M^{max} ist abgeschlossen bezüglich junktorenlogischer Implikation. (Wäre M^{max} nämlich diesbezüglich nicht abgeschlossen, so könnte man diese Menge um wahrheitsfunktionelle Folgerungen erweitern und erhielte dadurch *echte* konsistente Erweiterungen, im Widerspruch zur vorausgesetzten maximalen Konsistenz.) Wir können somit die Feststellung des vorigen Absatzes anwenden und behaupten, daß M^{max} nicht nur *maximal* $\mathfrak{R}$*-konsistent*, sondern auch E*-vollständig* ist. Nach Hilfssatz 4 ist daher M^{max} eine quantorenlogische Wahrheitsmenge. □

HENKIN hat in einer persönlichen Mitteilung an SMULLYAN eine noch einfachere Lösung des Problems vorgeschlagen, wie man eine $\mathfrak{R}$-konsistente reine Menge M zu einer quantorenlogischen Wahrheitsmenge erweitern kann. Es wird dabei an das Verfahren von LINDENBAUM angeknüpft. In einem ersten Schritt werden alle Sätze in einer Folge $X_1, \ldots, X_k, \ldots$ aufgezählt. Das Bildungsverfahren der Mengen M_i besteht nach LINDENBAUM darin, zur bereits verfügbaren Menge M_n den Satz X_{n+1} hinzuzufügen, wenn dadurch die $\mathfrak{R}$-Konsistenz erhalten bleibt, ansonsten aber X_{n+1} wegzulassen. HENKIN schlägt für diesen zweiten Schritt die folgende Modifikation vor: Wenn X_{n+1} hinzugefügt wird *und wenn außerdem* X_{n+1} *eine Formel vom Typ* δ *ist*, so werde außerdem eine Formel $\delta(u)$ für ein in M_n noch nicht vorkommendes u hinzugefügt, also: $M_{n+1} = M_n \cup \{\delta = X_{n+1}, \delta(u)\}$. Die Vereinigung $M \cup M_1 \cup \ldots \cup M_n \cup \ldots$ ist dann selbst bereits maximal $\mathfrak{R}$-konsistent und E-vollständig (Übungsaufgabe).

Kapitel 12

Unvollständigkeit und Unentscheidbarkeit

12.0 Vorbemerkungen

Im vorliegenden Kapitel wird die Unentscheidbarkeit (im Sinne von CHURCH) und die Unvollständigkeit (im Sinne von GÖDEL) für eine bestimmte Theorie erster Stufe, nämlich für ein Fragment der Zahlentheorie N, gezeigt. Diese Theorie N wurde erstmals von SHOENFIELD in [1], Kap. 6, zur Grundlage für den Nachweis der Theoreme von GÖDEL und CHURCH verwendet.

Zum besseren Verständnis schicken wir einige erläuternde Bemerkungen über N und die Beschäftigung damit voraus, die zum Nachweis der beiden metatheoretischen Resultate über N führt; dabei werden allerdings einige unexplizierte Ausdrücke benützt, die erst im folgenden genauer präzisiert werden:

(1) Die betrachtete Theorie N ist eine Theorie erster Stufe. Sie enthält geeignete Axiome für die Nachfolgerfunktion, die Addition, die Multiplikation und die Kleiner-Relation. N ist jedoch insofern viel schwächer als die Peanosche Arithmetik, als darin *kein Induktionsaxiom* vorkommt; daher die obige Wendung über N als ‚Fragment der Zahlentheorie'. Trotz dieser Tatsache erweist sich N als stark genug, um alle rekursiven Prädikate in N zu repräsentieren. Auf der anderen Seite ist N hinlänglich schwach, um einen Widerspruchsfreiheitsbeweis zu gestatten, der ein im Sinne von HILBERT finiter Beweis ist.

Anmerkung. Durch diese Tatsache, zusammen mit der Gültigkeit des Gödelschen Unvollständigkeitstheorems für N, wird ein in der philosophischen Literatur verbreitetes Vorurteil zerstört, welches man als „Gödel-Mythos" bezeichnen könnte. Die Überlegungen im Rahmen dieses Mythos verlaufen etwa folgendermaßen:

‚(1) Im sogenannten zweiten Gödelschen Theorem, das aus dem Unvollständigkeitstheorem gewinnbar ist, wird die metatheoretische Aussage bewiesen, daß unter der Voraussetzung der formalen Widerspruchsfreiheit des betreffenden Systems kein Widerspruchsfreiheitsbeweis existiert, der mit den im System selbst formalisierten Methoden erbracht werden könnte.

(2) Da die im System formalisierten Methoden die gesamte klassische Logik einschließen und trotzdem für den Widerspruchsfreiheitsbeweis nicht ausreichen, reichen *a fortiori*

die darin als echter Teil beschlossenen konstruktiven Methoden für einen derartigen Widerspruchsfreiheitsbeweis nicht aus.

(3) Da das sogenannte finite Schließen im Sinne HILBERTS wiederum nur einen kleinen Teilausschnitt dieser konstruktiven Methoden umfaßt, folgt *a fortiori a fortiori* aus dem zweiten Gödelschen System, daß für das fragliche System kein finiter Widerspruchsfreiheitsbeweis möglich ist.'

Diese Schlußfolgerung wird gelegentlich auch als „der Zusammenbruch" oder „das Fiasko" des Hilbertschen beweistheoretischen Programms bezeichnet.

Das im folgenden genau untersuchte formale System N ist ein effektives Gegenbeispiel gegen diese in (3) *gezogene Schlußfolgerung.* Denn einerseits ist das System *N*, wie wir sehen werden, hinreichend ausdruckstark, um die Gültigkeit des Gödelschen Unvollständigkeitstheorems dafür zu beweisen. Auf der anderen Seite ist dieses System – welches insbesondere keine Formalisierung des Prinzips der vollständigen Induktion enthält – doch wiederum so schwach, daß SHOENFIELD auf S. 51 seines Werkes [1] *für eben dieses System N* einen im ursprünglichen Hilbertschen Sinn streng finiten Widerspruchsfreiheitsbeweis erbringen konnte.

Was liegt hier vor?

GÖDEL ist bei der Beweisskizze seines zweiten Theorems ein kleiner Irrtum unterlaufen, der erst viel später von BERNAYS entdeckt wurde: Das zweite Gödelsche Theorem gilt nur unter einer zusätzlichen Voraussetzung, nämlich der Ableitbarkeit einer bestimmten Formel im fraglichen formalen System. In HILBERT-BERNAYS, [1], wird dies eingehend in § 5.2 geschildert. Eine korrekte Detailbehandlung dieses Sachverhaltes findet sich auch bei LORENZEN in [3] auf S. 131f. Dort wird die erforderliche Zusatzbedingung als ‚*Bernayssche Ableitbarkeitsbedingung*' bezeichnet.

Darüber, wieso es trotz dieser späteren Aufklärung zur Verbreitung des Gödel-Mythos gekommen ist, kann man nur spekulative Vermutungen aufstellen. Möglicherweise hat das Werk von KLEENE dazu beigetragen, welches ja für lange Zeit als Standardwerk der modernen Metamathematik galt und die Lektüre des oben angeführten Werkes von HILBERT-BERNAYS verdrängte. Auf S. 210 seines Buches formuliert nämlich KLEENE unter ‚Theorem 30' das zweite Gödelsche Theorem und skizziert den Beweis dafür auf solche Weise, daß im Leser der Eindruck entsteht, es sei dafür außer der formalen Widerspruchsfreiheit keine weitere Bedingung erforderlich. (So auch bei W. STEGMÜLLER, [1], S. 26ff., worin an die Darstellung bei KLEENE angeknüpft wird.)

Trotzdem bleibt die ganze Angelegenheit etwas rätselhaft, zumal LORENZEN in dem oben zitierten Buch 1962 nochmals auf die Bernayssche Ableitbarkeitsbedingung ausdrücklich hingewiesen hatte.

Wir haben diesen Punkt hier kurz erwähnt, weil sich daraus eine doppelte philosophische Warnung ableiten läßt: Erstens, daß eine noch so überzeugende intuitive Beweisskizze kein Ersatz für einen detaillierten Beweis liefert. (Der fragliche Beweis wurde erstmals im zweiten Band des Werkes von HILBERT-BERNAYS geliefert, also ca. acht Jahre nach dem Erscheinen von GÖDELs Arbeit.) Zweitens, daß die philosophischen Konsequenzen eines kleinen Irrtums in nichts geringerem bestehen können als in der Fehleinschätzung einer ganzen Disziplin.

Man sollte vielleicht darauf hinweisen, daß die vorangehende Kritik am „Gödel-Mythos" keineswegs beinhaltet, daß durch das zweite Gödelsche Theorem das beweistheoretische Programm HILBERTs nicht erschüttert worden wäre. Denn die Bernayssche Ableitbarkeitsbedingung, unter deren Voraussetzung das zweite Gödelsche Theorem ja gilt und damit das Hilbertsche Programm versagt, stellt keine besonders starke Zusatzbedingung für formale Systeme dar. Von einem generellen Zusammenbruch des Hilbertschen Programms kann aber trotzdem aufgrund dieser Korrektur nicht mehr die Rede sein.

(2) Gemäß dem Vorgehen von GÖDEL kann man den für *N* geltenden syntaktischen Prädikaten *Term*, *Formel*, *Beweis*, *Theorem* usw. zahlen-

theoretische Prädikate entsprechen lassen, die als rekursive Prädikate definiert werden können. Nachweislich sind alle rekursiven Prädikate in *N* repräsentierbar. Dies gilt damit auch für die den syntaktischen Prädikaten entsprechenden zahlentheoretischen Prädikate.

(3) Der Kern der Beweisführung findet sich in **12.8**. Darin wird zuerst die Unentscheidbarkeit von *N* und aller formal konsistenten Erweiterungen von *N* bewiesen, also die *wesentliche Unentscheidbarkeit* (im Tarskischen Sinne) von *N*. Mit Hilfe der dort ebenfalls nachgewiesenen Tatsache, daß eine syntaktisch vollständige Theorie erster Stufe entscheidbar ist, wird dann auf die Unvollständigkeit von *N* und aller formal konsistenten Erweiterungen von *N*, also auf die *wesentliche Unvollständigkeit* von *N*, geschlossen.

Wir werden uns eng an die Darstellung bei SHOENFIELD in [1] halten, mit den folgenden Unterschieden:

Die ersten sieben Abschn. **12.1** bis **12.7** haben vorbereitenden Charakter. Darin werden alle benötigten Ergebnisse aus der Theorie der rekursiven Funktionen und Prädikate, der Arithmetisierung syntaktischer Prädikate und der Repräsentierbarkeit rekursiver Prädikate in der Theorie erster Stufe *N* geschildert. Da die dabei behandelten Themen, insbesondere aus der Theorie der rekursiven Funktionen, weit über das Gebiet der Logik hinausreichen, werden wir hier auf Beweise verzichten. Dagegen werden wir innerhalb jedes dieser Abschnitte die einschlägigen Stellen bei SHOENFIELD durch Angabe der Seitenzahlen zitieren. Da die Darstellung im Werk von SHOENFIELD meist überaus knapp ist, werden alle wichtigen neuen Begriffe meist ausführlicher erläutert, als dies bei SHOENFIELD geschieht; gegebenenfalls wird eine Überlegung an einem exemplarischen Beispiel im Detail ausgeführt, wie z. B. für das arithmetische Prädikat *Variable* in **12.6**. Diejenigen Leser, welche den ganzen Zusammenhang, einschließlich sämtlicher Beweise, genau verstehen möchten, erhalten durch diese Erläuterungen zusammen mit den genauen Seitenhinweisen auf SHOENFIELDs Buch die Möglichkeit, dieses Ziel relativ rasch und mühelos zu erreichen.

Da das zahlentheoretische Fragment *N* den Gegenstand der metamathematischen Untersuchungen bildet, müssen die Begriffe der *Sprache erster Stufe* sowie der *Theorie erster Stufe* in weit stärkerem Maße präzisiert werden, als dies an früherer Stelle geschehen ist (vgl. **12.1** bis **12.3**). Dadurch soll der didaktische Nebeneffekt erzielt werden, ein besseres Verständnis dieser beiden sowie der auf ihnen beruhenden metalogischen Begriffe zu gewinnen.

Die beiden metamathematischen Hauptresultate finden sich in Abschn. **12.8**. Alle Lemmata und Theoreme dieses Abschnittes werden, zum Unterschied von denen der vorangehenden Abschnitte, streng bewiesen. Obwohl auch diese Beweise der Darstellung bei SHOENFIELD folgen, sind sie ausführlicher gehalten als bei ihm und sollen durch eine etwas stärkere Aufgliederung in Einzelheiten überschaubar gemacht werden. Zwecks besserer Vergleichbarkeit passen wir im vorliegenden Kapitel den Symbolismus, soweit als möglich, dem bei SHOENFIELD an.

Als syntaktische Variable werden

,**A**', ,**B**', ..., ,**Z**', ,$\mathbf{A}_1$', ...
,**a**', ,**b**', ..., ,**z**', ,$\mathbf{a}_1$', ...

verwendet. Namen von Ausdrücken werden mittels einfacher Anführungszeichen gebildet. Die *Konkatenation* oder *Verkettung* zweier Ausdrücke sei durch einfaches Nebeneinanderschreiben der Mitteilungszeichen für diese Ausdrücke bezeichnet. Es ist also z. B.

,5', +',3' = ,5 + 3'.

(Eine genauere, da jegliche Art von Mehrdeutigkeit vermeidende Methode bestünde darin, nach dem Vorschlag von TARSKI außer Mitteilungszeichen ein eigenes Symbol, etwa ,⌒', für die Verkettung zweier Ausdrücke zu benützen. Doch verzichten wir aus Gründen der Einfachheit auf diese zusätzliche Symbolik, da Mißverständnisse kaum zu befürchten sind.)

Mit ,ℕ' wird die Klasse der natürlichen Zahlen 0, 1, 2, ... bezeichnet. Weitere Festlegungen von Variablensorten erfolgen im Verlaufe der Darstellung.

12.1 Sprachen erster Stufe

Es wird ein allgemeiner Begriff der Sprache erster Stufe definiert. Im Unterschied zu unserem bisherigen Vorgehen führen wir in diesem Kapitel die objektsprachlichen Symbole selbst an; insbesondere sind z. B. ,¬', ,∧' Junktoren der Objektsprache und nicht, wie bisher, Namen von solchen. Außerdem werden in diesem Kapitel wegen der formalen Verwendung der Metasprache Zahlenvariable kursiv gedruckt.

In allen Sprachen erster Stufe werden als *Variable* die folgenden Zeichen verwendet:

,*x*', ,*y*', ,*z*', ,*w*', ,*x*′', ...

Als syntaktische Variable für Variable werden ,**x**', ,**y**', ,**z**', ,**w**', ,$\mathbf{x}_1$', ... verwendet. Ferner enthalten alle Sprachen erster Stufe folgende Zeichen für logische Verknüpfungen:

,¬', ,∨', ,⋁'.

Sprachen erster Stufe enthalten ferner das zweistellige logische Prädikatzeichen ,='.

Die Funktionssymbole werden durch eine Folge φ von Klassen von Symbolen gegeben, d.h. durch eine Funktion φ, die jedem $n \in \mathbb{N}$ eine (leere, endliche oder unendliche) Klasse $\varphi(n)$ von Symbolen zuordnet. Die Elemente von $\varphi(n)$ sind die n-stelligen Funktionssymbole. Entsprechend werden die Prädikatsymbole durch eine Folge π gegeben; die Elemente von $\pi(n)$ sind die n-stelligen Prädikatsymbole.

Die verschiedenen Sprachen erster Stufe unterscheiden sich also in den nichtlogischen Funktions- und Prädikatsymbolen.

Es wird nun der Begriff des Terms für Sprachen erster Stufe induktiv wie folgt definiert:

a *ist ein Term über* φ genau dann, wenn
(1) φ eine Folge von Klassen von Symbolen ist;
(2) **a** eine Variable ist, oder $\mathbf{a} \in \varphi(0)$, oder es ein $n \in \mathbb{N}$, $n > 0$, und ein $\mathbf{f} \in \varphi(n)$ und Terme $\mathbf{a}_1, \ldots, \mathbf{a}_n$ über φ gibt, so daß $\mathbf{a} = \mathbf{f}\mathbf{a}_1 \ldots \mathbf{a}_n$.

Als syntaktische Variable für Terme werden ‚**a**', ‚**b**', ‚**c**', ‚**d**', ‚$\mathbf{a}_1$', ... verwendet. Es sei ferner $tm(\varphi) = \{\mathbf{a} \mid \mathbf{a}$ ist ein Term über $\varphi\}$.

Der Begriff einer Atomformel wird wie folgt definiert:

A *ist eine Atomformel über* φ, π genau dann, wenn
(1) φ, π Folgen von Klassen von Symbolen sind, so daß ‚=' $\in \pi(2)$;
(2) $\mathbf{A} \in \pi(0)$, oder es ein $n \in \mathbb{N}$, $n > 0$, und ein $\mathbf{p} \in \pi(n)$ und Terme $\mathbf{a}_1, \ldots, \mathbf{a}_n$ über φ gibt, so daß $\mathbf{A} = \mathbf{p}\mathbf{a}_1 \ldots \mathbf{a}_n$.

Mit Hilfe des Begriffs der Atomformel wird der Begriff der Formel wie folgt induktiv definiert:

A *ist eine Formel über* φ, π genau dann, wenn
A eine Atomformel über φ, π ist, oder es Formeln
B, **C** über φ, π und eine Variable **x** gibt, so daß
$\mathbf{A} = \neg \mathbf{B}$ oder $\mathbf{A} = \vee \mathbf{B}\mathbf{C}$ oder $\mathbf{A} = \bigvee \mathbf{x}\mathbf{B}$.

Als syntaktische Variable für Formeln werden ‚**A**', ‚**B**', ‚**C**', ‚**D**', ‚$\mathbf{A}_1$', ... verwendet. Es sei ferner $fml(\varphi, \pi) = \{\mathbf{A} \mid \mathbf{A}$ ist eine Formel über $\varphi, \pi\}$.

Sei $\mathbf{A} \in fml(\varphi, \pi)$ und **x** eine Variable. Dann heißt *ein Vorkommnis von* **x** *in* **A** *gebunden* genau dann, wenn es in einer Teilformel von **A** der Gestalt $\bigvee \mathbf{x}\mathbf{B}$ vorkommt; andernfalls heißt *ein Vorkommnis von* **x** *in* **A** *frei*. **x** *ist frei (gebunden) in* **A** genau dann, wenn wenigstens ein Vorkommnis von **x** in **A** frei (gebunden) ist. Eine Formel $\mathbf{A} \in fml(\varphi, \pi)$ heißt *geschlossen* genau dann, wenn keine Variable frei in **A** ist.

Der Begriff der Sprache erster Stufe wird nun wie folgt definiert:

L *ist eine Sprache erster Stufe* genau dann,
wenn es zwei Folgen φ, π gibt, so daß
$\mathbf{L} = (tm(\varphi), fml(\varphi, \pi))$.

Es sei $\mathfrak{L}(\varphi, \pi) = (tm(\varphi), fml(\varphi, \pi))$ die durch φ und π bestimmte Sprache.

Für eine Sprache erster Stufe $\mathbf{L} = \mathfrak{L}(\varphi, \pi) = (tm(\varphi), fml(\varphi, \pi))$ heiße:

$tm(\varphi)$ die Klasse der *Terme von* **L**;
$fml(\varphi, \pi)$ die Klasse der *Formeln von* **L**;
$\varphi(n)$ $(n \in \mathbb{N})$ die Klasse der *n-stelligen Funktionssymbole von* **L**;
$\pi(n)$ $(n \in \mathbb{N})$ die Klasse der *n-stelligen Prädikatsymbole von* **L**;
,=' $\in \pi(2)$ heiße *das Identitätssymbol*;
$\bigcup_{n \in \mathbb{N}} (\varphi(n) \cup \pi(n)) \setminus \{,=\text{'}\}$ die Klasse der *nichtlogischen Symbole von* **L**;[1]
$\{,\neg\text{'}, ,\vee\text{'}, ,\bigvee\text{'}, ,=\text{'}\} \cup \{\mathbf{x} \mid \mathbf{x}$ ist eine Variable$\}$ die Klasse der *logischen Symbole von* **L**.

Es sei ferner $sy(\mathbf{L})$ die Klasse der logischen und nichtlogischen Symbole von **L**.

Bemerkung: Man beachte, daß die Terme und Formeln von **L** in klammerfreier Notation geschrieben werden.

Wenn **L** eine Sprache erster Stufe ist, sollen folgende Ausdrücke Abkürzungen von Formeln aus **L** sein:

$(\mathbf{A} \vee \mathbf{B})$	für	$\vee \mathbf{AB}$
$(\mathbf{A} \rightarrow \mathbf{B})$	für	$(\neg \mathbf{A} \vee \mathbf{B})$
$(\mathbf{A} \wedge \mathbf{B})$	für	$\neg(\mathbf{A} \rightarrow \neg \mathbf{B})$
$(\mathbf{A} \leftrightarrow \mathbf{B})$	für	$((\mathbf{A} \rightarrow \mathbf{B}) \wedge (\mathbf{B} \rightarrow \mathbf{A}))$
$\bigwedge \mathbf{xA}$	für	$\neg \bigvee \mathbf{x} \neg \mathbf{A}$
$(\mathbf{apb})$	für	**pab**, wenn **p** ein 2-stelliges Prädikatsymbol und **a**, **b** Terme von **L** sind.

Abkürzungen von Formeln aus **L** sind keine Formeln aus **L**. Wenn **A** eine Abkürzung einer Formel aus **L** ist, dann ist eine Aussage der Art: **A** hat die Eigenschaft ..., oder: **A** steht zu ... in der Relation ---, immer so gemeint, daß die Aussage von der Formel aus **L** gemacht wird, die aus **A** dadurch entsteht, daß alle Abkürzungen durch das Abgekürzte ersetzt werden. Wenn also z. B. von einer Formel der Gestalt $(\mathbf{A} \rightarrow \mathbf{B})$ die Rede ist, so ist immer die Formel der Gestalt $\vee \neg \mathbf{AB}$ gemeint.

Wenn **b** ein Term aus **L** ist, **x** eine Variable und **a** ein Term aus **L** ist, dann sei $\mathbf{b}_{\mathbf{x}}[\mathbf{a}]$ der Term aus **L**, der aus **b** durch Substitution von **a** für **x** entsteht. Wenn **A** eine Formel aus **L**, **x** eine Variable und **a** ein Term aus **L** ist, dann sei $\mathbf{A}_{\mathbf{x}}[\mathbf{a}]$ die Formel aus **L**, die aus **A** dadurch entsteht, daß jedes freie Vorkommnis von **x** in **A** durch **a** ersetzt wird. Entsprechend sei die simultane Ersetzung von $\mathbf{x}_i$ durch $\mathbf{a}_i$ $(i = 1, \ldots, n)$ in **A** bzw. in **b** als $\mathbf{A}_{\mathbf{x}_1, \ldots, \mathbf{x}_n}[\mathbf{a}_1, \ldots, \mathbf{a}_n]$ und $\mathbf{b}_{\mathbf{x}_1, \ldots, \mathbf{x}_n}[\mathbf{a}_1, \ldots, \mathbf{a}_n]$ definiert.

---

1 Gegebenenfalls kann der Begriff der Sprache erster Stufe derart erweitert werden, daß zusätzlich logische Funktions- und Prädikatssymbole (außer ,=') hinzugefügt werden, wie z. B. das nullstellige Prädikatzeichen ,T', d. h. der nullstellige Junktor für den Wahrheitswert *wahr*.

Wenn **a** ein Term aus **L**, **x** eine Variable und **A** eine Formel aus **L** ist, dann heiße **a** *substituierbar für* **x** *in* **A** genau dann, wenn für jede Variable **y**, die in **a** vorkommt, keine Teilformel von **A** der Gestalt $\bigvee \mathbf{yB}$ ein Vorkommnis von **x** frei enthält. Wenn im folgenden $\mathbf{A}_{\mathbf{x}_1,\ldots,\mathbf{x}_n}[\mathbf{a}_1,\ldots,\mathbf{a}_n]$ verwendet wird, dann ist immer vorausgesetzt, daß $\mathbf{a}_i$ substituierbar für $\mathbf{x}_i$ in **A** ist für $i=1,\ldots,n$.

12.2 Theorien erster Stufe

Eine Theorie erster Stufe wird (bei SHOENFIELD) als ein in einer Sprache erster Stufe formuliertes axiomatisches System definiert. Es besteht aus einer *Sprache erster Stufe*, den *logischen* und *nichtlogischen Axiomen* und den *Ableitungsregeln.* Es werden zunächst die Begriffe des logischen Axioms und der Ableitungsregel für Sprachen erster Stufe definiert.

Es sei **L** eine Sprache erster Stufe. Dann heiße jede Formel aus **L** der Gestalt $(\neg \mathbf{A} \vee \mathbf{A})$ *ein junktorenlogisches Axiom von* **L**, jede Formel aus **L** der Gestalt $(\mathbf{A}_{\mathbf{x}}[\mathbf{a}] \rightarrow \bigvee \mathbf{xA})$ *ein Substitutionsaxiom von* **L**, jede Formel aus **L** der Gestalt $\mathbf{x}=\mathbf{x}$ *ein Identitätsaxiom von* **L**, jede Formel aus **L** der Gestalt

$$(\mathbf{x}_1=\mathbf{y}_1\rightarrow(\ldots\rightarrow(\mathbf{x}_n=\mathbf{y}_n\rightarrow\mathbf{fx}_1\ldots\mathbf{x}_n=\mathbf{fy}_1\ldots\mathbf{y}_n)\ldots))$$

oder der Gestalt

$$(\mathbf{x}_1=\mathbf{y}_1\rightarrow(\ldots\rightarrow(\mathbf{x}_n=\mathbf{y}_n\rightarrow(\mathbf{px}_1\ldots\mathbf{x}_n\rightarrow\mathbf{py}_1\ldots\mathbf{y}_n))\ldots))$$

(**f** ein n-stelliges Funktionssymbol von **L**, **p** ein n-stelliges Prädikatsymbol von **L**) *ein Gleichheitsaxiom von* **L**. **A** heiße *ein logisches Axiom von* **L** genau dann, wenn **A** ein junktorenlogisches Axiom, ein Substitutionsaxiom, ein Identitätsaxiom oder ein Gleichheitsaxiom von **L** ist. Es sei $Ax_{log}(\mathbf{L})=\{\mathbf{A}\,|\,\mathbf{A}$ ist ein logisches Axiom von $\mathbf{L}\}$.

Die *Ableitungsregeln*[2] für eine Sprache erster Stufe **L** werden als 2-stellige Relationen zwischen einer Klasse von Formeln (den Prämissen) und einer Formel (der Konklusion) definiert. Es sei **L** eine Sprache erster Stufe. Dann sei

die Expansionsregel für $\mathbf{L}=\{(M,D)\,|$ Es gibt Formeln **A**, **B** von **L**, so daß $D=(\mathbf{B}\vee\mathbf{A})$ und $M=\{\mathbf{A}\}\}$. (Die laxe Formulierung dieser Regel lautet: man darf von einer Formel **A** von **L** auf $(\mathbf{B}\vee\mathbf{A})$ schließen, wenn **B** eine Formel von **L** ist.)

2 Sämtliche Ableitungsregeln sind im Sinn von *Grundschlußregeln* zu verstehen, bilden also einen Bestandteil der Definition einer Theorie erster Stufe.

die Kontraktionsregel für $\mathbf{L} = \{(M, D) \mid$ Es gibt eine Formel $\mathbf{A}$ von $\mathbf{L}$, so daß $D = \mathbf{A}$ und $M = \{(\mathbf{A} \vee \mathbf{A})\}\}$. (Laxe Formulierung: man darf von einer Formel $(\mathbf{A} \vee \mathbf{A})$ von $\mathbf{L}$ auf $\mathbf{A}$ schließen.)

die Assoziativregel für $\mathbf{L} = \{(M, D) \mid$ Es gibt Formeln $\mathbf{A}$, $\mathbf{B}$, $\mathbf{C}$ von $\mathbf{L}$, so daß $D = ((\mathbf{A} \vee \mathbf{B}) \vee \mathbf{C})$ und $M = \{(\mathbf{A} \vee (\mathbf{B} \vee \mathbf{C}))\}\}$. (Laxe Formulierung: man darf von einer Formel $(\mathbf{A} \vee (\mathbf{B} \vee \mathbf{C}))$ von $\mathbf{L}$ auf $((\mathbf{A} \vee \mathbf{B}) \vee \mathbf{C})$ schließen.)

die Schnittregel für $\mathbf{L} = \{(M, D) \mid$ Es gibt Formeln $\mathbf{A}$, $\mathbf{B}$, $\mathbf{C}$ von $\mathbf{L}$, so daß $D = (\mathbf{B} \vee \mathbf{C})$ und $M = \{(\mathbf{A} \vee \mathbf{B}), (\neg \mathbf{A} \vee \mathbf{C})\}\}$. (Laxe Formulierung: man darf von zwei Formeln $(\mathbf{A} \vee \mathbf{B})$, $(\neg \mathbf{A} \vee \mathbf{C})$ von $\mathbf{L}$ auf $(\mathbf{B} \vee \mathbf{C})$ schließen.)

die $\bigvee$*-Einführungsregel für* $\mathbf{L} = \{(M, D) \mid$ Es gibt Formeln $\mathbf{A}$, $\mathbf{B}$ von $\mathbf{L}$, so daß $\mathbf{x}$ nicht frei in $\mathbf{B}$ vorkommt, und $D = (\bigvee \mathbf{x}\mathbf{A} \rightarrow \mathbf{B})$ und $M = \{(\mathbf{A} \rightarrow \mathbf{B})\}\}$. (Laxe Formulierung: man darf von einer Formel $(\mathbf{A} \rightarrow \mathbf{B})$ von $\mathbf{L}$ auf $(\bigvee \mathbf{x}\mathbf{A} \rightarrow \mathbf{B})$ schließen, wenn $\mathbf{x}$ nicht frei in $\mathbf{B}$ vorkommt.)

$\boldsymbol{R}$ heiße *eine Ableitungsregel für* $\mathbf{L}$ genau dann, wenn $\boldsymbol{R}$ die Expansionsregel, die Kontraktionsregel, die Assoziativregel, die Schnittregel oder die $\bigvee$-Einführungsregel für $\mathbf{L}$ ist. Es sei $rgl(\mathbf{L}) = \{\boldsymbol{R} \mid \boldsymbol{R}$ ist eine Ableitungsregel für $\mathbf{L}\}$. Wenn $\boldsymbol{R} \in rgl(\mathbf{L})$ und $(M, D) \in \boldsymbol{R}$, dann heiße (M, D) eine *Anwendung von* $\boldsymbol{R}$.

Anmerkung. Einige Autoren, z. B. R. CARNAP, verwenden zur Definition des Ableitungsbegriffs als Grundbegriff den Begriff ‚unmittelbar ableitbar'. Der Zusammenhang mit der gegenwärtigen Terminologie ist der folgende: D heißt *unmittelbar ableitbar* aus M gemäß der Regel $\boldsymbol{R}$ gdw (M, D) eine *Anwendung* von $\boldsymbol{R}$ ist. (Falls M eine Einermenge ist, z. B. $\{F\}$, so wird von unmittelbarer Ableitbarkeit aus F statt aus $\{F\}$ gesprochen.) Bei Benützung dieser Carnapschen Terminologie wird in der Definition von ‚Beweis' (und analog in der Definition von ‚Ableitung') statt auf *Anwendungen einer Grundschlußregel* auf die *unmittelbare Ableitbarkeit mittels dieser Grundschlußregel* zurückgegriffen.

Der Begriff der Theorie erster Stufe wird nun wie folgt definiert:

Ein Tripel $\mathbf{T} = (\mathbf{L}, \mathbf{X}, \mathbf{S})$ heiße *eine Theorie erster Stufe* genau dann, wenn
(1) $\mathbf{L}$ eine Sprache erster Stufe ist;
(2) $\mathbf{X}$ eine Klasse von Formeln von $\mathbf{L}$ ist, so daß $Ax_{log}(\mathbf{L}) \subsetneqq \mathbf{X}$;
(3) $\mathbf{S} = rgl(\mathbf{L})$.

Wenn $\mathbf{L}$ eine Sprache und $\mathbf{Y}$ eine Teilklasse der Formeln von $\mathbf{L}$ ist, dann ist $\mathbf{T} = (\mathbf{L}, Ax_{log}(\mathbf{L}) \cup \mathbf{Y}, rgl(\mathbf{L}))$ eine Theorie erster Stufe. Es heiße dann

$\mathbf{L}$: *die Sprache von* $\mathbf{T}$;
$Ax_{log}(\mathbf{L})$: die Klasse der *logischen Axiome von* $\mathbf{T}$;
$\mathbf{Y} \setminus Ax_{log}(\mathbf{L})$: die Klasse der *nichtlogischen Axiome von* $\mathbf{T}$;
$rgl(\mathbf{L})$: die Klasse der *Ableitungsregeln von* $\mathbf{T}$;

Wenn **T** eine Theorie erster Stufe ist, dann sei **L(T)** die Sprache von **T**; die *Terme von* **T** seien die Terme von **L(T)**; die *Formeln von* **T** seien die Formeln von **L(T)**; die (logischen, nichtlogischen) *Symbole von* **T** seien die (logischen, nichtlogischen) Symbole von **L(T)**.

Es sei **T** eine Theorie erster Stufe. Ein *Beweis von* **T** sei eine endliche Folge von Formeln von **T**, so daß für jedes Glied **A** der Folge gilt: entweder ist **A** ein (logisches oder nichtlogisches) Axiom von **T**, oder es gibt eine Formel **B** von **T**, die **A** in der Folge vorangeht, so daß $(\{\mathbf{B}\}, \mathbf{A})$ eine Anwendung einer Ableitungsregel für **T** ist, oder es gibt Formeln **B**, **C** von **T**, die **A** in der Folge vorangehen, so daß $(\{\mathbf{B}, \mathbf{C}\}, \mathbf{A})$ eine Anwendung einer Ableitungsregel für **T** ist. Ein *Beweis von* **T** *für die Formel* **A** ist ein Beweis von **T**, dessen letztes Glied **A** ist. Eine Formel **A** von **T** heiße ein *Theorem von* **T** genau dann, wenn es einen Beweis von **T** für **A** gibt. Es sei $thm(\mathbf{T}) = \{\mathbf{A} \mid \mathbf{A}$ ist ein Theorem von $\mathbf{T}\}$. Für eine beliebige Formel **A** sei ‚$\vdash_{\mathbf{T}} \mathbf{A}$' eine Abkürzung für ‚$\mathbf{A} \in \mathrm{thm}(\mathbf{T})$'.

Eine Theorie erster Stufe heißt *formal konsistent* genau dann, wenn es eine Formel von **T** gibt, die kein Theorem von **T** ist. Wenn **T** eine formal konsistente Theorie erster Stufe ist, dann gibt es keine Formel **A** von **T**, so daß sowohl **A** als auch $\neg \mathbf{A}$ ein Theorem von **T** ist. Denn mit **A** und $\neg \mathbf{A}$ wäre auch $(\mathbf{A} \wedge \neg \mathbf{A})$ Theorem von **T**, und daher wäre jede Formel von **T** Theorem von **T**.

Es seien **T**′ und **T** Theorien erster Stufe. Dann heiße **T**′ *eine Erweiterung von* **T** genau dann, wenn (1) jedes nichtlogische Symbol von **T** auch nichtlogisches Symbol von **T**′ ist, und wenn (2) $thm(\mathbf{T}) \subseteq thm(\mathbf{T}')$.

Da die Sprache erster Stufe $\mathfrak{L}(\varphi, \pi)$ durch zwei Folgen φ, π von Klassen von Symbolen eindeutig bestimmt ist, bildet

$$\mathbf{T} = ((\mathfrak{L}(\varphi, \pi), Ax_{log}(\mathfrak{L}(\varphi, \pi)) \cup \mathbf{Y}, rgl(\mathfrak{L}(\varphi, \pi)))$$
$$(\text{mit } \mathbf{Y} \cap Ax_{log}(\mathfrak{L}(\varphi, \pi)) = \emptyset)$$

eine Theorie erster Stufe. Es sei $th(\varphi, \pi, \mathbf{Y})$ diese Theorie. Um eine Theorie erster Stufe eindeutig festzulegen, genügt es also, die Funktionssymbole, die Prädikatsymbole und die nichtlogischen Axiome festzulegen; denn die Ableitungsregeln und die logischen Axiome bleiben stets dieselben.

12.3 Die Theorie erster Stufe *N*

SHOENFIELD führt den Unentscheidbarkeits- und Unvollständigkeitsbeweis für eine Zahlentheorie erster Stufe *N*, die schwächer als die übliche Peano-Arithmetik ist, da sie nicht das Induktionsaxiom enthält. Dadurch läßt sich ein finiter Widerspruchsfreiheitsbeweis für *N* führen. *N* ist jedoch so stark, daß alle rekursiven Prädikate in *N* repräsentiert werden können.

Wie oben festgestellt, ist eine Theorie erster Stufe eindeutig bestimmt, wenn die Funktionssymbole, die Prädikatsymbole und die nichtlogischen Axiome festgelegt sind. Die Funktionssymbole werden durch die Folge fs_N wie folgt angegeben:

$fs_N(0)=\{‚0‘\}$
$fs_N(1)=\{‚S‘\}$
$fs_N(2)=\{‚+‘,‚\cdot‘\}$
$fs_N(n)=\emptyset$ für alle $n>2$.

Die Prädikatsymbole werden durch die Folge ps_N wie folgt angegeben:

$ps_N(0)=ps_N(1)=\emptyset$
$ps_N(2)=\{‚=‘,‚<‘\}$
$ps_N(n)=\emptyset$ für alle $n>2$.

Es ist $\mathfrak{L}(fs_N, ps_N)$ eine Sprache erster Stufe.

Die Klasse der nichtlogischen Axiome von N werde mit ‚$_N Ax_{n\,log}$‘ bezeichnet; sie soll genau die folgenden Formeln von $\mathfrak{L}(fs_N, ps_N)$ enthalten:

N1. ‚$\neg Sx=0$‘
N2. ‚$Sx=Sy\rightarrow x=y$‘
N3. ‚$x+0=x$‘
N4. ‚$x+Sy=S(x+y)$‘
N5. ‚$x\cdot 0=0$‘
N6. ‚$x\cdot Sy=(x\cdot y)+x$‘
N7. ‚$\neg(x<0)$‘
N8. ‚$x<Sy\leftrightarrow(x<y\vee x=y)$‘
N9. ‚$(x<y\vee x=y)\vee y<x$‘

Es sei nun $N=th(fs_N, ps_N, {}_N Ax_{n\,log})$. N ist eine Theorie erster Stufe. $thm(N)$ ist die Klasse der Theoreme von N.

12.4 Berechenbarkeit und Entscheidbarkeit

12.4.1 Intuitive Vorbemerkungen zu den Begriffen der Aufzählbarkeit, Entscheidbarkeit und Berechenbarkeit. Die drei eben genannten Begriffe werden hier zunächst kurz auf intuitiver Ebene erläutert. Dies soll sowohl ein Verständnis der Theorie der rekursiven Funktionen als auch der Theoreme von GÖDEL und CHURCH vorbereiten.

Als für die folgenden Betrachtungen grundlegend kann man einen von den Mathematikern häufig, wenn auch meist nicht mit sehr großer Präzision verwendeten Begriff ansehen, nämlich den des *allgemeinen*

Verfahrens. Es wird dabei an ein Verfahren gedacht, dessen Ausführung bis in die letzten Details eindeutig vorgeschrieben ist. Eine vorläufige Explikation findet dieser Begriff in dem des Algorithmus.

Ein Algorithmus ist ein Verfahren $\mathfrak{B}$, welches die folgenden zwei Bedingungen erfüllt. Erstens ist ein solches Verfahren *rein mechanisch durchführbar*, so daß man die Durchführung im Prinzip stets einer Maschine überlassen kann. Diese erste Forderung schließt die Tatsache ein, daß $\mathfrak{B}$ *durch eine endliche Vorschrift gegeben* wird. Zweitens wird das Verfahren *schrittweise* vollzogen.

Der Vollständigkeit halber muß noch angegeben werden, worauf das Verfahren *anzuwenden* ist und was es *hervorbringt.* Dazu setzen wir voraus, daß ein geeignetes Alphabet A vorgegeben sei. Der Anwendungsbereich von $\mathfrak{B}$ ist die Menge A^*, also die Menge der Wörter über diesem Alphabet A, oder die Menge der n-Tupel von Elementen aus A^*, d. h. die Menge der Wort-n-Tupel über A. Aus jedem Wort bzw. Wort-n-Tupel W erzeugt $\mathfrak{B}$ schrittweise eine endliche oder abzählbare unendliche Folge $\mathfrak{B}(W)$ von Wörtern, wobei jedes Wort dieser Folge durch $\mathfrak{B}$ sowie die bis zur Hervorbringung dieses Wortes erforderliche Anzahl von Schritten eindeutig bestimmt ist. Unter $\mathfrak{B}(W, i)$ soll das nach dem i-ten Schritt durch $\mathfrak{B}$ aus W erzeugte Wort verstanden werden. Daß $\mathfrak{B}$ in Anwendung auf W nach dem k-ten Schritt mit W^+ abbricht, soll heißen: $\mathfrak{B}(W)$ ist eine endliche Folge, so daß $\mathfrak{B}(W, k)$ mit W^+ identisch ist. Wenn es zu jedem Wort W eine natürliche Zahl j gibt, so daß $\mathfrak{B}$ in Anwendung auf W nach dem j-ten Schritt abbricht, so wird $\mathfrak{B}$ ein *abbrechender Algorithmus* genannt. Wenn $\mathfrak{B}$ für kein Wort seines Anwendungsbereiches abbricht, so heißt $\mathfrak{B}$ ein *nichtabbrechender Algorithmus.* Einen nichtabbrechenden Algorithmus kann man also unbegrenzt weiterlaufen lassen.

Daß die Worte aus dem Anwendungs- wie Erzeugungsbereich Bezeichnungen von Zahlen, also *Ziffern* sind, ist ein spezieller Fall, allerdings – aufgrund einer noch zu schildernden Entdeckung von GÖDEL – der wichtigste Spezialfall.

(*a*) Unter einem *Aufzählungsverfahren* versteht man einen nichtabbrechenden Algorithmus über einem Anwendungsbereich, der die aufzuzählenden Wörter (Wort-n-Tupel) schrittweise erzeugt. Wiederholungen sind dabei zugelassen.

(*b*) Ein *Entscheidungsverfahren* ist ein abbrechender Algorithmus über einem Anwendungsbereich, der die Frage beantwortet, ob ein Element des Anwendungsbereiches zu einer bestimmten Menge M gehört. M heißt dann *entscheidbar.* Bei der dem Algorithmus gestellten Aufgabe handelt es sich um eine Ja-Nein-Frage. Man kann ein beliebiges Zeichen des Alphabetes A für ‚Ja' und ein davon verschiedenes für ‚Nein' wählen.

(*c*) Unter einem *Berechnungsverfahren* wird ein abbrechender Algorithmus über einem Anwendungsbereich verstanden, der den Wert einer auf diesem Anwendungsbereich definierten Funktion f für jedes Argument, d. h. für jedes Element des Anwendungsbereiches, erzeugt und dann abbricht. f wird in diesem Fall *berechenbar* genannt.

(*d*) Wir erwähnen noch einen vierten Begriff, der nicht unmittelbar mit dem des Algorithmus zusammenzuhängen scheint, nämlich den des *Regelsystems*. Hier haben wir es mit einer endlichen Menge von Regeln zu tun, die zwar rein mechanisch anwendbar sind, bei denen es aber offengelassen ist, in welcher Reihenfolge sie angewendet werden. Insofern liegt hier, zum Unterschied vom Fall des Algorithmus, keine vollständig festgelegte Eindeutigkeit vor. Eine Menge M von Wörtern über einem Alphabet A wird *erzeugbar* genannt, wenn es ein Regelsystem gibt, für welches gilt: Ein Wort aus A^* ist mit Hilfe der Regeln genau dann ableitbar, wenn es zu M gehört.

Man kann leicht feststellen, daß zwischen diesen Begriffen drei wichtige Zusammenhänge bestehen. Am einfachsten läßt sich die Beziehung zwischen (*b*) und (*c*), also zwischen Entscheidbarkeit und Berechenbarkeit, erklären. M sei eine Wortmenge über A. Wir ordnen M die charakteristische Funktion φ_M von M zu. Diese ist für ganz A^* definiert und liefert für ein Wort, das zu M gehört, den Wert 0, ansonsten den Wert 1. *M ist genau dann entscheidbar, wenn φ_M berechenbar* ist. Ist nämlich φ_M berechenbar, so kann man für ein vorgegebenes Wort W durch Berechnung von $\varphi_M(W)$ entscheiden, ob $W \in M$ oder $W \notin M$. Ist andererseits M entscheidbar, so stelle man für jedes Wort fest, ob es zu M gehört oder nicht. Im ersten Fall wähle man als Funktionswert von φ_M für dieses Wort 0, im zweiten Fall 1. Dies ist ein abbrechender Algorithmus für φ_M.

Eine ähnliche Entsprechung besteht zwischen (*a*) und (*d*), d. h. zwischen Aufzählbarkeit und Erzeugbarkeit: Eine Menge M (von Wörtern über A) *ist genau dann aufzählbar, wenn sie erzeugbar ist.* Wir deuten den Nachweis der einen Hälfte dieser Behauptung, nämlich den Übergang von der Erzeugbarkeit zur Aufzählbarkeit, an. M sei eine erzeugbare Menge. Der einfache Kunstgriff besteht darin, die Ableitungen durch das vorausgesetzte Regelsystem einerseits nach zunehmender Länge, andererseits bei gleicher Länge lexikographisch zu ordnen. Da es zu jeder Zahl n nur endlich viele Ableitungen der Länge l gibt, hat man damit bereits einen nichtabbrechenden Algorithmus zur Aufzählung von M angegeben.

Dieser Zusammenhang zwischen Aufzählbarkeit und Erzeugbarkeit durch ein Regelsystem ist für die Logik deshalb von so großer Bedeutung, weil jeder „normale" axiomatisch aufgebaute Kalkül ein derartiges Regelsystem bildet. Im Normalfall fällt daher die Axiomatisierbarkeit einer Satzklasse mit deren Aufzählbarkeit zusammen. Es ist somit nicht verwunderlich, daß heute zum Zwecke der Präzisierung des Begriffs der „normalen Axiomatisierbarkeit“ vom Aufzählbarkeitsbegriff Gebrauch gemacht wird.

Der dritte wichtige Zusammenhang besteht zwischen den Begriffen vom Typ (*a*);(*d*) einerseits und demjenigen vom Typ (*b*);(*c*) andererseits. *Eine Menge M* (von Wörtern über einem Alphabet *A*) *ist* nämlich *genau dann entscheidbar, wenn sowohl M als auch ihr Komplement* $\bar{M}$ *aufzählbar* bzw. *erzeugbar ist.* Es sei nämlich *M* entscheidbar. Dann kann man aus dem einfach zu konstruierenden Verfahren zur Erzeugung aller Wörter, also aller Elemente von A^*, durch Hinzufügung der folgenden Regel ein Erzeugungsverfahren für *M* bilden: Man prüfe für jedes zunächst erzeugte Wort *W*, ob $W \in M$ oder $W \notin M$. Im ersten Fall werde *W* angeschrieben; im zweiten Fall gelte die Regel als unanwendbar. Auf diese Weise wird *M* erzeugt. Analog verläuft die Erzeugung von $\bar{M}$.

Es seien umgekehrt die nichtleeren Mengen *M* sowie $\bar{M}$ aufzählbar. (Ist eine dieser Mengen leer, so ist *M* trivial entscheidbar.) Dann verfügen wir über einen ersten nichtabbrechenden Algorithmus, der *M* aufzählt, und über einen zweiten, der $\bar{M}$ aufzählt. Da die Algorithmen schrittweise verlaufen, können wir sie auch *alternierend* anwenden. Ein beliebig vorgegebenes Wort *W* muß dann nach einer endlichen Anzahl von Schritten entweder vom ersten oder vom zweiten Verfahren geliefert werden (denn jedes Wort liegt ja entweder in *M* oder in $\bar{M}$). Damit hat man die Entscheidung getroffen und das Verfahren bricht ab.

Der eben skizzierte Zusammenhang ist nichts anderes als eine intuitive Vorwegnahme des Negationslemmas der Theorie der rekursiven Funktionen (12.8, **L 4**) und damit indirekt des Vollständigkeits-Entscheidbarkeits-Lemmas (12.8, **L 5**), welches die Herleitung des Unvollständigkeitstheorems von GÖDEL aus dem Unentscheidbarkeitstheorem von CHURCH ermöglicht.

Die Zusammenhänge zwischen den verschiedenen Algorithmen gestatten es, einen dieser Begriffe als grundlegend zu wählen und die anderen auf ihn zurückzuführen. Für uns wird der Begriff der berechenbaren Funktion den Ausgangspunkt bilden, und zwar genauer der der *berechenbaren zahlentheoretischen Funktion.* Daß man sich auf Funktionen mit (nichtnegativen ganzen) Zahlen als Argumenten und Werten beschränken kann, beruht auf folgender Einsicht: Den Zeichen eines Alphabetes, ferner den Ausdrücken, also Zeichenfolgen, über diesem Alphabet und schließlich den Folgen von Ausdrücken lassen sich jeweils umkehrbar eindeutig Zahlen zuordnen. Dabei kann man es stets so einrichten, daß keinem Element einer der drei Klassen (Zeichen, Ausdrücke, Ausdrucksfolgen) eine Zahl zugeordnet wird, die zugleich einem Element einer der beiden anderen Klassen entspricht. Diese elementare

Erkenntnis ist es, die der von GÖDEL entdeckten Methode der Arithmetisierung zugrunde liegt.

Welchem Grad von Präzisierung muß eine Explikation des Begriffs der Berechenbarkeit (Entscheidbarkeit, Aufzählbarkeit) genügen? Hier ist eine Unterscheidung zu treffen. Es macht einen grundsätzlichen Unterschied aus, ob es darum geht, ein Berechnungs- (Entscheidungs-, Aufzählungs-) Verfahren anzugeben, oder darum, nachzuweisen, *daß es kein solches Verfahren gibt*. Für Aufgaben der erstgenannten Art genügen inhaltliche Erläuterungen. Es wäre daher gar nicht nötig, mehr zu verlangen als die knappen Schilderungen in den vorangehenden Absätzen. Bereits in der Schule lernt man, daß die Addition und die Multiplikation von Zahlen berechenbare Funktionen sind, ohne jemals einen Gedanken an die Frage verschwendet zu haben: ‚Wie definiert man den Begriff der berechenbaren Funktion?' Und beim Studium der Junktorenlogik erfährt man, daß die *j*-Gültigkeit eine entscheidbare Eigenschaft ist, ohne mit der Frage der Präzisierung des Entscheidbarkeitsbegriffs konfrontiert zu sein.

Um Beweise über Unberechenbarkeit (Unentscheidbarkeit, Nichtaufzählbarkeit) zu erbringen, muß man berechenbare Funktionen (bzw. entscheidbare oder aufzählbare Mengen) wie mathematische Entitäten behandeln können. Dies ist aber nur möglich, wenn eine vollkommene mathematische Präzisierung erfolgt ist. Die *Theorie der rekursiven Funktionen* bewältigt diese Aufgabe. Der Begriff der rekursiven Funktion ist das mathematische Äquivalent des intuitiven Begriffs der berechenbaren Funktion.

Woher weiß man, daß die Präzisierung mittels des Begriffs der Rekursivität auch *adäquat* ist? Die Behauptung, daß Berechenbarkeit und Rekursivität zusammenfallen, nennt man die *These von Church*, weil sie erstmals von A. CHURCH als Vermutung ausgesprochen worden ist. Diese These hat einen anderen Status als übliche mathematische Vermutungen. Sie ist nämlich *nicht streng beweisbar*, da sie den nicht scharf definierten, intuitiven Begriff der Berechenbarkeit mit dem vollkommen präzisen Begriff der Rekursivität verknüpft. Die Frage: ‚Ist jede berechenbare Funktion rekursiv?' ähnelt deshalb der Frage, ob eine vorgeschlagene Begriffsexplikation adäquat sei.

Zwar ist die These von CHURCH nicht im mathematischen Sinn beweisbar; doch sind bis heute zahlreiche stützende Daten zu ihren Gunsten zusammengetragen worden. Einige davon seien hier erwähnt. Erstens haben Logiker sehr ausgeklügelte berechenbare Funktionen konstruiert, von denen ausnahmslos gezeigt werden konnte, daß sie rekursiv sind. Zweitens konnte auch gezeigt werden, daß alle bekannten Methoden zur Bildung berechenbarer Funktionen aus bereits verfügbaren berechenbaren Funktionen aus rekursiven Funktionen zu rekursiven

Funktionen führen. Drittens hat die genaue Analyse des Berechenbarkeitsbegriffs zum Begriff der Rekursivität geführt. (Für Details vgl. SHOENFIELD, [1], S. 120, vorletzter Absatz, und S. 121, erster Absatz.) Viertens schließlich wurden sehr viele, ihrem Ansatz nach sehr verschiedenartige Methoden entwickelt, von denen gezeigt werden konnte, daß sie untereinander äquivalent sind und genau die Klasse der rekursiven Funktionen definieren (z. B. die Methode der Turing-Maschinen, der Registermaschinen, der Markovschen Algorithmen, des Kleeneschen Gleichungssystems, der Semi-Thue-Systeme, der elementar-formalen Systeme von SMULLYAN etc.).

Obwohl nicht strikt beweisbar, ist die These von CHURCH somit doch wohlbegründet. Wir werden für den Nachweis der Unentscheidbarkeit und Unvollständigkeit des Systems *N* in Abschn. 8 dieses Kapitels die Richtigkeit der These unterstellen. Daß der Churchschen These trotz ihrer Fundiertheit etwas Hypothetisches anhaftet, kann man sich dadurch klarmachen, daß sie *potentiell widerlegbar* ist: Es ist durchaus denkbar, daß einmal eine Funktion effektiv angegeben werden wird, an deren Berechenbarkeit einerseits nicht zu zweifeln ist, von der man aber andererseits zeigen kann, daß sie nicht rekursiv ist. In Anbetracht dieses Sachverhalts sollte vielleicht der Satz im drittletzten Absatz mit dem Wortlaut ‚Die Theorie der rekursiven Funktionen bewältigt diese Aufgabe' ersetzt werden durch die vorsichtigere Formulierung: ‚Die Theorie der rekursiven Funktionen bewältigt diese Aufgabe, falls die These von CHURCH zutrifft.'

12.4.2 Rekursive Funktionen und Prädikate. Ziel der weiteren Überlegungen ist es, die Unentscheidbarkeit und damit die syntaktische Unvollständigkeit von *N und aller formal konsistenten Erweiterungen* von *N* zu beweisen. Entscheidbarkeit einer Theorie **T** liegt vor, wenn nach einem allgemeinen mechanischen Verfahren für jede vorgelegte Formel **A** von **T** in endlich vielen Schritten ermittelt werden kann, ob **A** ein Theorem von **T** ist oder nicht. Um also die Frage präzise formulieren und beantworten zu können, ob eine Theorie **T** entscheidbar ist, muß zuerst der Begriff der Entscheidbarkeit präzise definiert werden. Dies geschieht zunächst für *Relationen zwischen natürlichen Zahlen* durch den Begriff des *rekursiven Prädikates.* Diese Definition wird mit Hilfe des Begriffs der rekursiven Funktion aufgestellt, der wiederum eine Präzisierung des Begriffs der berechenbaren Funktion ist. Um den präzisen Begriff des rekursiven Prädikats dann auf Relationen übertragen zu können, die keine Relationen zwischen natürlichen Zahlen, sondern zwischen Termen und Formeln einer Theorie erster Stufe **T** sind, müssen diesen syntaktischen Entitäten eindeutig und berechenbar Ausdruckszahlen zugeordnet werden. Dies geschieht dann in **12.6.**

In der ganzen weiteren Darstellung werden lateinische Kleinbuchstaben außer ‚f', ‚p' als Variable für natürliche Zahlen verwendet. Es werden ‚F', ‚G', ‚H', ‚F_1', ... als Variable für Funktionen von $\mathbb{N} \times \ldots \times \mathbb{N}$ in $\mathbb{N}$, und ‚P', ‚Q', ‚R', ‚P_1', ... als Variable für Prädikate zwischen Elementen von $\mathbb{N}$ verwendet.

Ferner werden die logischen und nichtlogischen Symbole der Theorie N im folgenden in ihrer üblichen Bedeutung benutzt.

Anmerkung. Die folgenden Überlegungen spielen sich nicht in N ab, sondern sind informelle Betrachtungen außerhalb von N, also in der um einige Symbole erweiterten deutschen Sprache. In den Fällen, in denen diese erweiterte deutsche Sprache als Metasprache für N verwendet wird, kommen also einige Symbole sowohl in N als auch in der Metaspache von N vor. Konfusionen entstehen nicht, da aus dem jeweiligen Kontext hervorgeht, ob ein Symbol als Symbol von N oder als metasprachliches Symbol verwendet wird.

Deutsche Kleinbuchstaben werden als Abkürzungen für endliche Folgen von lateinischen Kleinbuchstaben verwendet. Kürzt ‚$\mathfrak{a}$' die Folge ‚$a_1, \ldots, a_n$' ab, so kürzt ‚$F(\mathfrak{a})$' ‚$F(a_1, \ldots, a_n)$' ab. Verschiedene deutsche Kleinbuchstaben kürzen Folgen aus verschiedenen lateinischen Kleinbuchstaben ab. Wenn ‚$\mathfrak{a}$' ‚$a_1, \ldots, a_n$' abkürzt, dann soll ‚$\bigwedge \mathfrak{a}$' ‚$\bigwedge a_1 \ldots \bigwedge a_n$' und ‚$\bigvee \mathfrak{a}$' ‚$\bigvee a_1 \ldots \bigvee a_n$' abkürzen. Kommt ein deutscher Kleinbuchstabe an der Argumentstelle eines n-stelligen Funktions- oder Prädikatsymbols vor, so ist stillschweigend vorausgesetzt, daß der deutsche Kleinbuchstabe eine Folge aus n lateinischen Kleinbuchstaben abkürzt.

Es sei P ein n-stelliges Prädikat; dann wird *die charakteristische Funktion* χ_P *von* P wie folgt definiert:

$$\chi_P(\mathfrak{a}) = n \Leftrightarrow (n=0 \wedge P(\mathfrak{a})) \vee (n=1 \wedge \neg P(\mathfrak{a})).$$

Da $<$ ein 2-stelliges Prädikat ist, gilt also:

$$\chi_<(a_1, a_2) = n \Leftrightarrow (n=0 \wedge a_1 < a_2) \vee (n=1 \wedge \neg a_1 < a_2).$$

Die Identitätsfunktion I_i^n wird wie folgt definiert:

$$I_i^n(a_1, \ldots, a_n) = a_i.$$

Es wird ferner der sogenannte *μ-Operator* benötigt. Es sei P ein $n+1$-stelliges Prädikat, so daß $\bigvee x(P(\mathfrak{a}, x))$; bei festem $\mathfrak{a}$ gibt es genau ein x, so daß $P(\mathfrak{a}, x) \wedge \neg \bigvee z(P(\mathfrak{a}, z) \wedge z < x)$. Der μ-Operator kann also durch die folgende *bedingte* Definition eingeführt werden:

Wenn $\bigvee x(P(\mathfrak{a}, x))$, dann sei
$\mu x(P(\mathfrak{a}, x)) =$ dasjenige x, so daß $P(\mathfrak{a}, x) \wedge \neg \bigvee z(P(\mathfrak{a}, z) \wedge z < x)$.

Der Begriff der rekursiven Funktion wird nun induktiv wie folgt definiert:

F ist eine rekursive Funktion genau dann, wenn eine der folgenden drei Bedingungen erfüllt ist:

(R1) $F = I_i^n$ oder $F = +$ oder $F = \cdot$ oder $F = \chi_<$ oder

(R2) Es gibt rekursive Funktionen $G, H_1, \ldots, H_k$ und $F(\mathfrak{a}) = G(H_1(\mathfrak{a}), \ldots, H_k(\mathfrak{a}))$ oder

(R3) Es gibt eine rekursive Funktion G, so daß $\bigwedge \mathfrak{a} \bigvee x(G(\mathfrak{a}, x) = 0)$ und $F(\mathfrak{a}) = \mu x(G(\mathfrak{a}, x) = 0)$.

Anmerkung. Eine rekursive Funktion ist also eine Identitätsfunktion, die Addition, die Multiplikation, die charakteristische Funktion der $<$-Relation oder das Ergebnis der Substitution rekursiver Funktionen in die Argumentstellen einer gegebenen rekursiven Funktion oder das Resultat der Anwendung des μ-Operators auf eine rekursive Funktion G im Existenzfall. Der „Existenzfall" wird dabei durch die Bedingung $\bigvee x(G(\mathfrak{a}, x) = 0)$ ausgedrückt.

Der Begriff des rekursiven Prädikats wird mit Hilfe des Begriffs der repräsentierenden Funktion dieses Prädikats wie folgt definiert:

P ist ein rekursives Prädikat genau dann, wenn χ_P eine rekursive Funktion ist.

Es ist z. B. $<$ ein rekursives Prädikat, da $\chi_<$ laut Definition eine rekursive Funktion ist.

Es wird ferner der Begriff des rekursiv aufzählbaren Prädikats wie folgt definiert:

P ist ein rekursiv aufzählbares Prädikat genau dann, wenn es ein rekursives Prädikat Q gibt, so daß

$$\bigwedge \mathfrak{a}(P(\mathfrak{a}) \Leftrightarrow \bigvee x(Q(\mathfrak{a}, x))).$$

Jedes rekursive Prädikat ist rekursiv aufzählbar, aber die Umkehrung gilt nicht allgemein.

Man kann sich leicht an Hand der Definition des Begriffs der rekursiven Funktion davon überzeugen, daß jede rekursive Funktion berechenbar ist, d. h. daß man den Funktionswert einer rekursiven Funktion für ein gegebenes Argument in endlich vielen Schritten nach einem mechanischen Verfahren ermitteln kann. Die Umkehrung dieser Behauptung, die Churchsche These, wonach jede berechenbare Funktion rekursiv ist, kann jedoch, wie in **12.4.1** gezeigt, prinzipiell nicht bewiesen werden. Trotzdem ist man aus den ebenfalls in **12.4.1** angeführten Gründen allgemein der Auffassung, daß die These von CHURCH richtig ist. Entsprechendes gilt für die rekursiven Prädikate: Die rekursiven Prädikate sind gerade diejenigen Prädikate, von denen man in endlich vielen Schritten entscheiden kann, ob sie auf ein n-Tupel von natürlichen Zahlen zutreffen oder nicht.

Auf Grund der vorstehenden Definitionen lassen sich eine Reihe von Rekursivitätsbehauptungen beweisen, von denen im folgenden diejenigen angegeben werden, die später explizit verwendete Funktionen und Prädikate betreffen (vgl. SHOENFIELD, [1], S. 110–114).

(R4) Wenn Q ein rekursives Prädikat und $H_1, \ldots, H_k$ rekursive Funktionen sind, und wenn $P(\mathfrak{a}) \Leftrightarrow Q(H_1(\mathfrak{a}), \ldots, H_k(\mathfrak{a}))$, dann ist P ein rekursives Prädikat.

(R5) Wenn P ein rekursives Prädikat ist, so daß $\bigwedge \mathfrak{a} \bigvee x(P(\mathfrak{a}, x))$ und $F(\mathfrak{a}) = \mu x(P(\mathfrak{a}, x))$, dann ist F eine rekursive Funktion.

(R6) Wenn P und Q rekursive Prädikate sind, dann sind auch $\neg P$, $P \vee Q$, $P \wedge Q$, $P \Rightarrow Q$, $P \Leftrightarrow Q$ rekursive Prädikate. (Dabei sei $(\neg P)(\mathfrak{a}) \Leftrightarrow \neg P(\mathfrak{a})$, wobei $(P \varrho Q)(\mathfrak{a}) \Leftrightarrow P(\mathfrak{a}) \varrho Q(\mathfrak{a})$, $\varrho \in \{\wedge, \vee, \Rightarrow, \Leftrightarrow\}$.)

(R7) Die Prädikate $<$, $\leqq$, $>$, $\geqq$ und $=$ sind rekursive Prädikate.

Wenn $\varphi(x)$ eine Formel ist (intuitiver Formelbegriff!), die ‚x' frei enthält, und α ein Term ist (intuitiver Termbegriff!), der ‚x' nicht enthält (weder frei noch gebunden), dann sei

$$\mu x_{x<\alpha}(\varphi(x)) = \mu x(x = \alpha \vee \varphi(x)).$$

Es gibt immer ein kleinstes x, so daß $x = \alpha \vee \varphi(x)$; also ist $\mu x(x = \alpha \vee \varphi(x))$ immer definiert. Ein Ausdruck der Gestalt $\mu x_{x<\alpha}$ heißt *beschränkter μ-Operator.*

(R8) Wenn P ein rekursives Prädikat ist und wenn $F(a, \mathfrak{a}) = \mu x_{x<a}(P(\mathfrak{a}, x))$, dann ist F eine rekursive Funktion.

Wenn $\phi(x)$ eine Formel ist, die ‚x' frei enthält, und wenn α ein Term ist, der ‚x' nicht enthält, dann sei

$$\bigvee x_{x<\alpha}\varphi(x) \Leftrightarrow \mu x_{x<\alpha}(\varphi(x)) < \alpha$$
$$\bigwedge x_{x<\alpha}\varphi(x) \Leftrightarrow \neg \bigvee x_{x<\alpha} \neg \varphi(x).$$

Man überlegt sich leicht, daß $\bigvee x_{x<\alpha}\varphi(x)$ genau dann, wenn $\bigvee x(x<\alpha \wedge \varphi(x))$ und daß $\bigwedge x_{x<\alpha}\varphi(x)$ genau dann, wenn $\bigwedge x(x<\alpha \Rightarrow \varphi(x))$. Ein Ausdruck der Gestalt $\bigvee x_{x<\alpha}$ heißt *beschränkter Existenzquantor*, ein Ausdruck der Gestalt $\bigwedge x_{x<\alpha}$ heißt *beschränkter Allquantor.*

(R9) Wenn R ein rekursives Prädikat ist, und wenn $P(a, \mathfrak{a}) \Leftrightarrow \bigvee x_{x<a}R(\mathfrak{a}, x)$ sowie $Q(a, \mathfrak{a}) \Leftrightarrow \bigwedge x_{x<a}R(\mathfrak{a}, x)$, dann sind P und Q rekursive Prädikate.

Die Funktion $\dot{-}$ sei folgendermaßen definiert:

$$a \geqq b \Rightarrow (a \dot{-} b = a - b)$$
$$\neg(a \geqq b) \Rightarrow (a \dot{-} b = 0).$$

(R10) Die Funktion $\dot{-}$ ist eine rekursive Funktion.

12.5 Sequenzzahlen

Es wird im folgenden davon ausgegangen, daß die These von CHURCH richtig ist. Dann ist der Begriff der rekursiven Funktion eine präzise Explikation des Begriffs der berechenbaren Funktion und der Begriff des rekursiven Prädikats eine präzise Explikation des Begriffs des entscheidbaren Prädikats. Die hier zur Diskussion stehende Frage ist nun, ob für eine vorgegebene Theorie **T** *die Klasse der Theoreme von* **T** *entscheidbar* ist. Das Prädikat: „... ist ein Theorem von **T**" ist ein Prädikat, das auf Formeln von **T** zutrifft oder nicht zutrifft, nicht jedoch auf natürliche Zahlen. Will man also die Frage nach der Entscheidbarkeit der Klasse der Theoreme von **T** präzise stellen und beantworten können, muß man ein 1-stelliges Prädikat P konstruieren, dessen Extension eine Teilklasse der natürlichen Zahlen ist und das auf eine natürliche Zahl genau dann zutrifft, wenn eine dieser Zahl eindeutig zugeordnete Formel von **T** ein Theorem von **T** ist. Das heißt man muß eine 1-stellige injektive Funktion ψ von der Klasse der Formeln in die Klasse der natürlichen Zahlen definieren, so daß gilt:

$$\bigwedge \mathbf{A}(P(\psi(\mathbf{A})) \Leftrightarrow \vdash_{\mathbf{T}} \mathbf{A}).$$

Die Klasse der Theoreme von **T** ist genau dann entscheidbar, wenn (für mindestens eine derartige Wahl von ψ und P) ψ berechenbar und P ein rekursives Prädikat ist.

Die zunächst zu lösende Aufgabe besteht also darin, eine injektive berechenbare Funktion ψ von der Klasse der Formeln von **T** in die Klasse der natürlichen Zahlen und dann ein Prädikat P so zu definieren, daß die obige Bedingung erfüllt ist. Dazu wird zunächst eine Funktion β (die *Gödelsche β-Funktion*) erklärt; mit deren Hilfe wird eine n-stellige Funktion $\langle,\ldots,\rangle$ von $\mathbb{N} \times \ldots \times \mathbb{N}$ in $\mathbb{N}$ definiert, und mit Hilfe dieser Funktion wird dann im nächsten Abschnitt eine Funktion gebildet, die den Formeln (und Termen) von **T** natürliche Zahlen eineindeutig zuordnet und berechenbar ist. Anschließend kann das gesuchte Prädikat P eingeführt werden.

Um die Funktion β zu definieren, werden ein Hilfsprädikat *Div* und eine Hilfsfunktion *OP* wie folgt definiert:

$$Div(a, b) \leftrightarrow \bigvee x_{x<a+1}(a = x \cdot b)$$
$$OP(a, b) = (a+b)\cdot(a+b) + a + 1.$$

Div ist ein rekursives Prädikat und *OP* eine rekursive Funktion. Die Funktion β wird dann wie folgt erklärt:

$$\beta(a,i) = \mu x_{x<a+1} \bigvee y_{y<a} \bigvee z_{z<a}(a = OP(y,z) \\ \wedge Div(y, 1 + (OP(x,i)+1)\cdot z)).$$

β ist eine rekursive Funktion.

Für die Funktion β kann das folgende Lemma bewiesen werden (vgl. SHOENFIELD, [1], S. 115f.):

L1 (Gödel-Lemma)

Es gilt:

(**a**) $\bigwedge a \bigwedge i(\beta(a,i) \leq a \dot{-} 1)$

(**b**) $\bigwedge a_0 \ldots \bigwedge a_{n-1} \bigvee a \bigwedge i_{i<n}(\beta(a,i) = a_i)$.

Sei nun $a_1, \ldots, a_n$ eine Folge von natürlichen Zahlen; dann ist auch $n, a_1, \ldots, a_n$ eine Folge von natürlichen Zahlen, zu der es nach **L1(b)** eine natürliche Zahl a gibt, so daß

$$\beta(a,0) = n$$
$$\beta(a,1) = a_1$$
$$\vdots$$
$$\beta(a,n) = a_n.$$

Dann kann eine n-stellige Funktion $\langle\,,\ldots,\rangle$ wie folgt definiert werden:

$$\langle a_1, \ldots, a_n\rangle = \mu x(\beta(x,0) = n \wedge \beta(x,1) = a_1 \wedge \ldots \wedge \beta(x,n) = a_n).$$

$\langle\,,\ldots,\rangle$ ist eine rekursive Funktion. $\langle a_1, \ldots, a_n\rangle$ heißt *die Sequenzzahl von* $a_1, \ldots, a_n$. Es soll dabei $n=0$ zugelassen werden. Es gilt:

$$\langle\;\rangle = \mu x(\beta(x,0) = 0) = 0,$$

denn nach **L1(a)** ist $\beta(0,i) \leqq 0 \dot{-} 1$ für alle i; da $0 \dot{-} 1 = 0$, ist $\beta(0,0) = 0$, also ist das kleinste x, so daß $\beta(x,0) = 0$, die Zahl 0.

Sei $a_0, \ldots, a_{n-1}$ eine Folge von natürlichen Zahlen. Dann können aus der Sequenzzahl $\langle a_0, \ldots, a_{n-1}\rangle$ der Sequenz $a_0, \ldots, a_{n-1}$ die Länge der Sequenz, also die Anzahl ihrer Glieder, und ihre Glieder durch rekursive Funktionen bestimmt werden. Dazu werden zwei Funktionen *lh* und **( )** wie folgt definiert:

$$lh(a) = \beta(a,0)$$
$$(a)_i = \beta(a, i+1).$$

Da $\langle a_0, \ldots, a_{n-1}\rangle = \mu x(\beta(x,0) = n \wedge \beta(x,1) = a_0 \wedge \ldots \wedge \beta(x,n) = a_{n-1})$, gilt in der Tat:

$$n = \beta(\langle a_0, \ldots, a_{n-1}\rangle, 0) = lh(\langle a_0, \ldots, a_{n-1}\rangle)$$
$$a_i = \beta(\langle a_0, \ldots, a_{n-1}\rangle, i+1) = (\langle a_0, \ldots, a_{n-1}\rangle)_i$$

für $i = 0, \ldots, n-1$.

Das Prädikat, eine Sequenzzahl zu sein, wird durch ‚*Seq*' bezeichnet. Da Sequenzzahlen die kleinsten Zahlen sind, die bei vorgegebener Sequenz $a_0, \ldots, a_{n-1}$ die Aussageform

$$lh(x) = n \wedge (x)_0 = a_0 \wedge \ldots \wedge (x)_{n-1} = a_{n-1}$$

erfüllen, kann *Seq* wie folgt definiert werden:

$$Seq(a) = \neg \bigvee x_{x<a}(lh(x) = lh(a) \wedge \bigwedge i_{i<lh(a)}((x)_i = (a)_i)).$$

12.6 Ausdruckszahlen

In **12.1** wurde der Begriff der Sprache erster Stufe so definiert, daß eine Sprache $\mathbf{L} = \mathfrak{L}(\varphi, \pi)$ durch die Festlegung der Funktionen φ, π, und das heißt, durch die Festlegung der nichtlogischen Symbole eindeutig bestimmt ist. Eine *endliche Sprache erster Stufe* sei eine Sprache erster Stufe, für welche die Klasse der nichtlogischen Symbole endlich ist.

Es sei **L** eine endliche Sprache erster Stufe. Dann soll jedem Term und jeder Formel von **L** eine natürliche Zahl (Gödelzahl) eineindeutig und berechenbar zugeordnet werden. Dazu werden zunächst den Symbolen von **L**, d. h. den Elementen von $sy(\mathbf{L})$, Zahlen zugeordnet. Die Klasse der Variablen ist abzählbar unendlich; sei $\mathbf{z}_0^+, \mathbf{z}_1^+, \mathbf{z}_2^+, \ldots$ eine Abzählung der Variablen (z. B. in der Reihenfolge von S. 407). Dann kann für jede (endliche) Sprache erster Stufe **L** eine berechenbare Funktion SN_L definiert werden, die folgenden Bedingungen genügt:

(1) $\bigwedge \mathbf{u} \bigwedge \mathbf{v}((\mathbf{u}, \mathbf{v} \in sy(\mathbf{L}) \wedge \mathbf{u} \neq \mathbf{v}) \Rightarrow SN_L(\mathbf{u}) \neq SN_L(\mathbf{v}))$

(2) $\bigwedge i(SN_L(\mathbf{z}_i^+) = 2i)$.

Durch SN_L wird also jedem Symbol von **L** eine natürliche Zahl eineindeutig zugeordnet; es heiße $SN_L(\mathbf{u})$ *die Symbolzahl von* **u**. (Dies ist noch nicht die Gödelzahl von **u**!)

Nun kann jedem Term und jeder Formel von **L** eine Zahl, die Gödelzahl des Terms bzw. der Formel, zugeordnet werden. Dies geschieht mit Hilfe einer 1-stelligen Funktion $\ulcorner\ \urcorner$, die wie folgt induktiv definiert wird:

Wenn $\mathbf{L} = \mathfrak{L}(\varphi, \pi)$ und wenn **u** ein Term über φ oder eine Formel über φ, π ist, dann sei

$\ulcorner \mathbf{u} \urcorner = a$

genau dann, wenn eine der folgenden Bedingungen erfüllt ist:

(1) **u** ist eine Variable und $a = \langle SN_L(\mathbf{u}) \rangle$;

oder

(2) $\mathbf{u} \in \varphi(0)$ und $a = \langle SN_L(\mathbf{u}) \rangle$;

oder

(3) **u** ist ein Term über φ der Gestalt $\mathbf{v}\mathbf{v}_1 \ldots \mathbf{v}_n$, wobei $\mathbf{v} \in \varphi(n)$ $(n>0)$ und $\mathbf{v}_1, \ldots, \mathbf{v}_n$ Terme über φ sind und $a = \langle SN_L(\mathbf{v}), \ulcorner \mathbf{v}_1 \urcorner, \ldots, \ulcorner \mathbf{v}_n \urcorner \rangle$;
oder
(4) $\mathbf{u} \in \pi(0)$ und $a = \langle SN_L(\mathbf{u}) \rangle$;
oder
(5) **u** ist eine Formel über φ, π der Gestalt $\mathbf{v}\mathbf{v}_1, \ldots, \mathbf{v}_n$, wobei $\mathbf{v} \in \{$‚$\neg$‘, ‚$\vee$‘, ‚$\bigvee$‘$\} \cup \pi(n)$ $(n>0)$ und $\mathbf{v}_1, \ldots, \mathbf{v}_n$ Terme über φ oder Formeln über φ, π sind, und $a = \langle SN_L(\mathbf{v}), \ulcorner \mathbf{v}_1 \urcorner, \ldots, \ulcorner \mathbf{v}_n \urcorner \rangle$.

Es heiße $\ulcorner \mathbf{u} \urcorner$ *die Ausdruckszahl von* **u**. Man überlegt sich leicht, daß man für jeden Term bzw. jede Formel **u** von **L** die Ausdruckszahl $\ulcorner \mathbf{u} \urcorner$ berechnen kann (vgl. SHOENFIELD, [1], S. 122f.). Ebenso kann umgekehrt effektiv entschieden werden, ob eine natürliche Zahl a eine Ausdruckszahl ist und wenn ja, Ausdruckszahl welchen Terms oder welcher Formel a ist. Verschiedenen Termen oder Formeln werden verschiedene Ausdruckszahlen zugeordnet.

Von gewissen Klassen von Ausdruckszahlen kann gezeigt werden, daß sie rekursive Prädikate sind. Zum Beispiel gilt dies für die Klasse der Ausdruckszahlen der Variablen, Formeln, Axiome u. ä. (vgl. a.a.O. S. 123–126). Für die Klasse der Variablen soll dies explizit gezeigt werden.

Die Klasse der Ausdruckszahlen der Variablen sei *Vble*. Dann wird definiert:

(A) $Vble(a) \leftrightarrow (a = \langle (a)_0 \rangle \wedge \bigvee y_{y<a+1}((a)_0 = 2 \cdot y))$.

Da das Prädikat *Vble* nur mit Hilfe von rekursiven Funktionen und Prädikaten definiert ist, ist *Vble* ein rekursives Prädikat. Die Definition ist ferner in dem Sinn adäquat, daß man zeigen kann, daß gilt:

$Vble(a) \leftrightarrow \bigvee \mathbf{x}(\mathbf{x}$ ist eine Variable $\wedge\, a = \ulcorner \mathbf{x} \urcorner)$.

Denn angenommen, es gibt eine Variable **x**, so daß $a = \ulcorner \mathbf{x} \urcorner$. Dann ist $\ulcorner \mathbf{x} \urcorner = \langle SN_L(\mathbf{x}) \rangle$, also $a = \langle SN_L(\mathbf{x}) \rangle$. Dann ist $a = \langle (a)_0 \rangle$ und $(a)_0 = SN_L(\mathbf{x})$. Da **x** eine Variable ist, gilt: es gibt ein y, so daß $SN_L(\mathbf{x}) = 2 \cdot y$. Also gilt: $a = \langle (a)_0 \rangle \wedge \bigvee y((a)_0 = 2 \cdot y)$. Der unbeschränkte Existenzquantor kann durch einen beschränkten ersetzt werden. Denn sei y so, daß $(a)_0 = 2 \cdot y$. Da nach der Definition von ( ) einerseits $(a)_0 = \beta(a, 1)$, und andererseits nach **L1(a)** $\beta(a, 1) \leqq a \dot{-} 1$, ist also $y \leqq 2 \cdot y = (a)_0 \leqq a \dot{-} 1 < a + 1$. Also kann der Existenzquantor ‚$\bigvee y$‘ durch ‚$\bigvee y_{y<a+1}$‘ ersetzt werden. Damit ist gezeigt, daß

$$\bigvee \mathbf{x}(\mathbf{x} \text{ ist eine Variable } \wedge\, a = \ulcorner \mathbf{x} \urcorner) \Rightarrow Vble(a).$$

Sei nun umgekehrt $Vble(a)$, also $a = \langle (a)_0 \rangle \wedge \bigvee y_{y<a+1}((a)_0 = 2 \cdot y)$. Sei i derart, daß $(a)_0 = 2 \cdot i$. Dann gilt nach Bedingung (2) für die Funktion SN_L: $SN_L(\mathbf{z}_i^+) = 2 \cdot i$. Also ist $(a)_0 = SN_L(\mathbf{z}_i^+)$, also ist $a = \langle SN_L(\mathbf{z}_i^+) \rangle$; also

gilt nach Definition der Funktion $\ulcorner\ \urcorner$: $\ulcorner \mathbf{z}_i^+ \urcorner = a$. Damit ist also gezeigt, daß

$Vble(a) \rightarrow \bigvee \mathbf{x}(\mathbf{x}$ ist eine Variable $\wedge\, a = \ulcorner \mathbf{x} \urcorner)$.

Die Definition (A) ist also adäquat.

Weitere rekursive Prädikate von Ausdruckszahlen, die später explizit verwendet werden, sind (vgl. SHOENFIELD, [1], S. 124–126):

(B) $Term_T(a)$: a ist Audruckszahl eines Terms von **T**.

(D) $For_T(a)$: a ist Ausdruckszahl einer Formel von **T**.

$NLogAx_T(a)$: a ist Ausdruckszahl eines nichtlogischen Axioms von **T**. (Dieses Prädikat kann natürlich nur für jede Theorie einzeln definiert werden; es kann nicht vorausgesetzt werden, daß $NLogAx_T$ in jedem Fall ein rekursives Prädikat ist.)

(Q) $Ax_T(a)$: a ist Ausdruckszahl eines Axioms von **T**. (Dies ist nur dann ein rekursives Prädikat, wenn $NLogAx_T$ ein rekursives Prädikat ist.)

(R) $Bew_T(a)$: a ist eine Sequenzzahl eines Beweises von **T**. (Dies ist nur dann ein rekursives Prädikat, wenn $NLogAx_T$ ein rekursives Prädikat ist. Wenn $Bew_T(a)$, so ist a keine Ausdruckszahl, sondern eine Sequenzzahl $\langle \ulcorner \mathbf{u}_1 \urcorner, \ldots, \ulcorner \mathbf{u}_n \urcorner \rangle$, wobei $\mathbf{u}_1, \ldots, \mathbf{u}_n$ eine Folge von Formeln ist, die einen Beweis bildet.)

(S) $Bw_T(a, b)$: a ist Ausdruckszahl einer Formel von **T**, für die es einen Beweis mit der Sequenzzahl b gibt. (Dies ist nur dann ein rekursives Prädikat, wenn $NLogAx_T$ ein rekursives Prädikat ist.)

Mit Hilfe des Prädikats Bw_T kann nun das zu Beginn von **12.5** gesuchte Prädikat P, jetzt mit ‚Thm_T' bezeichnet, wie folgt definiert werden:

$$Thm_T(a) \Leftrightarrow \bigvee y(Bw_T(a, y)).$$

Man kann zeigen, daß gilt:

$$Thm_T(\ulcorner \mathbf{A} \urcorner) \Leftrightarrow\ \vdash_{\mathbf{T}} \mathbf{A}.$$

Das Prädikat Thm_T trifft somit auf genau diejenigen Zahlen zu, die Ausdruckszahlen von Theoremen (beweisbaren Formeln) in **T** sind. Solche Zahlen könnte man *Theoremzahlen* nennen.

Thm_T ist im allgemeinen kein rekursives Prädikat, da der Existenzquantor im Definiens kein beschränkter Quantor ist. Andererseits ist Bw_T ein rekursives Prädikat, wenn $NLogAx_T$ ein rekursives Prädikat ist. In diesem Fall ist Thm_T ein rekursiv aufzählbares Prädikat. Wenn wir eine Theorie erster Stufe **T** *axiomatisiert* genau dann nennen, wenn

$NLogAx_T$ ein rekursives Prädikat ist, dann gilt also:

Wenn **T** eine axiomatisierte Theorie ist, dann ist Thm_T ein rekursiv aufzählbares Prädikat.

Mit der Funktion $\ulcorner\ \urcorner$ und dem Prädikat Thm_T haben wir jetzt die zu Beginn von **12.5** gesuchte Funktion und das gesuchte Prädikat definiert; denn es gilt, um es nochmals, und zwar als Allaussage, zu formulieren:

$$\bigwedge \mathbf{A}(Thm_T(\ulcorner \mathbf{A} \urcorner)) \Leftrightarrow \vdash_{\mathbf{T}} \mathbf{A}.$$

12.7 Formale Repräsentierbarkeit

Mit Hilfe des Prädikats Thm_T und der Funktion $\ulcorner\ \urcorner$ kann die Frage nach der Entscheidbarkeit der Klasse der Theoreme einer Theorie erster Stufe **T** präzise dahingehend formuliert werden, ob Thm_T ein rekursives Prädikat ist oder nicht. Insbesondere kann nach der Rekursivität von Thm_T gefragt werden. Unser Ziel ist es, zu beweisen, daß Thm_N nicht rekursiv ist (vgl. SHOENFIELD, [1], S. 126–130). Dieser Beweis beruht auf folgender Idee: Betrachtet man die Ausdrucksmittel von N, dann ist zu erwarten, daß jedes rekursive Prädikat in N durch eine Formel von N bezeichnet werden kann. Es wird nun für ein bestimmtes Prädikat Q, in dessen Definition Thm_N auftritt, gezeigt, daß es in N nicht bezeichnet werden kann, obwohl es unter der Annahme der Rekursivität von Thm_N selbst rekursiv wäre. Damit ist gezeigt, daß dieses Prädikat Q und also auch Thm_N nicht rekursiv ist und daher die Klasse der Theoreme von N unentscheidbar ist.

Um diese Beweisidee durchführen zu können, muß man zunächst zeigen, daß alle rekursiven Prädikate in N durch eine Formel bezeichnet werden können. Dieses „Bezeichnen“ wird durch den Begriff der *formalen Repräsentierbarkeit* präzisiert. Es wird zunächst dieser Begriff definiert und dann das Repräsentationstheorem formuliert.

Die Terme ‚0‘, ‚S0‘, ‚SS0‘, ... von N werden *Ziffern* genannt. Es wird eine Folge $\mathbf{k}^*$ wie folgt induktiv definiert:

$\mathbf{k}^*_n = a$ genau dann, wenn
(1) $n=0$ und $a=$‚0‘
oder
(2) $n \neq 0$ und $a=$‚S‘$\mathbf{k}^*_{n-i}$.

Es ist also $\mathbf{k}^*_0=$‚0‘, $\mathbf{k}^*_1=$‚S0‘, $\mathbf{k}^*_2=$‚SS0‘, ...

Der Begriff der formalen Repräsentierbarkeit wird nun für Funktionen und Prädikate wie folgt definiert:

A *repräsentiert formal P mittels* $\mathbf{x}_1, \ldots, \mathbf{x}_n$ genau dann, wenn P ein n-stelliges Prädikat, **A** eine Formel von N und $\mathbf{x}_1, \ldots, \mathbf{x}_n$ voneinander verschiedene Variable sind und ferner für alle $a_1, \ldots, a_n$ gilt:

(i) $P(a_1, \ldots, a_n) \Rightarrow \vdash_N \mathbf{A}_{\mathbf{x}_1, \ldots, \mathbf{x}_n}[\mathbf{k}^*_{a_1}, \ldots, \mathbf{k}^*_{a_n}]$
(ii) $\neg P(a_1, \ldots, a_n) \Rightarrow \vdash_N \neg \mathbf{A}_{\mathbf{x}_1, \ldots, \mathbf{x}_n}[\mathbf{k}^*_{a_1}, \ldots, \mathbf{k}^*_{a_n}]$.
Es heiße P *formal repräsentierbar* genau dann, wenn es ein $\mathbf{A}$ und $\mathbf{x}_1, \mathbf{x}_n$ gibt, so daß $\mathbf{A}$ mittels $\mathbf{x}_1, \ldots, \mathbf{x}_n$ P formal repräsentiert.
$\mathbf{a}$ *repräsentiert formal* F *mittels* $\mathbf{x}_1, \ldots, \mathbf{x}_n$ genau dann, wenn F eine n-stellige Funktion, a ein Term von N und $\mathbf{x}_1, \ldots, \mathbf{x}_n$ voneinander verschiedene Variable sind und ferner für alle $a_1, \ldots, a_n$ gilt:

$$\vdash_N \mathbf{a}_{\mathbf{x}_1, \ldots, \mathbf{x}_n}[\mathbf{k}^*_{a_1}, \ldots, \mathbf{k}^*_{a_n}] = \mathbf{k}^*_{F(a_1, \ldots, a_n)}.$$

Es heiße F *formal repräsentierbar* genau dann, wenn es ein $\mathbf{a}$ und $\mathbf{x}_1, \ldots, \mathbf{x}_n$ gibt, so daß $\mathbf{a}$ mittels $\mathbf{x}_1, \ldots, \mathbf{x}_n$ F formal repräsentiert.

Für die rekursiven Prädikate und Funktionen gilt folgendes **Repräsentierbarkeitstheorem**. *Alle rekursiven Prädikate und Funktionen sind formal repräsentierbar.* (Zum Beweis vgl. SHOENFIELD, [1], S. 128–130.)

12.8 Unentscheidbarkeit und Unvollständigkeit

Zum Beweis der Unentscheidbarkeit von N und jeder konsistenten Erweiterung von N nach der zu Beginn von **12.7** angegebenen Idee werden zunächst zwei Lemmata bewiesen (vgl. SHOENFIELD, [1], S. 131–132).

L2 (**Cantorsches Diagonal-Lemma**): *Wenn P ein 2-stelliges Prädikat und $P_{(b)}$ ein 1-stelliges Prädikat ist, so daß*
$\bigwedge x(P_{(b)}(x) \Leftrightarrow P(x, b))$,
und wenn Q ein 1-stelliges Prädikat ist, so daß
$\bigwedge x(Q(x) \Leftrightarrow \neg P(x, x))$,
dann ist $Q \neq P_{(b)}$ für alle b.

Beweis: Wäre $Q = P_{(b)}$ für wenigstens ein b, dann wäre $\bigwedge x(Q(x) \Leftrightarrow P_{(b)}(x))$, also $Q(b) \Leftrightarrow P_{(b)}(b)$. Dann würde mit den Voraussetzungen über $P_{(b)}$ und Q der folgende Widerspruch folgen:

$$P(b, b) \Leftrightarrow P_{(b)}(b) \Leftrightarrow Q(b) \Leftrightarrow \neg P(b, b).$$

Also ist $Q \neq P_{(b)}$ für alle b. □

Anmerkung 1. Die Formel $\bigwedge x(Q(x) \Leftrightarrow \neg P(x, x))$ in **L2** kann als Definitionsschema eines einstelligen Prädikates Q mittels eines zweistelligen P aufgefaßt werden (also *ein* Q für *jedes* derartige P). Die Behauptung lautet dann, daß für kein zweistelliges P ein so definiertes Q mit $P_{(b)}$ identisch bzw. extensionsgleich sein kann, was für eine Zahl auch immer b sein mag.

Anmerkung 2. Die Bezeichnung ‚Diagonal-Lemma' rührt daher, daß die Bedeutung des Prädikates Q über die Bedeutung des zweistelligen Prädikates P „in der Diagonalen" festgelegt wird.

L3 (Lemma über den Einschluß rekursiver Prädikate in Erweiterungen von N): *Wenn* **T** *eine formal konsistente Erweiterung von N und P ein 1-stelliges rekursives Prädikat ist, dann gibt es eine Formel* **A** *von* **T**, *so daß die Extension von P identisch ist mit* $\{n | \vdash_{\mathbf{T}} \mathbf{A}_{\mathbf{z}_0^+}[\mathbf{k}_n^*]\}$, *d.h. daß* $\bigwedge n(P(n) \Leftrightarrow \vdash_{\mathbf{T}} \mathbf{A}_{\mathbf{z}_0^+}[\mathbf{k}_n^*])$.

Beweis: Sei **T** eine formal konsistente Erweiterung von N und P ein 1-stelliges rekursives Prädikat. Nach dem Repräsentationstheorem gibt es dann eine Formel **A** von N und eine Variable **x**, so daß **A** mittels **x** P repräsentiert; o.B.d.A. kann vorausgesetzt werden, daß $\mathbf{x} = \mathbf{z}_0^+$, so daß also **A** mit $\mathbf{z}_0^+$ P repräsentiert. Dann gilt auf Grund der Definition des Repräsentationsbegriffs:

$$\bigwedge n(P(n) \Rightarrow \vdash_{\mathbf{N}} \mathbf{A}_{\mathbf{z}_0^+}[\mathbf{k}_n^*])$$
$$\bigwedge n(\neg P(n) \Rightarrow \vdash_{\mathbf{N}} \neg \mathbf{A}_{\mathbf{z}_0^+}[\mathbf{k}_n^*]).$$

Da **T** eine Erweiterung von N ist, gilt also auch:

$$\text{(i)} \quad \bigwedge n(P(n) \Rightarrow \vdash_{\mathbf{T}} \mathbf{A}_{\mathbf{z}_0^+}[\mathbf{k}_n^*])$$
$$\bigwedge n(\neg P(n) \Rightarrow \vdash_{\mathbf{T}} \neg \mathbf{A}_{\mathbf{z}_0^+}[\mathbf{k}_n^*]).$$

Da **T** nach Voraussetzung formal konsistent ist, gilt für beliebiges n:

$$\vdash_{\mathbf{T}} \neg \mathbf{A}_{\mathbf{z}_0^+}[\mathbf{k}_n^*] \rightarrow \neg \vdash_{\mathbf{T}} \mathbf{A}_{\mathbf{z}_0^+}[\mathbf{k}_n^*].$$

Also gilt:

$$\text{(ii)} \quad \bigwedge n(\neg P(n) \Rightarrow \neg \vdash_{\mathbf{T}} \mathbf{A}_{\mathbf{z}_0^+}[\mathbf{k}_n^*]).$$

(i) und (ii) ergeben zusammen die Behauptung, nämlich:

$$\bigwedge n(P(n) \Leftrightarrow \vdash_{\mathbf{T}} \mathbf{A}_{\mathbf{z}_0^+}[\mathbf{k}_n^*]). \quad \square$$

Es wird nun der Begriff der Entscheidbarkeit einer Theorie erster Stufe **T** wie folgt definiert:

Eine Theorie erster Stufe **T** heißt *entscheidbar* genau dann, wenn Thm_T ein rekursives Prädikat ist.

Dann gilt folgendes Theorem:

Th. 12.1 (Theorem von Church) *Wenn* **T** *eine konsistente Erweiterung von N ist, dann ist* **T** *nicht entscheidbar.*

Zum *Beweis* werden zwei Funktionen *Sub*, *Num* benötigt. Es sei $Sub_T(a, b, c)$ die Ausdruckszahl des Terms oder der Formel von **T**, die aus dem Term oder der Formel mit der Ausdruckszahl a durch Substitution des Terms mit der Ausdruckszahl c für die Variable mit der Ausdruckszahl b entsteht. Sub_T ist eine rekursive Funktion (vgl. SHOENFIELD, [1],

S. 124, E). Es gilt:

$$Sub_T(\ulcorner \mathbf{A} \urcorner, \ulcorner \mathbf{x} \urcorner, \ulcorner \mathbf{a} \urcorner) = \mathbf{A}_{\mathbf{x}}[\mathbf{a}] \quad .$$

Es sei ferner $Num(a)$ die Ausdruckszahl der Ziffer $\mathbf{k}_a^*$. Num ist eine rekursive Funktion (vgl. SHOENFIELD, [1], S. 126, T)). Es gilt:

$$Num(a) = \ulcorner \mathbf{k}_a^* \urcorner .$$

(Dies ist also die Ausdruckszahl derjenigen Ziffer, die in N die Zahl a bezeichnet.)

Beweis von **Th. 12.1**: Sei **T** eine konsistente Erweiterung von N. Ferner sei P das 2-stellige Prädikat, für welches gilt:

$$(1) \quad \bigwedge x \bigwedge y (P(x,y) \Leftrightarrow Thm_T(Sub(y, \ulcorner \mathbf{z}_0^+ \urcorner, Num(x)))) .$$

($P(a,b)$ besagt also, daß die Ausdruckszahl derjenigen Formel, die aus der Formel mit der Ausdruckszahl b durch Substitution von $\mathbf{k}_a^*$ für $\mathbf{z}_0^+$ entsteht, eine Theoremzahl von **T** ist.) Es seien ferner $P_{(b)}$ und Q die Prädikate, die mittels des zweistelligen Prädikats von (1) folgendermaßen definiert sind:

$$(2) \quad \bigwedge x (P_{(b)}(x) \Leftrightarrow P(x,b))$$
$$(3) \quad \bigwedge x (Q(x) \Leftrightarrow \neg P(x,x)) .$$

Dann gilt nach **L2**:

$$(4) \quad \bigwedge y (Q \neq P_{(y)})$$

Aus (1) und (2) folgt:

$$(5) \quad \bigwedge x \bigwedge y (P_{(y)}(x) \Leftrightarrow Thm_T(Sub(y, \ulcorner \mathbf{z}_0^+ \urcorner, Num(x)))) .$$

Sei nun **A** eine beliebige Formel von **T**; dann ist $\ulcorner \mathbf{A} \urcorner$ die Ausdruckszahl von **A** und es folgt aus (5):

$$(6) \quad \bigwedge x (P_{(\ulcorner A \urcorner)}(x) \Leftrightarrow Thm_T(Sub(\ulcorner \mathbf{A} \urcorner, \ulcorner \mathbf{z}_0^+ \urcorner, Num(x)))) .$$

Da $Num(x) = \ulcorner \mathbf{k}_x^* \urcorner$, folgt:

$$(7) \quad \bigwedge x (P_{(\ulcorner A \urcorner)}(x) \Leftrightarrow Thm_T(Sub(\ulcorner \mathbf{A} \urcorner, \ulcorner \mathbf{z}_0^+ \urcorner, \ulcorner \mathbf{k}_x^* \urcorner))) .$$

Da ferner $Sub(\ulcorner \mathbf{A} \urcorner, \ulcorner \mathbf{z}_0^+ \urcorner, \ulcorner \mathbf{k}_x^* \urcorner) = \ulcorner \mathbf{A}_{\mathbf{z}_0^+}[\mathbf{k}_x^*] \urcorner$ und $Thm_T(\ulcorner \mathbf{A}_{\mathbf{z}_0^+}[\mathbf{k}_x^*] \urcorner)$ äquivalent ist mit $\vdash_{\mathbf{T}} \mathbf{A}_{\mathbf{z}_0^+}[\mathbf{k}_x^*]$, folgt aus (7):

$$(8) \quad \bigwedge x (P_{(\ulcorner A \urcorner)}(x) \Leftrightarrow \vdash_{\mathbf{T}} \mathbf{A}_{\mathbf{z}_0^+}[\mathbf{k}_x^*]) .$$

Also gilt:

(9) Die Extension von $P_{(\ulcorner A \urcorner)}$ ist identisch mit $\{n \mid \vdash_{\mathbf{T}} \mathbf{A}_{\mathbf{z}_0^+}[\mathbf{k}_n^*]\}$.

Aus (4) folgt nun aber:

(10) $Q \neq P_{(\ulcorner A \urcorner)}$.

Also gilt:

(11) Die Extension von Q ist nicht identisch mit
$\{n \mid \vdash_{\mathbf{T}} \mathbf{A}_{\mathbf{z}_0^+}[\mathbf{k}_n^*]\}$.

Wir erhalten also das Zwischenresultat:

(12) Für jede Formel **A** von **T** gilt:
Die Extension von Q ist nicht identisch mit
$\{n \mid \vdash_{\mathbf{T}} \mathbf{A}_{\mathbf{z}_0^+}[\mathbf{k}_n^*]\}$.

Da nach Voraussetzung **T** eine konsistente Erweiterung von N ist, kann **L3** angewendet werden und wir erhalten auf Grund von (12):

(13) Q ist kein rekursives Prädikat.

Aus (1) und (3) folgt jedoch für beliebiges a:

(14) $Q(a) \Leftrightarrow \neg Thm_T(Sub(a, \ulcorner \mathbf{z}_0^+ \urcorner, Num(a)))$.

Da Q kein rekursives Prädikat ist, jedoch Sub_T und Num rekursive Funktionen und stets mit R auch $\neg R$ ein rekursives Prädikat ist, kann Thm_T kein rekursives Prädikat sein; denn sonst wäre Q ein rekursives Prädikat. Also ist Thm_T kein rekursives Prädikat. **T** ist somit nicht endscheidbar. □

Zwischen der syntaktischen Vollständigkeit einer Theorie, also der Tatsache, daß jede geschlossene Formel von **T** oder ihre Negation Theorem von **T** ist, und der Entscheidbarkeit von **T** besteht der für die Gewinnung des Theorems von GÖDEL aus dem von CHURCH grundlegende Zusammenhang, *daß Vollständigkeit hinreichend für Entscheidbarkeit ist. Eine nicht entscheidbare Theorie kann also nicht vollständig sein.* Mit **Th. 12.1** und dem angegebenen Zusammenhang zwischen Entscheidbarkeit und Vollständigkeit läßt sich somit auf die Unvollständigkeit von N schließen.

Diese Überlegung wird jetzt mittels der folgenden zwei Lemmata präzisiert.

L4 (Negationslemma)[3] *Ein Prädikat P ist ein rekursives Prädikat genau dann, wenn sowohl P als auch $\neg$P rekursiv aufzählbar sind.*

3 Genauer müßte **L4** entweder ‚Negationslemma der Theorie der rekursiven Funktionen' oder ‚Lemma über den Zusammenhang zwischen rekursiven und rekursiv aufzählbaren Prädikaten' genannt werden.

Beweis: Sei P ein rekursives Prädikat. Dann ist auch $\neg P$ ein rekursives Prädikat. Jedes rekursive Prädikat ist rekursiv aufzählbar. Also ist sowohl P als auch $\neg P$ rekursiv aufzählbar.

Um den Schluß in umgekehrter Richtung zu vollziehen, sei nun sowohl P als auch $\neg P$ rekursiv aufzählbar. Dann gibt es rekursive Prädikate Q, R, so daß:

$$\bigwedge \mathfrak{a}(P(\mathfrak{a}) \Leftrightarrow \bigvee xQ(\mathfrak{a}, x))$$
$$\bigwedge \mathfrak{a}(\neg P(\mathfrak{a}) \Leftrightarrow \bigvee xR(\mathfrak{a}, x)).$$

Nun gilt:

$$\bigwedge \mathfrak{a}(P(\mathfrak{a}) \vee \neg P(\mathfrak{a}));$$

also auch:

$$\bigwedge \mathfrak{a}(\bigvee xQ(\mathfrak{a}, x) \vee \bigvee xR(\mathfrak{a}, x));$$

somit:

$$\bigwedge \mathfrak{a} \bigvee x(Q(\mathfrak{a}, x) \vee R(\mathfrak{a}, x)).$$

Da Q und R rekursiv sind, ist auch $Q \vee R$ rekursiv. Also ist die Funktion

$$F(\mathfrak{a}) = \mu x(Q(\mathfrak{a}, x) \vee R(\mathfrak{a}, x))$$

eine rekursive Funktion. Denn die Existenzbedingung für die Anwendung des μ-Operators ist, wie wir dem vorletzten Satz entnehmen, erfüllt.

Es wird nun gezeigt, daß

$$P(\mathfrak{a}) \Leftrightarrow Q(\mathfrak{a}, F(\mathfrak{a})).$$

Wenn nämlich $Q(\mathfrak{a}, F(\mathfrak{a}))$, dann $\bigvee xQ(\mathfrak{a}, x)$ und somit $P(\mathfrak{a})$. Wenn jedoch $\neg Q(\mathfrak{a}, F(\mathfrak{a}))$, dann

$$\neg Q(\mathfrak{a}, \mu x(Q(\mathfrak{a}, x) \vee R(\mathfrak{a}, x))).$$

Da auf Grund der Bedeutung des μ-Operators

$$Q(\mathfrak{a}, \mu x(Q(\mathfrak{a}, x) \vee R(\mathfrak{a}, x))) \vee R(\mathfrak{a}, \mu x(Q(\mathfrak{a}, x) \vee R(\mathfrak{a}, x))),$$

muß also $R(\mathfrak{a}, \mu x(Q(\mathfrak{a}, x) \vee R(\mathfrak{a}, x)))$, d. h. $R(\mathfrak{a}, F(\mathfrak{a}))$ gelten; also gilt $\bigvee xR(\mathfrak{a}, x)$, also $\neg P(\mathfrak{a})$. Damit ist das behauptete Bikonditional bewiesen und nach (R4) ist P ein rekursives Prädikat. □

Der oben angesprochene Zusammenhang zwischen entscheidbaren und syntaktisch vollständigen Theorien erster Stufe wird im nächsten Lemma behandelt. Dazu wird der Begriff der syntaktischen Vollständigkeit wie folgt definiert:

Eine Theorie erster Stufe **T** heißt *syntaktisch vollständig* genau dann, wenn **T** formal konsistent ist und für alle geschlossenen Formeln **A** von **T** gilt: $\vdash_{\mathbf{T}} \mathbf{A}$ oder $\vdash_{\mathbf{T}} \neg \mathbf{A}$.

(Sätze X, welche diese Bedingung $\vdash_{\mathbf{T}}\mathbf{X}$ oder $\vdash_{\mathbf{T}}\neg\mathbf{X}$ erfüllen, werden auch *in* **T** *entscheidbar* genannt. Falls dagegen für einen Satz **Y** weder $\vdash_{\mathbf{T}}\mathbf{Y}$ noch $\vdash_{\mathbf{T}}\neg\mathbf{Y}$ gilt, heißt **Y** *unentscheidbar in* **T**. Man verwechsle ja nicht diesen *für Sätze* definierten Entscheidbarkeitsbegriff mit dem weiter oben definierten Entscheidbarkeitsbegriff *für Theorien erster Stufe*! Das Vorliegen eines in **T** unentscheidbaren Satzes ist kein Kriterium für die Unentscheidbarkeit, sondern für die (syntaktische) Unvollständigkeit von **T**.)

L5 (Vollständigkeits-Entscheidbarkeitslemma) *Wenn* **T** *eine axiomatisierte und syntaktisch vollständige Theorie erster Stufe ist, dann ist* **T** *entscheidbar.*

Beweis: **T** sei eine axiomatisierte und syntaktisch vollständige Theorie erster Stufe. Dann wird gezeigt, daß Thm_T und $\neg Thm_T$ rekursiv aufzählbare Prädikate sind, so daß mit **L4** die Rekursivität von Thm_T und damit die Entscheidbarkeit von **T** folgt.

Zunächst ist Thm_T rekursiv aufzählbar, da **T** nach Voraussetzung axiomatisiert ist. Es ist noch zu zeigen, daß auch $\neg Thm_T$ rekursiv aufzählbar ist. Dazu ist ein 2-stelliges rekursives Prädikat Q anzugeben, für welches gilt:

$$\bigwedge x(\neg Thm_T(x) \Leftrightarrow \bigvee y Q(x,y)).$$

Ein solches Prädikat Q wird nun konstruiert.

Wir beweisen zunächst, daß es ein n gibt, so daß:

$$\neg\vdash_{\mathbf{T}}\mathbf{A} \Leftrightarrow (\neg(\mathbf{A} \text{ ist eine Formel von } \mathbf{T}) \vee \vdash_{\mathbf{T}}\neg\bigwedge\mathbf{z}_0^+\ldots\bigwedge\mathbf{z}_n^+\mathbf{A}).$$

Sei **A** eine Formel von **T**. Dann gibt es ein n mit

$$(1)\quad \vdash_{\mathbf{T}}\mathbf{A} \Leftrightarrow \vdash_{\mathbf{T}}\bigwedge\mathbf{z}_0^+\ldots\bigwedge\mathbf{z}_n^+\mathbf{A},$$

wobei $\bigwedge\mathbf{z}_0^+\ldots\bigwedge\mathbf{z}_n^+\mathbf{A}$ eine geschlossene Formel von **T** ist. Also gilt auch:

$$(2)\quad \neg\vdash_{\mathbf{T}}\mathbf{A} \Leftrightarrow \neg\vdash_{\mathbf{T}}\bigwedge\mathbf{z}_0^+\ldots\bigwedge\mathbf{z}_n^+\mathbf{A}.$$

Da **T** nach Voraussetzung syntaktisch vollständig und $\bigwedge\mathbf{z}_0^+\ldots\bigwedge\mathbf{z}_n^+\mathbf{A}$ eine geschlossene Formel ist, gilt:

$$(3)\quad \vdash_{\mathbf{T}}\bigwedge\mathbf{z}_0^+\ldots\bigwedge\mathbf{z}_n^+\mathbf{A} \vee \vdash_{\mathbf{T}}\neg\bigwedge\mathbf{z}_0^+\ldots\bigwedge\mathbf{z}_n^+\mathbf{A}.$$

Da **T** außerdem formal konsistent ist (denn **T** ist syntaktisch vollständig), gilt ferner:

$$(4)\quad \neg(\vdash_{\mathbf{T}}\bigwedge\mathbf{z}_0^+\ldots\mathbf{z}_n^+\mathbf{A} \wedge \vdash_{\mathbf{T}}\neg\bigwedge\mathbf{z}_0^+\ldots\bigwedge\mathbf{z}_n^+\mathbf{A}).$$

Aus (3) und (4) folgt:

$$(5)\quad \neg\vdash_{\mathbf{T}}\bigwedge\mathbf{z}_0^+\ldots\bigwedge\mathbf{z}_n^+\mathbf{A} \Leftrightarrow \vdash_{\mathbf{T}}\neg\bigwedge\mathbf{z}_0^+\ldots\bigwedge\mathbf{z}_n^+\mathbf{A}.$$

Aus (2) und (5) folgt:

(6) $\neg\vdash_{\mathbf{T}}\mathbf{A} \Leftrightarrow \vdash_{\mathbf{T}}\neg\wedge\mathbf{z}_0^+\ldots\wedge\mathbf{z}_n^+\mathbf{A}$.

Damit ist bewiesen:

(7) **A** ist eine Formel von $\mathbf{T}\rightarrow(\neg\vdash_{\mathbf{T}}\mathbf{A} \Leftrightarrow \vdash_{\mathbf{T}}\neg\wedge\mathbf{z}_0^+\ldots\wedge\mathbf{z}_n^+\mathbf{A})$.

Ferner gilt:

(8) $\neg$(**A** ist eine Formel von **T**) $\Rightarrow \neg\vdash_{\mathbf{T}}\mathbf{A}$, da, wenn $\vdash_{\mathbf{T}}\mathbf{A}$, **A** eine Formel von **T** ist.

Aus (6), (7) und (8) folgt junktorenlogisch:

(9) $\neg\vdash_{\mathbf{T}}\mathbf{A} \Leftrightarrow (\neg(\mathbf{A}$ ist eine Formel von $\mathbf{T})\vee\vdash_{\mathbf{T}}\neg\wedge\mathbf{z}_0^+\ldots\wedge\mathbf{z}_n^+\mathbf{A})$.

Wenn wir jetzt von **A** zur Ausdruckszahl $\ulcorner\mathbf{A}\urcorner$ von **A** übergehen, erhalten wir aus (9):

(10) $\neg\,Thm_T(\ulcorner\mathbf{A}\urcorner) \Leftrightarrow (\neg\,For_T(\ulcorner\mathbf{A}\urcorner)\vee Thm_T(\ulcorner\neg\wedge\mathbf{z}_0^+\ldots\wedge\mathbf{z}_n^+\mathbf{A}\urcorner))$.

Nun gilt nach Definition von Thm_T:

(11) $Thm_T(\ulcorner\neg\wedge\mathbf{z}_0^+\ldots\wedge\mathbf{z}_n^+\mathbf{A}\urcorner) \Leftrightarrow \bigvee y Bw_T(\ulcorner\neg\wedge\mathbf{z}_0^+\ldots\wedge\mathbf{z}_n^+\mathbf{A}\urcorner, y)$.

Ferner gilt nach Definition der Funktion $\ulcorner\;\urcorner$:

(12) $\ulcorner\neg\wedge\mathbf{z}_0^+\ldots\wedge\mathbf{z}_n^+\mathbf{A}\urcorner=\langle SN_{L(T)}(,\neg`), \ulcorner\wedge\mathbf{z}_0^+\ldots\wedge\mathbf{z}_n^+\mathbf{A}\urcorner\rangle$.

Mit (11) und (12) folgt aus (10):

(13) $\neg\,Thm_T(\ulcorner\mathbf{A}\urcorner) \Leftrightarrow \bigvee y(\neg\,For_T(\ulcorner\mathbf{A}\urcorner)$
$\vee\, Bw_T(\langle SN_{L(T)}(,\neg`), \ulcorner\wedge\mathbf{z}_0^+\ldots\wedge\mathbf{z}_n^+\mathbf{A}\urcorner\rangle, y))$.

Falls es nun gelingen sollte, eine *rekursive* Funktion K so zu definieren, daß

$K(n)=\ulcorner\wedge\mathbf{z}_0^+\ldots\wedge\mathbf{z}_n^+\mathbf{A}\urcorner$,

dann würde gelten:

(14) $\bigwedge x(\neg\,Thm_T(x) \Leftrightarrow \bigvee y(\neg\,For_T(x)$
$\vee\, Bw_T(\langle SN_{L(T)}(,\neg`), K(x)\rangle, y)))$,

wobei

$Q(x, y) \Leftrightarrow (\neg\,For_T(x)\vee Bw_T(\langle SN_{L(T)}(,\neg`), K(x)\rangle, y))$

das oben gesuchte rekursive Prädikat Q wäre.

Es bleibt also noch die Aufgabe, eine rekursive Funktion K so zu definieren, daß

$K(n)=\ulcorner\wedge\mathbf{z}_0^+\ldots\wedge\mathbf{z}_n^+\mathbf{A}\urcorner$, wobei $\bigwedge \mathbf{z}_0^+ \ldots \bigwedge \mathbf{z}_n^+ \mathbf{A}$ ein Satz, d.h. eine geschlossene Formel von **T** ist. Dazu ist zunächst daran zu erninnern, daß ‚$\bigwedge$' kein Symbol einer Theorie erster Stufe ist, sondern durch ‚$\neg \bigvee \neg$' zu ersetzen ist. Es ist also

$$\bigwedge \mathbf{z}_0^+ \ldots \bigwedge \mathbf{z}_n^+ = \neg \bigvee \mathbf{z}_0^+ \neg \neg \bigvee \mathbf{z}_1^+ \neg \ldots \neg \bigvee \mathbf{z}_n^+ \neg \mathbf{A}.$$

Nun sei eine 2-stellige Funktion F wie folgt definiert:

$$F(0,a) = a$$
$$F(n+1,a) = \langle SN(\text{‚}\neg\text{'}), \langle SN(\text{‚}\bigvee\text{'}), \langle 2\cdot n\rangle, \langle SN(\text{‚}\neg\text{'}), F(n,a)\rangle\rangle\rangle.$$ [4]

(Der Index ‚$L(T)$' von ‚SN' wurde der Kürze halber weggelassen.) Man verifiziert leicht, daß, wenn $a = \ulcorner \mathbf{A} \urcorner$, dann für jedes n: $F(n+1,a) = \ulcorner \neg \bigwedge \mathbf{z}_0^+ \neg \ldots \neg \bigvee \mathbf{z}_n^+ \neg \mathbf{A} \urcorner$. Es muß nun noch ein hinreichend großes n derart gewählt werden, daß tatsächlich alle freien Variablen von **A** durch einen der vorangestellten Existenzquantoren $\bigvee \mathbf{z}_i^+$ gebunden sind. Dazu die folgende Abschätzung: Wenn $\mathbf{z}_i^+$ in **A** vorkommt, dann ist $i < \ulcorner \mathbf{z}_i^+ \urcorner < \ulcorner \mathbf{A} \urcorner$. Falls also $a = \ulcorner \mathbf{A} \urcorner$, ist $i < a$. Wenn also in **A** genau die Variablen $\mathbf{z}_0^+, \ldots, \mathbf{z}_m^+$ vorkommen, dann ist $m < \ulcorner \mathbf{A} \urcorner$. Setzt man somit in $F(n+1,a)$ $n = a$, dann gibt es zu jeder in **A** (frei oder gebunden) vorkommenden Variablen einen Quantor $\bigvee \mathbf{z}_i^+$ $(i = 1, \ldots, a)$ in dem Quantorenpräfix von $\neg \bigvee \mathbf{z}_0^+ \neg \ldots \neg \bigvee \mathbf{z}_n^+ \neg \mathbf{A}$. Es sei also die Funktion K wie folgt definiert:

$$K(a) = F(a+1,a).$$

Dann ist, wenn

$$n = \ulcorner \mathbf{A} \urcorner,\ K(n) = \ulcorner \neg \bigvee \mathbf{z}_0^+ \neg \ldots \neg \bigvee \mathbf{z}_n^+ \neg \mathbf{A} \urcorner = \ulcorner \bigwedge \mathbf{z}_n^+ \mathbf{A} \urcorner.$$

Ferner ist K rekursiv, wie aus der Definition von F ersichtlich wird. Also ist das durch

$$Q(x,y) \Leftrightarrow (\neg For_T(x) \vee Bw_T(\langle SN_{L(T)}(\text{‚}\neg\text{'}), K(x)\rangle, y))$$

definierte Prädikat Q ein rekursives Prädikat, und daher ist nach (14) $\neg Thm_T$ rekursiv aufzählbar.

Da somit Thm_T und $\neg Thm_T$ rekursiv aufzählbar sind, ist Thm_T nach **L4** ein rekursives Prädikat und daher **T** entscheidbar, womit **L5** bewiesen ist. □

Aus **Th. 12.1** und **L5** folgt sofort:

Th. 12.2 (Unvollständigkeitstheorem von Gödel-Rosser) *Wenn* **T** *eine axiomatisierte Erweiterung von N ist, dann ist* **T** *nicht syntaktisch vollständig.*

---

4 Der Leser erinnere sich daran, daß in bezug auf die vorgegebene abzählbare Folge der Variablen: $\mathbf{z}_0^+, \mathbf{z}_1^+, \ldots \mathbf{z}_n^+, \ldots$ einer Variablen mit dem Index i, also $\mathbf{z}_i^+$, die Symbolzahl $2i$ zugeordnet worden ist.

Beweis: Es sei **T** eine axiomatisierte Erweiterung von *N*. Angenommen, **T** wäre syntaktisch vollständig. Dann wäre **T** formal konsistent und somit wäre **T** eine konsistente Erweiterung von *N*. Nach **Th. 12.1** wäre **T** also nicht entscheidbar. Andererseits wäre **T** nach **L5** entscheidbar. **T** kann aber nicht sowohl entscheidbar als auch nicht entscheidbar sein. Also ist **T** nicht syntaktisch vollständig. □

Nennen wir mit TARSKI eine Theorie **T** *wesentlich unentscheidbar*, wenn nicht nur **T** selbst, sondern außerdem jede formal konsistente Erweiterung von **T** unentscheidbar ist; und bezeichnen wir **T** als *wesentlich unvollständig*, wenn außer **T** auch jede axiomatisierte Erweiterung von **T** syntaktisch unvollständig ist, so haben wir mit den beiden Theoremen **Th. 12.1** und **Th. 12.2** mehr erreicht, als wir zu erreichen beabsichtigten: Es wurde darin die *wesentliche Unentscheidbarkeit* sowie die *wesentliche Unvollständigkeit* des Fragmentes *N* der Zahlentheorie gezeigt.